装备制造大类新形态教材

机械设计基础

主　编　戴晓莉
副主编　周　健　欧阳玲玉　王建兴　朱祚祥
参　编　林　通
主　审　龙永莲

U0222500

哈尔滨工业大学出版社

内 容 简 介

本书是由校企合作共同开发的新形态教材,紧跟时代特色,融入课程思政内容,配套江西省职业教育装备制造类精品在线开放课程资源,支持移动学习,可用于线上线下混合教学。本书除绪论外共有七个项目,项目 1 讲述机构的一般概念,项目 2 讲述常用机构的类型特点及设计,项目 3 讲述齿轮传动的类型、特点、失效形式及计算准则等,项目 4 讲述带传动的类型、特点、工作能力及设计计算,项目 5 讲述链传动的类型、特点、工作能力及设计计算,项目 6 讲述支承零部件轴、轴承的基本内容及设计计算,项目 7 讲述键、联轴器、离合器和螺纹连接的基本内容及选用。本书在内容选取上尽可能贴近生活生产实际,以适应现阶段学生的认知能力。

本书适用于高等职业技术院校机械、机电及近机类各专业学生使用,也可供有关工程技术人员参考。

图书在版编目(CIP)数据

机械设计基础/戴晓莉主编. —哈尔滨:哈尔滨
工业大学出版社,2024.4
  ISBN 978－7－5767－1312－1

  Ⅰ.①机… Ⅱ.①戴… Ⅲ.①机械设计 Ⅳ.
①TH122

中国国家版本馆 CIP 数据核字(2024)第 063707 号

策划编辑 王桂芝
责任编辑 谢晓彤
出版发行 哈尔滨工业大学出版社
社 址 哈尔滨市南岗区复华四道街 10 号 邮编150006
传 真 0451－86414749
网 址 http://hitpress.hit.edu.cn
印 刷 黑龙江艺德印刷有限责任公司
开 本 787 mm×1 092 mm 1/16 印张 16.25 字数 383 千字
版 次 2024 年 4 月第 1 版 2024 年 4 月第 1 次印刷
书 号 ISBN 978－7－5767－1312－1
定 价 49.80 元

(如因印装质量问题影响阅读,我社负责调换)

前　言

本书依据《国家职业教育改革实施方案》，深入贯彻落实党的二十大精神，满足当前企业用人需求，结合高职院校实际教学经验，由一批具有丰富教学经验和实践经验的"双师型"教师和企业人员共同编写。本书采用生活生产实际案例引入任务，内容的编排上体现实用性，使读者能够理论联系实际，利于理解知识点，符合当下职业教育发展趋势。

本书内容采用项目—任务的编排方式，对接机械专业人才培养目标，培养读者的机械运动分析能力、简单机械设计能力和机械使用维护能力。本书除绪论外共包含常用机器和机构的认识、常用机构的认识与设计、齿轮传动的认识与设计、带传动的认识与设计、链传动的认识与设计、支承零部件的认识与设计和连接零部件的认识与选用七个项目，每个项目都有各自的任务。每个任务通过生活生产实际案例导入，依据读者的认知水平及规律编排教学内容，让读者在实际操作过程中，学习专业基础知识，掌握专业技能，培养职业素养。

本书主要特点如下：

（1）采用"以零部件为基础，以机构为主线，以传动装置的设计为目的"的课程体系结构，适应学生的认知规律。

（2）紧跟时代前沿，每个项目均有项目导入、创新设计 笃技强国、知识目标、能力目标、素养目标、知识导航、任务描述、课前预习、知识链接、任务实施、思考与实践等单元。在创新设计 笃技强国部分融入党的二十大精神，将科技创新、科技强国精神渗入课程中，培养学生相应的职业素养。

（3）采用任务驱动教学法来编排教学内容，将工匠精神、职业素养等思政元素融入课程教学，将理论知识与实践操作相结合，任务描述抛出问题，任务实施解决问题，利于读者理解或掌握相关知识点，培养发现问题、分析问题及解决问题的能力。

（4）与本书配套的机械设计基础课程已在超星尔雅平台运行多期，教学资源多样，在线课程成熟，利于教师开展"线上＋线下"混合式教学，也有助于学生自主学习。

（5）本书提供30多个视频、动画，供读者参考，激励自主学习。

　　本书由江西应用技术职业学院戴晓莉担任主编,赣州澳克泰工具技术有限公司周健、江西应用技术职业学院欧阳玲玉、江西应用技术职业学院王建兴、江西应用技术职业学院朱祚祥担任副主编,江西应用技术职业学院林通参加编写,江西应用技术职业学院龙永莲教授担任主审,全书由戴晓莉统稿。

　　由于编者经验和水平有限,书中难免有疏漏和不足之处,恳请广大读者批评指正,使之不断完善。

　　编者邮箱:aidai0797@163.com

编　者

2024 年 2 月

目　　录

绪论 ⋯⋯⋯⋯⋯⋯⋯⋯⋯⋯⋯⋯⋯⋯⋯⋯⋯⋯⋯⋯⋯⋯⋯⋯⋯⋯⋯⋯⋯⋯⋯⋯⋯ 1

　　任务 0.1　机械设计概述 ⋯⋯⋯⋯⋯⋯⋯⋯⋯⋯⋯⋯⋯⋯⋯⋯⋯⋯⋯⋯⋯ 3

　　任务 0.2　本课程的内容和研究对象 ⋯⋯⋯⋯⋯⋯⋯⋯⋯⋯⋯⋯⋯⋯⋯ 6

　　任务 0.3　本课程的地位、主要任务和学习方法 ⋯⋯⋯⋯⋯⋯⋯⋯⋯ 8

　　思考与实践 ⋯⋯⋯⋯⋯⋯⋯⋯⋯⋯⋯⋯⋯⋯⋯⋯⋯⋯⋯⋯⋯⋯⋯⋯⋯⋯ 10

项目 1　常用机器和机构的认识 ⋯⋯⋯⋯⋯⋯⋯⋯⋯⋯⋯⋯⋯⋯⋯⋯⋯⋯⋯ 11

　　任务 1.1　机构的组成 ⋯⋯⋯⋯⋯⋯⋯⋯⋯⋯⋯⋯⋯⋯⋯⋯⋯⋯⋯⋯ 13

　　任务 1.2　平面机构运动简图的绘制 ⋯⋯⋯⋯⋯⋯⋯⋯⋯⋯⋯⋯⋯⋯ 17

　　任务 1.3　平面机构自由度的计算 ⋯⋯⋯⋯⋯⋯⋯⋯⋯⋯⋯⋯⋯⋯⋯ 20

　　思考与实践 ⋯⋯⋯⋯⋯⋯⋯⋯⋯⋯⋯⋯⋯⋯⋯⋯⋯⋯⋯⋯⋯⋯⋯⋯⋯ 25

项目 2　常用机构的认识与设计 ⋯⋯⋯⋯⋯⋯⋯⋯⋯⋯⋯⋯⋯⋯⋯⋯⋯⋯⋯ 27

　　任务 2.1　平面连杆机构的认识与设计 ⋯⋯⋯⋯⋯⋯⋯⋯⋯⋯⋯⋯⋯ 29

　　任务 2.2　凸轮机构的认识与设计 ⋯⋯⋯⋯⋯⋯⋯⋯⋯⋯⋯⋯⋯⋯⋯ 43

　　任务 2.3　间歇运动机构的认识 ⋯⋯⋯⋯⋯⋯⋯⋯⋯⋯⋯⋯⋯⋯⋯⋯ 53

　　思考与实践 ⋯⋯⋯⋯⋯⋯⋯⋯⋯⋯⋯⋯⋯⋯⋯⋯⋯⋯⋯⋯⋯⋯⋯⋯⋯ 61

项目 3　齿轮传动的认识与设计 ⋯⋯⋯⋯⋯⋯⋯⋯⋯⋯⋯⋯⋯⋯⋯⋯⋯⋯⋯ 62

　　任务 3.1　认识齿轮传动 ⋯⋯⋯⋯⋯⋯⋯⋯⋯⋯⋯⋯⋯⋯⋯⋯⋯⋯⋯ 65

　　任务 3.2　渐开线标准直齿轮的参数与计算 ⋯⋯⋯⋯⋯⋯⋯⋯⋯⋯⋯ 71

　　任务 3.3　渐开线直齿圆柱齿轮的啮合传动 ⋯⋯⋯⋯⋯⋯⋯⋯⋯⋯⋯ 75

　　任务 3.4　根切、最少齿数及变位齿轮 ⋯⋯⋯⋯⋯⋯⋯⋯⋯⋯⋯⋯⋯ 79

　　任务 3.5　齿轮传动的失效形式、设计准则与材料选择 ⋯⋯⋯⋯⋯⋯ 82

　　任务 3.6　渐开线标准直齿圆柱齿轮传动设计 ⋯⋯⋯⋯⋯⋯⋯⋯⋯⋯ 89

　　任务 3.7　斜齿圆柱齿轮传动及其设计 ⋯⋯⋯⋯⋯⋯⋯⋯⋯⋯⋯⋯⋯ 102

　　任务 3.8　直齿圆锥齿轮传动及其设计 ⋯⋯⋯⋯⋯⋯⋯⋯⋯⋯⋯⋯⋯ 110

　　任务 3.9　蜗杆传动及其设计 ⋯⋯⋯⋯⋯⋯⋯⋯⋯⋯⋯⋯⋯⋯⋯⋯⋯ 117

任务 3.10 轮系 ┄┄┄┄┄┄┄┄┄┄┄┄┄┄┄┄┄┄┄┄┄┄┄ 129

思考与实践 ┄┄┄┄┄┄┄┄┄┄┄┄┄┄┄┄┄┄┄┄┄┄┄┄┄ 137

项目 4 带传动的认识与设计 ┄┄┄┄┄┄┄┄┄┄┄┄┄┄┄┄ 140

任务 4.1 带传动的认识 ┄┄┄┄┄┄┄┄┄┄┄┄┄┄┄┄┄┄ 141

任务 4.2 带传动工作能力分析 ┄┄┄┄┄┄┄┄┄┄┄┄┄ 146

任务 4.3 V 带传动的设计计算 ┄┄┄┄┄┄┄┄┄┄┄┄┄ 151

任务 4.4 带传动的张紧、安装与维护 ┄┄┄┄┄┄┄┄┄ 160

思考与实践 ┄┄┄┄┄┄┄┄┄┄┄┄┄┄┄┄┄┄┄┄┄┄┄┄┄ 162

项目 5 链传动的认识与设计 ┄┄┄┄┄┄┄┄┄┄┄┄┄┄┄┄ 163

任务 5.1 链传动的认识 ┄┄┄┄┄┄┄┄┄┄┄┄┄┄┄┄┄┄ 165

任务 5.2 链传动的工作能力分析 ┄┄┄┄┄┄┄┄┄┄┄ 171

任务 5.3 链传动的设计计算 ┄┄┄┄┄┄┄┄┄┄┄┄┄┄ 173

任务 5.4 链传动的布置、张紧和润滑 ┄┄┄┄┄┄┄┄┄ 179

思考与实践 ┄┄┄┄┄┄┄┄┄┄┄┄┄┄┄┄┄┄┄┄┄┄┄┄┄ 182

项目 6 支承零部件的认识与设计 ┄┄┄┄┄┄┄┄┄┄┄┄┄ 183

任务 6.1 轴的认识与设计 ┄┄┄┄┄┄┄┄┄┄┄┄┄┄┄┄ 185

任务 6.2 滚动轴承的认识与选用 ┄┄┄┄┄┄┄┄┄┄┄ 199

任务 6.3 滑动轴承的认识与设计 ┄┄┄┄┄┄┄┄┄┄┄ 211

思考与实践 ┄┄┄┄┄┄┄┄┄┄┄┄┄┄┄┄┄┄┄┄┄┄┄┄┄ 221

项目 7 连接零部件的认识与选用 ┄┄┄┄┄┄┄┄┄┄┄┄┄ 222

任务 7.1 轴毂连接件的认识与选用 ┄┄┄┄┄┄┄┄┄┄ 223

任务 7.2 轴间连接件的认识与选用 ┄┄┄┄┄┄┄┄┄┄ 232

任务 7.3 螺纹连接件的认识与选用 ┄┄┄┄┄┄┄┄┄┄ 241

思考与实践 ┄┄┄┄┄┄┄┄┄┄┄┄┄┄┄┄┄┄┄┄┄┄┄┄┄ 251

参考文献 ┄┄┄┄┄┄┄┄┄┄┄┄┄┄┄┄┄┄┄┄┄┄┄┄┄┄┄┄┄ 252

绪　　论

机械的发展史与人类社会进步史紧密连接在一起。我国是世界上机械发展最早的国家之一,我国的机械工程技术不但历史悠久,而且成就极其辉煌,促进了我国物质文化和社会经济的发展,并对世界技术文明的进步做出了重大贡献。机械的发展来源于工具,因此其历史可以追溯到石器时代,从制造简单工具演化到制造由多个零部件组成的现代机械,经历了漫长的过程。中国机械发展史可分为 6 个时期:① 形成和积累时期(从远古到西周时期);② 迅速发展和成熟时期(从春秋时期到东汉末年);③ 全面发展和鼎盛时期(从三国时期到元代中期);④ 缓慢发展时期(从元代后期到清代中期);⑤ 转变时期(从清代中后期到 1949 年前的发展时期);⑥ 复兴时期(1949 年后的发展时期)。每个时期又可分为不同的发展阶段。

机械的发展是从实践中来,又经理论升华再到实践中去的过程。在 4 000 多年的实践中,我国机械的发展积累了丰富的技术知识和经验,许多零件的雏形与人类的文明史一样长。如图 0.1 所示的指南车,是中国古代的一类特种车辆。齿轮传动机构使得车辆在行进过程中,无论怎样转向,车上的木人始终将手臂指向正南。这种车主要用作帝王出行中的侍从车,在各种车辆、护卫、仪仗之中最先行。如图 0.2 所示的候风地动仪,由东汉时期的张衡发明,是世界上第一台地震仪。18 世纪后期,蒸汽机的出现使得机械从采矿业推广到纺织、轻工、冶金等行业。机械加工的原材料逐渐从木材过渡到更为坚韧、但难以用手工加工的金属,促进了机械制造技术的发展,这标志着机械制造工业形成的开始,并在随后的几十年中发展成为一个重要产业。机械工程通过不断扩大的实践,从分散、主要依赖匠师们个人才智和手艺的一种技艺,逐渐发展成为一门由理论指导、系统和独立的工程技术,也促进 18—19 世纪的工业革命及资本主义机器大生产。

机械是现代社会进行生产和服务的基本要素,包括机构和机器。机构和机器均为具有确定运动的机构或最小制造单元的零件组合,但机器能够代替人完成一定的功能,或者实现能量形式的转化。为了适应生活和生产上的需要,必须创造出各种各样的机械,以代替或减轻人的劳动,改善劳动条件,提高生产率和产品质量,帮助人类创造更多的社会财富。随着科技的发展,人们不断地设计出各种新机械,机械的发展是衡量一个国家工业水平的重要标志之一。

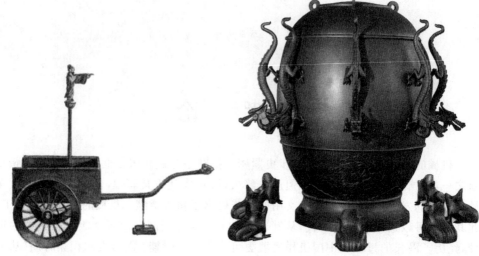

图 0.1　指南车　　　　　　　图 0.2　候风地动仪

　　机械已广泛应用于现代产业和工程领域,并形成了机械产品的行业特色。例如,服装行业需要纺织机械、缝纫机等;食品行业需要筛选与清洗机械、粉碎与切割机械、干燥机械、烘烤机械等;建筑行业需要起重机、混凝土机械、压路机、推土机等;交通运输业需要各种车辆、船舶、飞机等。总之,人们的日常生活与机械紧密相关,如汽车、摩托车、电动车、自行车、缝纫机、钟表、照相机、洗衣机、电冰箱、空调、吸尘器、扫地机器人等。而如今高效高精度的机械设备,又促进了生物技术、纳米技术和信息技术的高速发展。

　　党的二十大报告提出,坚持把发展经济的着力点放在实体经济上,推进新型工业化,加快建设制造强国。

　　推进新型工业化的重要性主要为:① 推进新型工业化是实现中国式现代化的必然要求。工业化是现代化的前提和基础。新中国成立特别是改革开放以来,我们用几十年时间走完西方发达国家几百年走过的工业化历程,创造了经济快速发展和社会长期稳定的奇迹。② 推进新型工业化是全面建成社会主义现代化强国的根本支撑。党的二十大擘画了全面建成社会主义现代化强国的宏伟蓝图,到 2035 年基本实现社会主义现代化,到 21 世纪中叶把我国建成富强民主文明和谐美丽的社会主义现代化强国。③ 推进新型工业化是构建大国竞争优势的迫切需要。实体经济是我国发展的本钱,是构筑未来发展战略优势的重要支撑,是在国际经济竞争中赢得主动的根基。④ 推进新型工业化是实现经济高质量发展的战略选择。工业是经济增长的主引擎,在稳定宏观经济大盘中发挥着关键作用。工业是技术创新的主战场,是创新活动最活跃、创新成果最丰富、创新应用最集中、创新溢出效应最强的领域。据统计,美国工业占国内生产总值比重不到 20%,但 70% 的创新活动直接或间接依托工业领域。而创新是新型工业化的根本动力。强化企业科技创新主体地位,促进各类创新要素向企业集聚,支持企业提升创新能力,全面激发企业创新活力。开展重点领域关键核心技术攻关,发挥新型举国体制优势,实行"揭榜挂帅"等新机制,加快突破一批核心技术和标志性重大战略产品。加强创新型人才队伍建设,培养造就一批产业技术创新领军人才和高水平创新团队。

任务 0.1　机械设计概述

机械设计是为满足社会需要和人们美好生活的需求,运用相关的设计方法,采用先进的制造技术,最终设计出能够实现预定功能、工作安全可靠、经济效益高、符合美学及人体工程学的产品的整个过程。当然,机械设计也可以是在原有机械产品的基础上进行结构改进、创新,实现结构优化,以提升机械产品的工作能力、提高工作效率、降低能耗和减少污染等,这些都是在进行机械设计时应考虑的问题。机械设计是一门综合的工程技术,是一项复杂、细致和科学性很强的工作,其过程涉及许多方面,要设计出合格的产品,须全面考虑。

机械设计基本要求和一般程序

下面简述与机械设计有关的几个基本问题。

0.1.1　机械设计的基本要求

机械设计的基本要求主要有以下几方面。

(1) 预定功能要求。

产品的机械设计首先要满足的就是能够实现预定功能。预定功能是指使用者提出或由设计者与使用者协商确定下来的机械产品需要满足的特性和能力。机械设计就是要实现机械的预定功能,并保证机械在预定的使用寿命内和工作条件下能安全可靠地工作。

(2) 工作安全可靠及便于操作要求。

机械的使用应简单可靠,符合人机工效学要求,能减轻使用者的劳动强度。对机械中的危险部位,应设置防护装置;为防止误操作引起事故,应设置报警装置和保险装置。

(3) 经济性要求。

经济性是一个综合性指标,与机械产品的设计、制造、销售、使用及维护紧密相关。为获得较高的经济效益,要求机械的设计和制造周期短、成本低,机械产品的工作效率高、能源材料消耗少、维护管理费用低。

(4) 美学要求。

产品的机械设计应从工业美学的角度考虑,机械的造型和色彩要美观宜人。此外,还应考虑人机工程学要求。

(5) 环保要求。

机械产品采用绿色设计和绿色制造,并且机械工作时产生的噪声、废水、废气及粉尘等应符合国家有关环保规定。

(6) 其他特殊要求。

其他特殊要求如大型机械应便于安装、拆卸和运输;机床能长期保证精度;食品、医药、纺织等机械应无菌无尘,不能污染产品等。

0.1.2　机械零件的失效形式和工作能力准则

(1) 机械零件的失效形式。

零件失去设计时指定的工作效能称为零件失效。失效和破坏并不是一个概念,失效

4

不等于破坏,即有些零件理论上失效了,并不代表零件破坏不能用了。如齿轮的齿面点蚀、胶合、磨损等失效形式出现后,零件还可以工作,只不过工作状况不如原来好,甚至会出现传动不平稳或噪声等现象。一般情况下,零件破坏后就不能再工作了,也可以认为破坏是绝对的失效,如齿轮的轮齿折断是破坏,也是失效。

具体的失效形式有:①整体断裂;②过大的残余变形;③零件的表面破坏,如腐蚀、磨损、接触疲劳等,尤以腐蚀、磨损、疲劳破坏为主。经查相关资料,在 1 378 个机械零件失效案例中,腐蚀、磨损、疲劳破坏占 73.88%,断裂仅占 4.79%。

(2)机械零件的工作能力准则。

机械设计中,用来衡量零件工作能力的指标即为机械零件的工作能力准则。机械零件的工作能力准则主要如下。

① 强度。零件抵抗破坏的能力。

② 刚度。零件抵抗弹性变形的能力。

③ 耐磨性。零件抵抗磨损的能力。

④ 耐热性。零件承受热量的能力。

⑤ 可靠性。零件能持久可靠地工作的能力。

⑥ 振动稳定性。机器工作时不能发生超过允许范围的振动。

(3)机械零件的设计计算准则。

强度准则为

$$\sigma \leqslant [\sigma] \tag{0.1}$$

式中 σ—— 零件危险截面上的最大应力;

        $[\sigma]$—— 该材料的许用应力。

刚度准则为

$$y \leqslant [y] \tag{0.2}$$

式中 y—— 零件的变形量;

        $[y]$—— 许用变形量。

耐磨性、耐热性没有单独的计算公式,设计时只考虑其对强度的影响程度。

可靠性的衡量指标是可靠度,不同的设备有不同的要求。不同的安全系数会影响可靠度,因此,可根据零件影响设备安全的程度选取对应的安全系数。

振动稳定性,应保证工作频率与零件的固有频率相错开。

不同的零件在不同的工作条件下,出现各种失效形式的概率不同。一般优先按最常见的失效形式进行设计,然后为避免其他次常见的失效形式,再进行相应的校核,即不同条件下的零件设计需制订不同的设计计算准则。

0.1.3 机械设计的一般程序

(1)明确设计任务阶段。

机械设计任务通常是为实现生产要求的某种功能而提出的,一般是按任务书的形式下达,由主管单位、使用者提出。其主要内容有:按机器的用途、设计机械的要求确定功能范围、各项技术性能指标、主要参数、工作环境条件、特殊要求、生产纲领、预期成本、完成

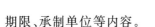

期限、承制单位等内容。

（2）方案设计阶段。

该阶段确定产品的工作原理和主体部分的结构方案，并经多个可行方案分析，综合评价，确定最优的方案。

（3）技术设计阶段。

在既定设计方案的基础上，技术设计阶段完成机械产品的总体设计、结构设计、零件设计和技术文件制订。

① 总体设计阶段。根据机器的工作原理绘制机器的机构运动简图，然后再考虑各个机构主要零件的大体位置，最后拟订机器的总体布置，确定各种可能的传动方案并分析比较。

② 结构设计阶段。考虑和确定各种零部件的相对位置和连接方法，确定机器的总体尺寸、各个零部件的相对位置及配合关系，从而把机构运动简图变成具体的装配图（或结构图）。

③ 零件设计阶段。确定每个零件的结构、具体形状、全部尺寸等，即把机器的所有零件拆分出来，绘制成零件图，标准件不需要设计，只进行选用。

④ 技术文件制订阶段。完成装配图和所有零件图后，必须完成一系列的技术文件，如各种明细栏、系统图、设计说明书和使用说明书。

（4）试制阶段。

经过试制、安装及调试制造出的样机，进行试运行后，将试验过程中出现的问题反馈给设计人员，经修改和完善，最后通过设计定型。

0.1.4　机械零件的设计步骤

机械设计方法很多，既有传统的设计方法，也有现代的设计方法。常用的机械零件设计步骤如下。

（1）根据使用要求，选择零件的类型和结构。

（2）根据工作条件，选择零件的材料。

（3）根据工作要求，计算零件所受载荷。

（4）确定设计计算准则，计算出零件的基本尺寸。

（5）对零件进行结构设计。

（6）校核零件的强度或刚度。

（7）编写设计说明书。

在机械设计和制造的过程中，有些零件（如螺栓、滚动轴承等）应用范围广，用量大，为便于专业化制造，这些零件都制作成标准件，由专门生产厂生产。对于同一产品，通常进行若干同类型不同尺寸或不同规格的系列产品生产，以满足不同用户的使用需求。不同规格的产品使用相同类型的零件，以使零件的互换更为方便，也是机械设计应考虑的事情。因此，在机械零件设计中，还应注意标准化、系列化和通用化。

任务 0.2　本课程的内容和研究对象

机械设计基础是研究有关"机械"基本理论的一门课程,其研究对象为机械。而机械又是机器和机构的总称,因此机械设计基础是研究机器和机构基本理论的科学。随着科技的飞速发展和各学科之间的融合与渗透,机械的内容不断丰富,微小机械、微型机械、仿生机械、生物机械的出现,使机械设计基础研究对象的含义不断拓展。

0.2.1　本课程的内容

（1）常用机构。

常用机构包括平面连杆机构、凸轮机构、齿轮机构等。

（2）常用传动装置。

常用传动装置包括齿轮传动、带传动、链传动等。

（3）通用零部件。

通用零部件包括轴系零部件和连接零部件。轴系零部件包含轴、滚动轴承、滑动轴承等;连接零部件包括轴毂连接、轴间连接与螺纹连接等。

0.2.2　本课程的研究对象

工程中,常把每一个具体的机械称为机器,即谈到具体的机械时,常使用机器这个名词,泛指时则用机械来统称。现代机器的含义为机器是执行机械运动的装置,用来变换或传递能量、物料与信息。坦克、导弹、汽车、飞机、轮船、车床、起重机、织布机、印刷机、包装机等大量具有不同外形、不同性能和用途的设备都是具体的机器。

（1）机器。

传统意义上讲,机器是执行机械运动的装置。机器的种类繁多,其用途和结构形式也不尽相同,但机器的组成却有一些共同的特征。

传统意义的机器具有以下 3 个共同特征。

① 人为的实物组合体。

② 各运动单元间具有确定的相对运动。

③ 能代替人类做有用的机械功或进行能量转换。

图 0.3 所示为汽车运动系统,可以看出,汽车运动系统由动力部分、传动部分、执行部分、控制部分与支撑及辅助部分五部分组成。动力部分能够为机器提供动力,如发动机、电动机;传动部分用于实现运动的转换、变速或换向,主要采用连杆机构、凸轮机构等机构和齿轮传动、带传动等传动装置;执行部分负责完成主要的作业任务,也就是汽车轮胎,其他机器常用工作头、夹具、喷头等;控制部分负责控制机器的运行,如机、电、气、液、计算机综合控制,由控制器、传感器、操作面板等组成;除此之外,还有机箱、润滑和照明等支撑及辅助部分。

（2）机构。

机构是具有确定的相对运动,能实现一定运动形式转换或动力传递的实物组合体。

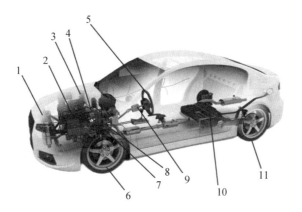

图 0.3　汽车运动系统

1— 散热片；2— 发动机；3— 悬架；4— 蓄电池；5— 转向盘；6— 转向轮；7— 离合器；

8— 变速箱；9— 传动轴；10— 后桥；11— 驱动轮

图 0.4 所示为单缸内燃机，是将燃气燃烧时的热能转化为机械能的机器。其由大齿轮 1、气缸体 2、曲轴 3、连杆 4、活塞 5、进气阀 6、排气阀 7、推杆 8、凸轮 9 和小齿轮 10 组成。它包含由活塞、连杆曲轴和缸体（机架）组成的曲柄滑块机构，由凸轮、顶杆和缸体（机架）组成的凸轮机构等。从功能上看，机构和机器的根本区别是，机构只能传递运动或动力，不能直接做有用的机械功或进行能量转换。因此，一般来说，机构是机器的重要组成部分，机器是由单个或多个机构，再加辅助设备组成的。工程上将机器和机构统称为机械。

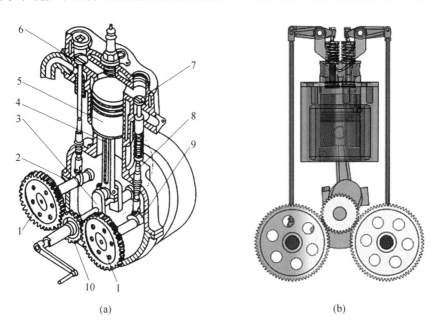

(a)　　　　　　　　　　　　　　　(b)

图 0.4　单缸内燃机

1— 大齿轮；2— 气缸体；3— 曲轴；4— 连杆；5— 活塞；6— 进气阀；7— 排气阀；

8— 推杆；9— 凸轮；10— 小齿轮

（3）零件、构件与部件。

从机器的结构上讲，机器由机构组成，机构由构件组成，构件由零件组成。

① 零件。所有的机器都是由许多机械零件组合而成的，零件是机器中最小的制造单元。机械零件可分为两大类：一类是在各种机器中经常用到的零件，称为通用零件，如齿轮、链轮、蜗轮、螺栓、螺母等；另一类则是在特定类型的机器中才用到的零件，称为专用零件，如汽车发动机曲轴、连杆、凸轮轴等。

② 构件。根据机器功能、结构要求，某些零件需固连成没有相对运动的刚性组合，成为机器中独立运动的最小单元，通常称为构件。构件与零件的区别在于，构件是运动的基本单元，而零件是制造单元。如图0.5所示，汽车发动机的连杆由连杆体7、连杆盖2、螺栓5及螺母1等零件组成，这些零件没有相对运动，而是形成一个运动整体，成为一个构件。构件是最小的运动单元，它可以是单一的零件，也可以是由几个零件组成的刚性结构。

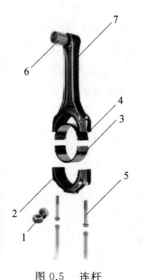

图 0.5　连杆

1— 螺母；2— 连杆盖；3,4— 轴瓦；5— 螺栓；6— 轴套；7— 连杆体

③ 部件。部件是指能完成特定功能的一系列零件的组合体。图0.5所示的连杆就是一个部件，它由连杆体、轴套、连杆盖、螺栓、螺母和轴瓦等若干个具体零件刚性地连接而成。组成连杆的各个零件之间没有相对运动，它们构成独立的运动单元体。

任务 0.3　本课程的地位、主要任务和学习方法

0.3.1　本课程的地位

从就业角度看，随着现代生产的高速发展，除机械制造部门外，各种工业部门、基本建设、电力、石油、化工、采矿、冶金、轻纺、食品加工、包装等行业，都会采用复杂机械设备，这些设备的设计、使用、管理、维护、营销等都需要技术人员具备一定的机械基础知识。因

此,机械设计基础课程如同工程制图、电工电子等课程一样,是高等学校工科有关专业的一门技术基础课。通过本课程的学习、作业实践、课程设计和实训,培养学生初步具有选用、分析常用零部件及机构,维护保养机械传动装置,并能进行设计的基本能力,为学习专业课程提供必要的基础。从科学方法和课程学习两个方面来看,本课程将起到承前启后的作用。

0.3.2　本课程的主要任务

本课程包括理论学习、作业、现场直观教学课、习题课、讨论课、试验课和课程设计综合实践等教学环节,主要任务如下。

（1）培养学生树立正确的设计思想,了解现代机械设计方法及我国当前的有关技术经济政策。

（2）使学生掌握通用机械零部件的设计原理、方法和机械设计的一般规律,突出创新意识和创新能力的培养,使学生具有一般机械系统综合设计的能力及计算机技术应用的能力。

（3）培养学生具有应用标准、规范、手册、图册及网络资源等有关技术资料的能力。

（4）使学生掌握典型的机械零件、装置的试验方法,获得试验技能的基本训练方法,通过工程实践活动培养学生的机械创新设计能力。

（5）使学生了解机械工程学科及机械设计方向的国内外发展动态。

通过本课程的学习和课程设计实践,学生可为日后从事自主产品的创新设计奠定基础,从事工艺、运行、管理的技术人员可在了解机械的传动原理、选购设备、正确使用和维护设备,以及设备的故障分析等方面获得必要的技术支持。

0.3.3　本课程的学习方法

本课程内容多且各项目任务相对独立,比较系统、理论,需要在日常生活、生产中发现机械、分析机械、设计机械,其中涉及机械制图、工程力学、公差配合等课程,需要在平时多巩固已学知识点。

本课程与先修课程比较,在学习思维和方法上有较大的差别,体现在以下几点。

（1）系统地掌握课程内容。

本课程以每一种机构或者零部件为一项目任务来安排教学。学习时,应在了解每种机构或零部件的类型、结构、性能特点和应用范围的基础上,着重掌握对工况的分析、可能的失效形式,以及保证该零件工作能力的计算准则、计算方法和公式,掌握零件的设计步骤与进行结构设计的原理和方法。

（2）着重要提高分析问题和解决问题的能力。

在掌握课程内容的基础上,逐步熟悉工程中的实际问题,根据一定条件下的试验得到的经验数据,注意数据和公式的应用范围,通过一定的分析,从多种可能的解答中,学会评价并找出最佳解法。

（3）重视实践,多做练习。

不仅要求学生独立去完成练习题和设计作业,还需要学生多练习徒手画结构图或进行课程设计。去现场观察和分析实际机器及零件的形式,以逐步积累实际设计能力。

(4) 提高自学能力。

随着科技的迅速发展,新结构、新材料、新设计方法和工艺方法的不断涌现,以及电子计算机的广泛应用,机械设计也正在日新月异地改变。因此,建议学生在学习本课程时,不断培养自学能力,多查看参考文献,以便掌握更多的新信息。

(5) 培养创造性设计的能力。

除掌握课程所阐述的典型内容、典型方法和结构外,还可以提出新的设计设想,以提高自己将创新构思的想象变为图样和实物的能力。

思考与实践

1. 简述零件与构件的区别。

2. 简述构件与部件的区别。

3. 解释"通用零件"的含义。

4. 机器由几部分组成? 各部分的主要功能是什么?

5. 机器与机构的主要区别是什么? 各举两个例子。

6. 通用零件与专用零件的区别是什么? 各举两个例子。

项目 1　常用机器和机构的认识

机器是由某些机构和动力装置组成的,可以实现能量的转换,或做有用的功,如内燃机(图1.1)、刨床(图1.2)等。而机构则仅仅起着传递运动和转换运动的作用,如内燃机的凸轮机构、刨床中的齿轮机构。从实现运动的结构组成的观点看,机器和机构之间没有区别,因此可将机器和机构统称为机械。本项目主要介绍机构与机器的相关知识。

图 1.1　内燃机

图 1.2　刨床

创新设计 笃技强国

科技创新是我们深刻认识和把握"稳"与"进"辩证法的重要领域。没有科技创新就没有产业质变,也形成不了新质生产力。当前全球新一轮科技革命和产业变革方兴未艾,通用人工智能、生命科学等领域前沿技术正在深刻改变着工业生产函数,蕴含着巨大商机,创造着巨大需求。在这个科技创新的大赛场上,统筹好科技创新和产业创新,才能迎头赶上、奋起直追、力争超越。把坚持高质量发展作为新时代的硬道理,以科技创新引领现代化产业体系建设,不仅将为经济发展塑造新动能新优势,还能以现代化产业体系为其他领域现代化提供有力支撑,把中国式现代化宏伟蓝图一步步变为美好现实。(摘自人民网—《人民日报》:《以科技创新引领现代化产业体系建设(评论员观察)——扎实做好2024 年经济工作 ①》)

知识目标

(1)了解运动副、运动链、机构、平面机构运动简图等相关概念。
(2)掌握平面自由度相关概念及计算。

能力目标

(1)掌握平面机构运动简图的绘制。
(2)能够计算给定机构的机构自由度。

素养目标

(1)观察分析生活中的机器和机构,培养观察及分析问题的能力和创新意识。
(2)通过学习大国工匠事迹,培养精益求精的工匠精神,培育爱国情怀。

知识导航

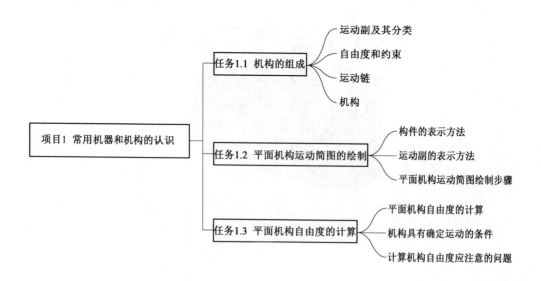

任务 1.1　机构的组成

机械的组成

任务描述

机器是人类经过长期生活生产实践而产生的,用来代替或减轻人类体力的装置,是能够帮助人类完成某些工作的装置、设备或器具。在日常生活中,常见的机器有扫地机、洗衣机和冰箱等;在生产实践中,常见的机器有拖拉机、机床和起重机等。

机器是由若干个机构和动力装置组成的。机构是具有相对运动的构件的组合,它是用来传递运动和力的构件系统。

课前预习

1. 下列运动副,属于低副的有(　　　)。

A. 两啮合齿轮形成的运动副

B. 内燃机中气缸与活塞形成的运动副

C. 火车车轮与铁轨形成的运动副

D. 内燃机中阀杆与凸轮形成的运动副

2. 通过面接触组成的平面运动副称为(　　　)。

A. 移动副

B. 转动副

C. 低副

D. 高副

3. 1个自由构件在平面内有(　　　)个自由度。

A. 3

B. 4

C. 5

D. 6

4. 移动副有(　　　)个约束、(　　　)个自由度。

A. 1　2

B. 2　1

C. 3　1

D. 1　3

5. (　　　)引入了1个约束,剩下2个自由度。

A. 转动副

B. 移动副

C. 低副

D. 高副

任务1.1课前预习参考答案

13

知识链接

1.1.1 运动副及其分类

各构件之间的相对运动分为平面运动和空间运动,则运动副可分成平面运动副和空间运动副。平面机构的运动副称为平面运动副,并且根据运动副接触形式的不同,平面运动副有低副和高副两大类。

1. 低副

低副是两个构件通过面接触构成的运动副,并且根据构成低副的两构件间不同的相对运动形式,可分为转动副与移动副。

（1）转动副。

转动副是两构件间只可以产生相对转动的运动副,如图 1.3(a) 所示。

（2）移动副。

移动副是两构件间只可以产生相对移动的运动副,如图 1.3(b) 所示。

转动副

移动副

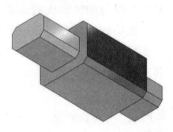

(a) 转动副　　　　　　　　　　　　　　　　(b) 移动副

图 1.3　低副

2. 高副

高副是两构件通过点或者线而构成的运动副。如图 1.4(a) 所示,齿轮之间的接触处构成线接触,图 1.4(b) 所示的推杆与凸轮接触构成点接触。

齿轮副

凸轮副

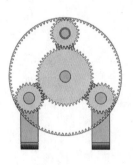

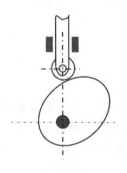

(a) 齿轮副　　　　　　　　　　　　　　　　(b) 凸轮副

图 1.4　高副

1.1.2   自由度和约束

一个构件相对于另一个构件可能出现的独立运动的数目,称为构件的自由度。如图 1.5 所示,做平面运动的自由构件 1 具有 3 个自由度,1 个自由构件 2 在空间内具有 6 个自由度。

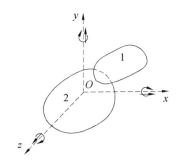

图 1.5   自由度和约束

当两构件以运动副连接后,某些相对独立运动会受到限制,这时候就认为运动副引入了约束。运动副引入的约束数等于两构件自由度减少的数目。图 1.6 中的转动副限制了 x 轴、y 轴方向的移动,因此只能绕 O 点转动;移动副限制了 y 轴方向的转动和绕 O 点的转动,因此只能沿 x 轴方向移动。这说明当两构件以低副连接时,引入了 2 个约束,构件的自由度为 1。图 1.7 中的高副,齿轮副和凸轮副限制了法向 n 的移动,可沿切向 t 移动和绕切点转动。这说明当两构件以高副连接时,引入了 1 个约束,构件的自由度为 2。

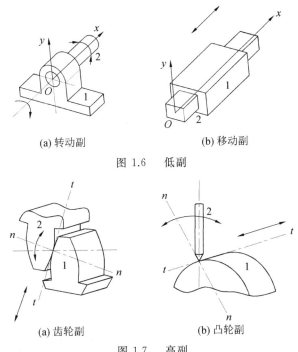

(a) 转动副   (b) 移动副

图 1.6   低副

(a) 齿轮副   (b) 凸轮副

图 1.7   高副

表 1.1 是常见平面运动副对构件的约束情况。

表 1.1　常见平面运动副对构件的约束情况

运动副名称	约束数目	自由度数目	约束的运动	保留的运动
转动副	2	1	沿 x 轴、y 轴的移动	绕 O 点的转动
移动副	2	1	沿着 x 轴或 y 轴的移动、平面内的转动	沿着 y 轴或 x 轴的移动
凸轮副	1	2	沿接触处公法线的移动	沿接触处切线的移动、绕接触线或点的转动
齿轮副	1	2	沿接触处公法线的移动	沿接触处切线的移动、绕接触线或点的转动

1.1.3　运动链

两个以上的构件通过运动副连接而构成的系统,称为运动链。如图 1.8 所示,运动链各构件构成首尾封闭的系统,称为闭链;运动链各构件未构成首尾封闭的系统,称为开链。

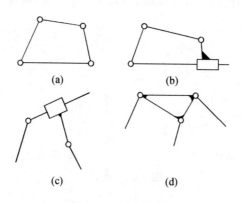

图 1.8　平面运动链

1.1.4　机构

在运动链中,将一构件加以固定成为机架,给定一个主运动,而其余构件都具有确定的运动,则运动链便称为机构。

机构是由机架、原动件、从动件所组成的。如图 1.9 所示,固定不动的构件为机架,给定了主运动的构件为原动件,剩下的构件为从动件。

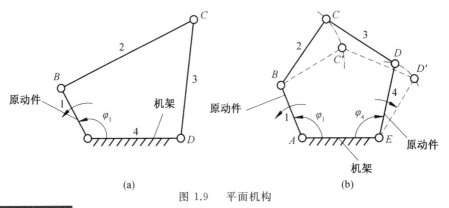

(a)   (b)

图 1.9   平面机构

任务实施

　　机构是由若干个构件按照一定的顺序通过运动副连接在一起的构件系统,在这个系统里有一个机架,给定一个主运动,则剩下的构件具有确定的运动。比如说曲柄摇杆机构、曲柄滑块机构、凸轮机构、齿轮机构等,都是由机架、原动件、从动件所组成的。

任务 1.2   平面机构运动简图的绘制

任务描述

　　老式打谷机(图 1.10)是农村收割稻谷的机器,打稻谷时须脚用力踩传动踏板,手抓稻禾塞进快速滚动的打谷机中打落谷粒,所以也称为脱粒机。现在要研究其主体机构的运动规律,可按平面机构来分析其运动规律。请绘制出老式打谷机的平面机构运动简图。

平面机构运动简图的绘制

图 1.10   老式打谷机

老式打谷机

17

课前预习

1. 机构运动简图与（　　）无关。

A. 构件数目

B. 运动副的数目、类型

C. 构件和运动副的结构

D. 运动副的相对位置

知识链接

用规定符号和简单线条代表运动副和构件，并按一定比例尺表示机构的组成及各构件运动关系的简单图形，称为平面机构运动简图。通过平面机构运动简图可以了解机构的组成和类型，以及各构件之间的相对运动，还可以通过平面机构运动简图对机构进行运动和动力分析。而机构示意图是只表示机构的组成和运动情况，不按比例绘制的简图。

1.2.1　构件的表示方法

通常用直线或小方块来表示构件，主动构件可添加箭头，而机架则是带有不封闭斜线的，一般构件的表示方法见表 1.2。

表 1.2　一般构件的表示方法

两个构件		
三个构件		

1.2.2　运动副的表示方法

当两构件组成平面转动副时，转动副用圆圈表示，圆心与回转轴线必须重合，固定构件则是下面加斜线表示，如图 1.11 所示。

两个构件组成平面移动副时，移动副导路须与移动方向相同，两个构件组成移动副的表示方法如图 1.12 所示。

两个构件组成平面高副时，两构件接触处的曲线轮廓应该画出：凸轮、滚子可画出其全部轮廓，齿轮常用点划线画出其节圆，如图 1.13 所示。

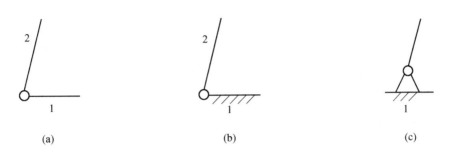

图 1.11   平面转动副的表示方法

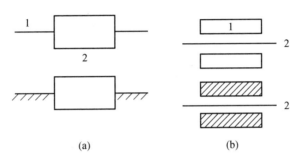

图 1.12   平面移动副的表示方法

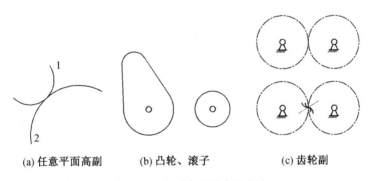

(a) 任意平面高副   (b) 凸轮、滚子   (c) 齿轮副

图 1.13   平面高副的表示方法

1.2.3   平面机构运动简图绘制步骤

平面机构运动简图主要包含以下内容:机构类型、构件数目、运动副的类型和数目、构件的运动尺寸、主动件及其运动特性等。

绘制平面机构运动简图一般应按下列步骤进行。

(1)分析机构的组成,明确机架、主动构件与从动构件,并用阿拉伯数字对构件进行编号。

(2)分析构件的运动形式。从主动构件开始,遵从其运动传递路线,根据相连两构件间的相对运动性质和接触情况,明确各构件间运动副的类别和数目,各运动副以大写英文字母按顺序标明。

(3)确定视图平面,常选择与构件运动相平行的面用作投影面,以清楚表达各构件之间的运动情况。

（4）选择恰当的比例尺，$\mu_1 = \dfrac{\text{实际尺寸(mm)}}{\text{图上尺寸(mm)}}$，按照各构件实际尺寸和运动副间的实际距离，用所规定的符号和简单线条画出各构件和运动副，绘制平面机构运动简图。

（5）用箭头标明主动构件的运动方向。

■ 任务实施

任务描述中，老式打谷机的平面机构运动简图的绘制过程如下。

（1）分析老式打谷机的组成，由图1.10和图1.14可知，敞木桶1为机架，踏板2是原动件，连杆3为传动件，曲柄4和大齿轮4为一个传动构件，小齿轮5为输出轮。

（2）老式打谷机工作时，脚踩踏板2（也就是摇杆）提供了动力，连杆3将踏板的摆动转变为曲柄4的转动，而曲柄和大齿轮是一个构件，大齿轮4和小齿轮5啮合传动，从而实现了滚筒的转动，最终使得稻谷和水稻茎秆分离。

（3）选择构件运动平面为视图平面。

（4）选择适当比例尺，按照规定符号和线条绘制出该机构的运动简图，如图1.14所示。

（5）用箭头标出原动件。

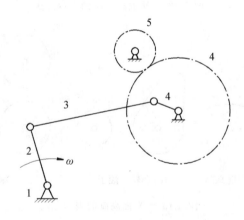

图 1.14　老式打谷机的平面机构运动简图

任务 1.3　平面机构自由度的计算

■ 任务描述

平面机构自由度的计算是机械工程中的一个重要问题，它可以用来阐述机构的运动自由度和约束情况，对于机构的设计和分析是非常重要的。通过计算可得到机构的自由度，那么该如何计算自由度呢？计算时，又应该注意哪些事项呢？试计算任务1.2中老式打谷机的机构自由度。

课前预习

1. 构件系统能否成为机构,其必要条件为(　　　)。

A. 机构自由度 $F > 0$

B. 机构自由度 $F = 0$

C. 机构自由度 $F < 0$

D. 机构自由度 $F \geqslant 0$

2. 若有 4 个构件在同一处形成了复合铰链,则此处应有(　　　)个转动副。

A. 1

B. 2

C. 3

D. 4

3. 计算机构自由度时,虚约束应该(　　　)。

A. 考虑在内

B. 去除不计

C. 去不去除都行

D. 固定

任务 1.3 课前预习参考答案

知识链接

1.3.1　平面机构自由度的计算

1 个自由构件做平面运动的时候,具有 3 个独立的运动,在平面内可以沿着 x 轴和 y 轴移动,以及绕 O 点转动。当构件以运动副连接后,会引入约束,1 个低副引入 2 个约束,一个高副引入 1 个约束。当引入约束后,构件的自由度随之减少。1 个平面构件的自由度和约束数目之和总是等于 3。

若一个平面机构由 m 个构件组成,其中一个为机架,那么机构的活动构件数为 $n = m-1$。n 个活动构件的自由度为 $3n$,但当构件通过运动副连接后,会引入约束,自由度也会随之减少。若机构中有 P_{L} 个低副、P_{H} 个高副,则该机构的自由度 F 为

$$F = 3n - 2P_{\mathrm{L}} - P_{\mathrm{H}} \tag{1.1}$$

1.3.2　机构具有确定运动的条件

机构的自由度是指机构可能实现独立运动的数目。如果要使机构能动起来,则其自由度一定要大于 0。如图 1.15(a) 所示的三杆构件系统,活动构件有 2 个,低副有 3 个,该构件系统的自由度为 0,说明各构件之间没有相对运动,通常将这样的构件系统称为刚性桁架,图 1.15(b) 中的四杆构件系统,其自由度 $F = 3n - 2P_{\mathrm{L}} - P_{\mathrm{H}} = 3 \times 3 - 2 \times 5 = -1$,说明约束过多,称为超静定刚性桁架。

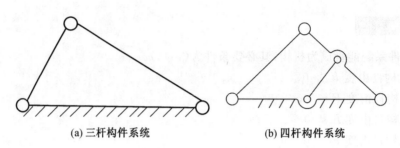

(a) 三杆构件系统　　　　　　　(b) 四杆构件系统

图 1.15　刚性桁架

如图 1.9(a) 所示的四杆机构, 活动构件有 3 个, 低副有 4 个, 机构的自由度 $F = 3n - 2P_L - P_H = 3 \times 3 - 2 \times 4 = 1$。机构自由度为 1, 说明给定一个独立运动参数, 其余构件有确定的运动。

如图 1.9(b) 所示的五杆机构, 活动构件有 4 个, 低副有 5 个, 机构的自由度 $F = 3n - 2P_L - P_H = 3 \times 4 - 2 \times 5 = 2$。机构自由度为 2, 说明给定一个独立运动参数, 其余构件可动, 但运动不确定, 若给定两个独立运动参数, 则机构具有确定运动。

综上所述, 机构具有确定运动的条件是机构的自由度大于 0, 且机构的原动件数目等于机构的自由度。

1.3.3　计算机构自由度应注意的问题

应用式(1.1)计算平面机构自由度时, 需要注意以下特殊情况。

1. 复合铰链

如图 1.16 所示, 复合铰链是指两个以上构件在同一处组成了转动副, 并且转动轴线是同一个。若有 k 个机构在同一处构成了复合铰链, 那么此处有 $(k-1)$ 个转动副。在计算平面机构自由度时, 要特别注意有无复合铰链, 并判断转动副的实际数目。下面举例说明。

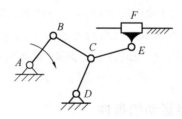

图 1.16　复合铰链

【例 1.1】　试计算图 1.16 所示机构的自由度。

解　机构中有 5 个活动构件, A、B、C、D、E 处组成了转动副, 其中 C 点为复合铰链, 有 2 个转动副, F 处构成了 1 个移动副。即 $P_L = 7$, $P_H = 0$。由式(1.1)可知, 该机构的自由度 $F = 3n - 2P_L - P_H = 3 \times 5 - 2 \times 7 = 1$。

该机构的自由度为 1, 且 1 个原动件, 说明该机构具有确定的运动。

2. 局部自由度

局部自由度不会影响整个机构的运动,在计算机构自由度时,应忽略局部自由度。如图 1.17(a) 中的滚子从动件凸轮机构,凸轮为原动件,当凸轮转动时,推动滚子转动,并使从动件 3 上下往复直线运动。由图 1.17(b) 可以看出,滚子自身的转动不影响整个凸轮机构的自由度,计算凸轮机构的自由度时,滚子自身的转动为局部自由度,应先把滚子 2 和从动件 3 固结成一个构件,再计算机构自由度,即凸轮机构的自由度 F 为

$$F = 3n - 2P_L - P_H = 3 \times 2 - 2 \times 2 - 1 = 1$$

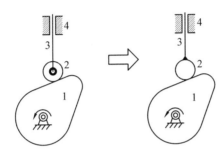

(a) 滚子从动件凸轮机构　　(b) 将滚子和推杆固结在一起

图 1.17　局部自由度

虽然滚子自身的转动不影响整个机构运动,但是滚子的存在可把凸轮和滚子形成的高副由滑动摩擦变为滚动摩擦,可减少磨损,所以很多机械会应用局部自由度以减少机构的磨损。

3. 虚约束

机构中,有些约束与其他约束起的作用相同,不起独立限制作用,通常将这种起重复约束作用的约束称为虚约束。计算机构自由度时,应当忽略不计。

平面机构的虚约束,往往出现在以下几种情况中。

(1) 两实际构件通过运动副连接后,连接点的运动轨迹重合,将引入 1 个虚约束。如图 1.18(a) 中的平行四边形机构,由于 EF、AB、CD 平行且相等,EF 和 CD 的运动轨迹一样,都是绕着铰链中心做圆周运动,说明 EF 和 CD 对机构起相同约束作用,那么构件 EF 引入的约束为虚约束,在计算机构自由度时,应将该构件及其引入的约束去除。去除后的机构自由度 $F = 3n - 2P_L - P_H = 3 \times 3 - 2 \times 4 = 1$。但是如果 EF 和 CD 不平行,计算该机构的自由度时,EF 引入的约束就要考虑进去了。

(2) 两实际构件构成多个移动副且导路平行时,只有 1 个移动副起约束作用。如图 1.18(b) 中的曲柄滑块机构,有 2 个移动副 D 和 D',它们的导路中心线重合,只有 1 个移动副起约束作用,则其中 1 个移动副就为虚约束。

(3) 2 个构件构成多个转动副且同轴时,只有 1 个转动副起约束作用。如图 1.18(c) 中的转动构件,其转轴支承在 2 个轴承上,组成 2 个转动副 A 和 B,并且 A 和 B 的轴线重合,这时只有 1 个转动副起作用。

（4）对运动不起作用的对称部分，其对称部分可视作虚约束。如图 1.18(d) 中的行星轮系，采用了 3 个完全相同的行星轮，均匀地分布在同一圆周上，但实际起作用的只有 1 个行星轮，其余行星轮起重复约束作用，为虚约束，因此计算该轮系的机构自由度时应去除。之所以在行星轮系中采用相同的行星轮，就是为了改善构件的受力情况。

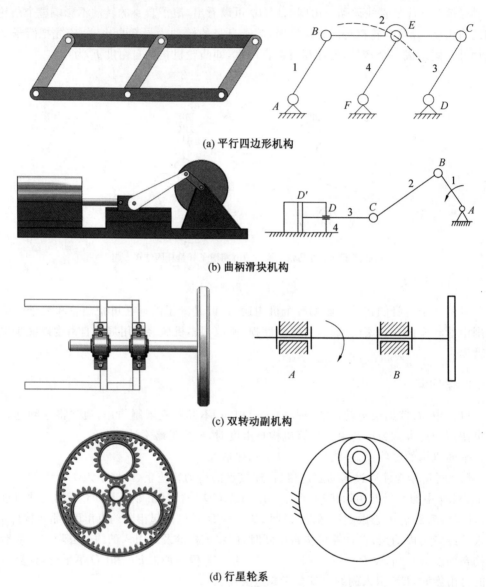

(a) 平行四边形机构

(b) 曲柄滑块机构

(c) 双转动副机构

(d) 行星轮系

图 1.18　虚约束

任务实施

任务描述中,老式打谷机的机构自由度的计算过程如下。

在老式打谷机中,摇杆 2、连杆 3、曲柄(大齿轮)4、小齿轮 5 为活动构件(图 1.14),$n=4$。摇杆和机架之间形成了 1 个转动副,连杆和摇杆、连杆和曲柄均通过转动副连接,大齿轮和小齿轮的啮合传动有 1 个高副,故 $P_L=5$,$P_H=1$。

由式(1.1)可知,老式打谷机的机构自由度 $F=3n-2P_L-P_H=3\times4-2\times5-1=1$。说明该机构只需给定 1 个已知运动,剩下的构件就具有确定的运动。

思考与实践

1. 平面运动副的类型有哪几种? 分别引入了几个约束,保留了几个自由度?

2. 图 1.19 中的小型压力机是通过对金属毛坯施加较大的压力,使金属发生塑性变形和断裂来加工零件,可用于切断、冲孔、落料、弯曲和成形等工艺。请绘制出小型压力机的平面机构运动简图。

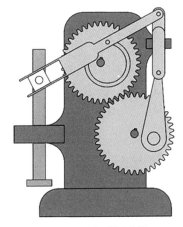

图 1.19　小型压力机

小型压力机

3. 计算图 1.20 中所示机构的自由度,并判断机构是否具有确定的运动。

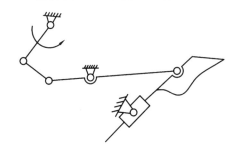

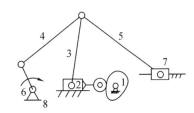

(a) 推土机机构　　　　　　　　　　(b) 大筛机构

图 1.20　机构自由度的计算例图

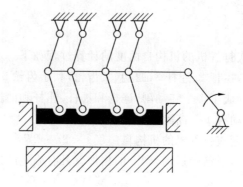

(c)压床机构

续图 1.20

项目 2 常用机构的认识与设计

项目导入

机器通常是由若干机构组成的。在日常生活生产中,常见的机构有平面连杆机构、凸轮机构、间歇运动机构等,比如停车场栏杆平行四边形机构、内燃机进排气机构等,如图 2.1 所示。本项目将分析这些机构的基本类型、运动特性及设计方法等。

 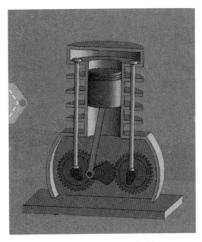

(a) 停车场栏杆平行四边形机构　　　　(b) 内燃机进排气机构

图 2.1　生活中常见的机构

创新设计　笃技强国

科技创新如同撬动经济社会发展的杠杆,总能迸发出令人意想不到的强大力量。近日,习近平总书记在上海考察时指出,"要以科技创新为引领,加强关键核心技术攻关,促进传统产业转型升级,加快培育世界级高端产业集群,加快构建现代化产业体系"。以科技创新开辟发展新领域新赛道、塑造发展新动能新优势,是大势所趋,也是高质量发展的迫切要求。(摘自人民网 —《人民日报》:《依靠科技创新增强发展动能(人民时评)—— 经济发展新亮点观察 ①》)

知识目标

（1）了解平面连杆机构、凸轮机构和间歇运动机构的组成及运动特点。

（2）理解平面连杆机构的演变及其应用。

（3）掌握各类凸轮机构的特点。

能力目标

（1）能够辨别平面四杆机构的类型。

（2）能够正确分析和应用凸轮机构从动件的运动规律。

（3）能够利用平面四杆机构和凸轮机构的运动特性对其进行设计。

28

素养目标

（1）通过凸轮机构在古代秦弩中的应用，增强学生民族自豪感和文化自信。

（2）在生活实际中，找到这些常见机构，并对其进行分析，培养学生勇于创新的意识。

（3）通过平面四杆机构、凸轮机构的设计，培养学生严谨细致、精益求精的工匠精神。

知识导航

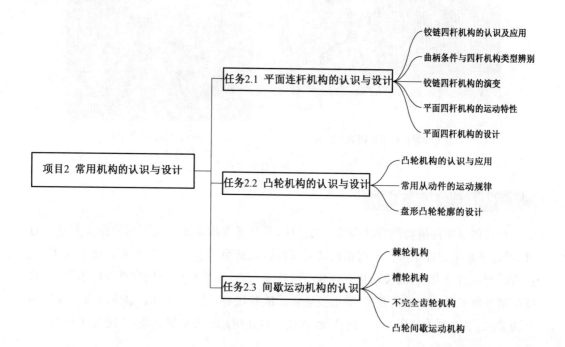

任务 2.1　平面连杆机构的认识与设计

任务描述

如图2.2所示,已知曲柄滑块机构的行程速比系数 K、行程 H 和偏心距 e,要求设计此机构。

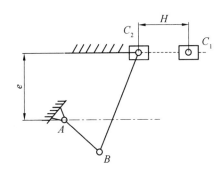

图 2.2　曲柄滑块机构的已知条件

课前预习

1. 当平面四杆机构中的运动副都是( )副时,该机构为铰链四杆机构。

A. 低副

B. 高副

C. 转动副

D. 移动副

2. 曲柄摇杆机构中含有( )个周转副,2 个摆转副。

A. 3

B. 2

C. 1

D. 0

3. 铰链四杆机构中,若最短杆与最长杆的长度之和小于其余两杆的长度之和,则为了获得曲柄摇杆机构,其机架应取( )。

A. 最短杆

B. 最短杆的相邻杆

C. 最短杆的相对杆

D. 任何一杆

4. 取曲柄为机架,曲柄摇杆机构可以转化为( )。

A. 曲柄摇杆机构

B. 双曲柄机构

C. 双摇杆机构

D. 曲柄滑块机构

5. 偏心轮机构是由（　　）通过改变运动副的尺寸演化而来。

A. 曲柄摇杆机构

B. 双曲柄机构

C. 双摇杆机构

D. 正弦机构

6. 铰链四杆机构的死点位置发生在（　　）。

A. 从动件与连杆共线位置

B. 从动件与机架共线位置

C. 主动件与连杆共线位置

D. 主动件与机架共线位置

7. 在下列平面四杆机构中，无论以哪一构件为主动件，都不存在死点位置的机构是（　　）。

A. 曲柄摇杆机构

B. 双摇杆机构

C. 双曲柄机构

D. 曲柄滑块机构

任务2.1课前预习参考答案

知识链接

由若干个构件通过低副连接的机构称为平面连杆机构。如图2.3所示，由4个构件通过低副连接而构成的平面连杆机构，称为平面四杆机构。它是平面连杆机构中最简单、最常见的形式，也是组成多杆机构的基础。各构件之间以转动副连接组成的机构称为铰链四杆机构，它是平面四杆机构最基本的形式，其他形式的四杆机构均可认为是由它演变而成的。

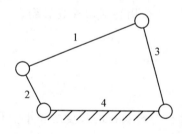

图2.3　平面四杆机构

2.1.1　铰链四杆机构的认识及应用

如图2.4所示的铰链四杆机构中，固定不动的杆4称为固定不动的机架；杆1和杆3与机架相连，称为连架杆，其中，杆1相对机架可做整周转动，称为曲柄，杆3仅能在一定角度范围内做往复摆动，称为摇杆；杆2连接两连架杆，称为连杆，且通常做平面复合运动。

根据连架杆运动方式，铰链四杆机构可分为曲柄摇杆机构、双曲柄机构和双摇杆机构

铰链四杆机构的认识及应用

三种基本类型。

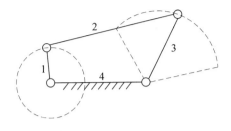

图 2.4   铰链四杆机构

铰链四杆机
构

1. 曲柄摇杆机构

图 2.4 所示的铰链四杆机构中的两连架杆，一个为曲柄，另一个为摇杆，因此称为曲柄摇杆机构。该机构中，通常曲柄做等速转动，而摇杆做变速往复摆动，连杆做平面复合运动。

图 2.5 所示的缝纫机踏板机构，主动件为摇杆 1，摇杆的不等速往复摆动通过连杆 2 转换为从动曲柄的连续整周转动，使其正常工作。

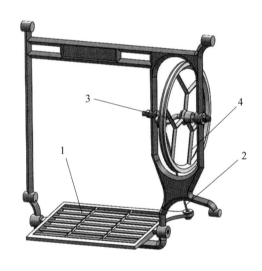

图 2.5   缝纫机踏板机构

2. 双曲柄机构

铰链四杆机构中，若两个连架杆均为曲柄，则称为双曲柄机构。该机构中，通常主动曲柄做等速转动，从动曲柄做同向变速转动。常见的双曲柄机构有平行四边形机构和逆平行四边形机构。

如图 2.6 所示的栏杆平行四边形机构中两曲柄长度相等，而且连杆与机架的长度也相等。其运动特点是：当主动曲柄 1 做等速转动时，从动曲柄 3 会以相同的角速度转动，并且沿同一方向转动，而连杆 2 则做平行移动。机车车轮联动机构就是典型的平行四边形机构，如图 2.7 所示，它确保了机车车轮运动完全相同。

图 2.6(a)

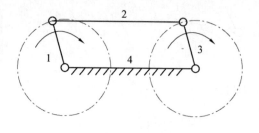 

(a) 平行四边形机构　　　　　　　　　　　　　　(b) 应用于栏杆

图 2.6　栏杆平行四边形机构

图 2.7(a)

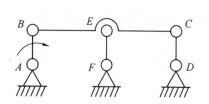 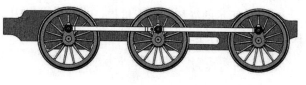

(a) 平行四边形机构　　　　　　　　　　　　　　(b) 应用于机车车轮

图 2.7　机车车轮联动机构

逆平行四边形机构是两曲柄长度相等，并且连杆与机架的长度也相等，但不平行（图 2.8）。其运动特点是：当主动曲柄 1 做等速转动时，从动曲柄 3 做变速转动，但它的转动方向与主动曲柄 1 相反。如图 2.9 所示的车门启闭机构就采用了逆平行四边形机构，以确保两扇车门能同时开启或关闭。

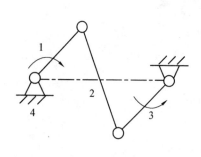 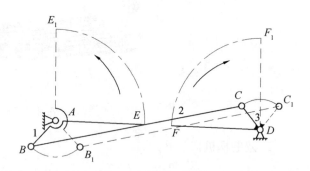

图 2.8　逆平行四边形机构　　　　　　图 2.9　车门启闭机构

3. 双摇杆机构

铰链四杆机构中，若两连架杆均为摇杆，则称为双摇杆机构，如图 2.10 所示。在双摇杆机构中的两摇杆均可作为主动件。汽车前轮摇杆机构就采用了双摇杆机构,如图 2.11 所示,两摇杆长度相等且四杆组成了梯形,当推动摇杆转动时,前轮随之转动,使汽车顺利转弯。

双摇杆机构

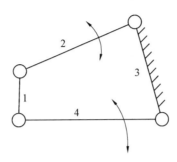

图 2.10　双摇杆机构

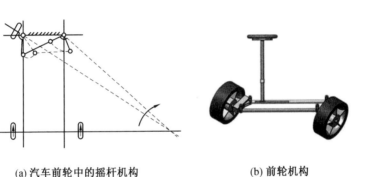

(a) 汽车前轮中的摇杆机构　　　　　(b) 前轮机构

图 2.11　汽车前轮摇杆机构

2.1.2　曲柄条件与四杆机构类型辨别

1. 曲柄存在的条件

机构中各杆的相对长度是判别铰链四杆机构是否有曲柄的重要标准。如图 2.12 所示,杆 1 是曲柄,杆 2 为连杆,杆 3 为摇杆,杆 4 为机架,各杆长度分别为 a、b、c 和 d。若曲柄 1 能做整周转动,那么曲柄 1 在整周转动过程中必有 2 次与机架 4 共线。由三角形任意两边必定大于第三边的定理可得

$$\begin{cases} a+d \leqslant b+c \\ d-a+c \geqslant b,\text{即 } a+b \leqslant c+d \\ d-a+b \geqslant c,\text{即 } a+c \leqslant b+d \end{cases} \qquad (2.1)$$

将上述 3 个不等式两两相加,可得

$$a \leqslant b, \quad a \leqslant c, \quad a \leqslant d$$

同理,当 $d < a$ 时,可得

$$d \leqslant b, \quad d \leqslant c, \quad d \leqslant a$$

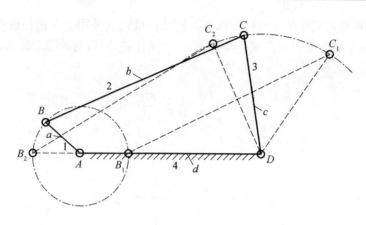

图 2.12　曲柄摇杆机构

由此可知,曲柄 1 必定为最短杆,则曲柄存在的条件如下。

(1) 最长杆与最短杆的长度之和不大于其他两杆的长度之和,即杆长之和条件。

(2) 连架杆与机架两构件中必有一个为最短杆。

2. 辨别铰链四杆机构的类型

当机构满足杆长之和条件,最短杆为不同构件时,得到的铰链四杆机构类型也有所不同。

(1) 当机架为最短杆时,得到双曲柄机构。

(2) 当连架杆为最短杆时,得到曲柄摇杆机构。

(3) 当连架杆为最短杆时,得到双摇杆机构。

而机构不满足杆长之和条件时,只能得到双摇杆机构。

2.1.3　铰链四杆机构的演变

1. 曲柄滑块机构与偏心轮机构

如图 2.13(a) 所示,曲柄摇杆机构中摇杆 C 点的运动轨迹可看作是以 D 点为圆心,CD 为半径所作的圆弧。若 CD 杆长无限长,则该圆弧变为直线,可认为杆 3 变为直线运动的滑块,转动副 D 变成了移动副,则机构变化为图 2.13(b) 所示的曲柄滑块机构。若移动副 D 的移动导路正对曲柄转动中心 A,则该机构为对心曲柄滑块机构,如图 2.13(b) 所示;若移动副 D 的移动导路与曲柄回转中心 A 之间存在一定的偏距 e,则该机构为偏置曲柄滑块机构,如图 2.13(c) 所示。

曲柄滑块机构广泛应用于各类机械中,例如内燃机(图 2.14(a))、空气压缩机与摆动杆泵机构(图 2.14(b))等。

当曲柄较短时,常用旋转中心和几何中心不重合的偏心轮代替曲柄,称为偏心轮机构,图 2.15 中构件 1 为偏心轮,偏心距相当于曲柄长度。

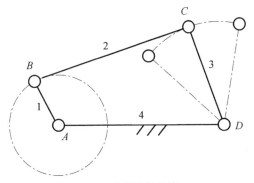

(a) 曲柄摇杆机构

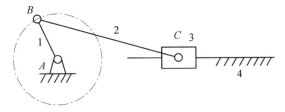

(b) 对心曲柄滑块机构

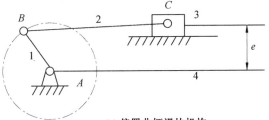

(c) 偏置曲柄滑块机构

图 2.13　曲柄摇杆机构的演变

对心曲柄滑块机构

偏置曲柄滑块机构

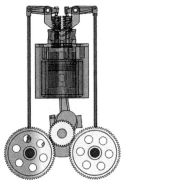

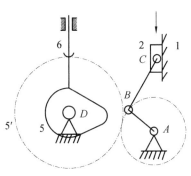

(a) 内燃机　　　　　　　　　(b) 摆动杆泵机构

图 2.14　曲柄滑块机构的应用

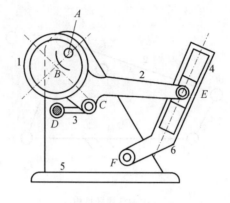

图 2.15　偏心轮运动简图

2. 导杆机构和曲柄摇块机构

采用不同构件作为机架可获得不同类型的机构,称为机构的倒置。导杆机构就是由此演变而来的。图 2.16(a) 所示为曲柄滑块机构,若采用杆 1 作为机架,则得到图 2.16(b) 的转动导杆机构。在此机构中,杆 4 作为滑块 3 移动导路,称为导杆。当 $l_1 < l_2$ 时,杆 2 做整周回转,导杆 4 也做整周回转,称为转动导杆机构;当 $l_1 > l_2$ 时,杆 2 做整周回转,但导杆 4 做往复摆动,此时的导杆机构称为曲柄摆动导杆机构,如图 2.17(c) 所示。图2.17(d) 所示的牛头刨床机构是曲柄摆动导杆机构的实际应用。

转动导杆机构

曲柄摆动导杆机构

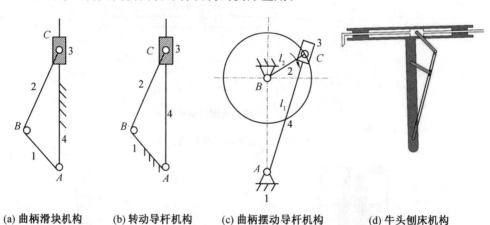

(a) 曲柄滑块机构　　(b) 转动导杆机构　　(c) 曲柄摆动导杆机构　　(d) 牛头刨床机构

图 2.16　曲柄滑块机构的演变

曲柄滑块机构中,若取滑块 3 作为机架,则该机构演变为移动导杆机构,如图2.17(a) 所示。图 2.17(b) 所示手摇抽水唧筒是移动导杆机构的应用实例。

曲柄滑块机构中,若采用杆 2 作为机架,则演变为曲柄摇块机构,如图 2.18(a) 所示。此机构的杆 1 为曲柄,绕 B 点进行整周回转,滑块 3 是杆 4 的移动导路,且杆 4 和滑块 3 一起绕 C 点摆动。现实生活中,自卸卡车就运用了曲柄摇块机构,如图 2.18(b) 所示。

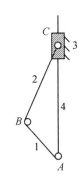

(a) 移动导杆机构　　　　　(b) 手摇抽水唧筒

图 2.17　　移动导杆机构及其应用

移动导杆机构

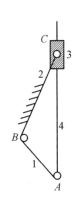

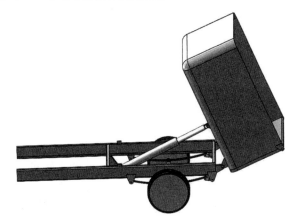

(a) 曲柄摇块机构　　　　　(b) 自卸卡车翻斗机构示意图

图 2.18　　曲柄摇块机构及其应用

曲柄摇块机构

2.1.4　平面四杆机构的运动特性

1. 传力特性

如图 2.19 所示的曲柄摇杆机构,若忽略各杆质量和运动中产生的摩擦,以曲柄 AB 作为原动件,连杆 BC 对摇杆 CD 的作用力 F 沿杆 BC 方向。力 F 沿 v_C 的分力 F_t 产生力矩带动摇杆运动,为有效分力。而垂直于 v_C 方向的分力 F_r,则会对运动副 D 和 C 产生压力,使得摩擦力增大,阻碍其运动,称为有害分力。力 F 与 C 点线速度 v_C 之间所夹的锐角为压力角 α。压力角越小,有效分力 F_t 越大,有害分力 F_r 越小,机构的传力性能越好。由此可知,压力角 α 为判断机构传力性能的重要指标。在实际应用中,为了测量方便,往往将压力角的余角 γ 作为判断机构传力性能的参数,γ 为传动角。γ 越大,机构的传力性能越好。

传动角 γ 的大小是随着机构工作而变化的。为了确保机构具有较好的传力性能,设

平面四杆机构的运动特性

计的时候,要求传动角不小于允许值 γ_{min}($\gamma_{min} = 35° \sim 50°$)。

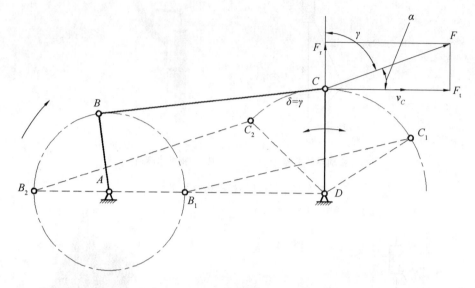

图 2.19　曲柄摇杆机构的压力角和传动角

2. 急回特性

在图 2.20 所示的曲柄摇杆机构中,当曲柄 1 转过一周,有两次与连杆 2 共线,分别为位置 AB_1、AB_2,此时,摇杆 3 分别在 DC_1 和 DC_2 的两个极限位置,DC_1 和 DC_2 的夹角 Ψ 为摇杆摆角。曲柄对应位置 AB_1 和 AB_2 所夹的锐角 θ 为极位夹角。

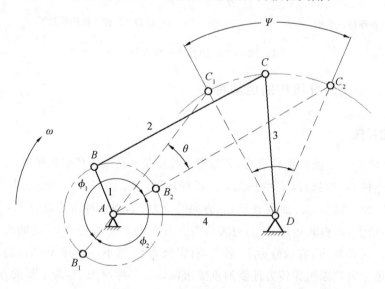

图 2.20　曲柄摇杆机构的摇杆摆角和极位夹角

当曲柄以等角速度 ω 从位置 AB_1 转到位置 AB_2 时,曲柄转过的转角 $\phi_1 = 180° + \theta$,所

用时间 $t_1 = \phi_1/\omega$，与此同时，摇杆从 DC_1 摆动至 DC_2，C 点的平均速度 $v_1 = \widehat{C_1C_2}/t_1$；当曲柄从位置 AB_2 转过位置 AB_1 时，曲柄转过的转角 $\phi_2 = 180° - \theta$，所用时间 $t_2 = \phi_2/\omega$，与此同时，摇杆从 DC_2 摆动至 DC_1，C 点的平均速度 $v_2 = \widehat{C_1C_2}/t_2$。由于 $t_1 > t_2$，所以 $v_2 > v_1$。说明了曲柄在做等速转动时，摇杆返回速度大于工作速度，回程所用时间比较短，这种现象称为急回特性。通常用行程速比系数 K 来表示，即

$$K = \frac{v_2}{v_1} = \frac{\widehat{C_1C_2}/t_1}{\widehat{C_1C_2}/t_2} = \frac{t_2}{t_1} = \frac{\phi_1/\omega}{\phi_2/\omega} = \frac{\phi_1}{\phi_2} = \frac{180° + \theta}{180° - \theta} \qquad (2.2)$$

$$\theta = 180° \frac{K-1}{K+1} \qquad (2.3)$$

式(2.2)表明，只要 $\theta > 0°$，K 就大于1，机构就存在急回特性。θ 越大，K 越大，机构的急回特性越明显。当 $\theta = 0°$，$K = 1$ 时，机构没有急回特性。实际设计中，通常给定行程速比系数 K，通过极位夹角 θ 来确定曲柄的两位置，从而设计平面四杆机构。

偏置曲柄滑块机构(图 2.21)和摆动导杆机构(图 2.22)都有急回特性，利用它们的急回特性可以节省空回时间，提高生产率。

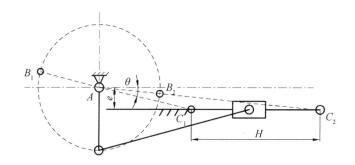

图 2.21　偏置曲柄滑块机构

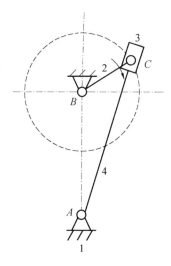

图 2.22　摆动导杆机构

3. 死点位置

图 2.23 所示的曲柄摇杆机构中，若以摇杆 CD 为主动件，则曲柄 AB 为从动件。当曲柄 AB 与连杆 BC 共线时，连杆 BC 作用在曲柄 AB 上的力刚好通过回转中心 A，传动角 $\gamma = 0°$，这时无论有多大的作用力都不能使曲柄转动，机构出现"卡死"现象。这种机构在传动角 $\gamma = 0°$ 的位置，称为死点位置。

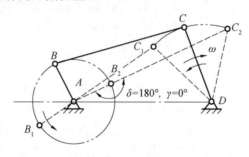

图 2.23　死点位置

通常，死点位置不利于机构传动，实际机械设计中往往借助飞轮的惯性克服死点位置，如缝纫机的大带轮就兼有飞轮的作用。另外，机构错位排列也是渡过死点的一个方法，如机车车轮联动机构就采用了错位排列以渡过死点。

当然，死点也并不是完全没有用，在工程上，有时也需要利用死点来实现一定的工作要求。如飞机起落架机构机轮放下时，BC 杆与 CD 杆共线，机构在死点位置，让地面对机轮的力不会使其转动，从而安全降落，如图 2.24 所示。图 2.25 中的夹紧机构，工件夹紧后 BCD 在一条线上，机构处于死点位置，使工件夹紧牢固可靠。

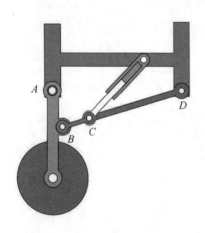

图 2.24　飞机起落架机构

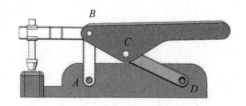

图 2.25　夹紧机构

2.1.5　平面四杆机构的设计

平面四杆机构的设计方法主要有三种，即图解法、试验法和解析法。其中，图解法与试验法直观明了,常常用来解决实际中较为简单的设计问题。解析法相对精确,特别是随着计算机应用技术在设计中的普及和广泛应用,解析法能快速解决许多复杂的设计问题,成为设计方法发展的新方向。本任务仅介绍图解法。

平面四杆机构的设计

1. 按给定的连杆三个位置设计平面四杆机构

图 2.26 中,已知 B_1C_1、B_2C_2、B_3C_3 为连杆所处的三个位置,连杆长为 l_{BC},要求设计该铰链平面四杆机构。

解析:在铰链平面四杆机构中,两机架绕着固定铰链做转动或摆动,连杆上的铰链中心 B 和 C 的运动轨迹是圆弧。已知连杆 BC 的三个相对位置,相当于已经知道圆周上的三个点,要求圆心,也就是两固定铰链 A、D 的位置。分别作 B_1B_2 和 B_2B_3 的垂直平分线 b_{12} 和 b_{23},可得交点 A;分别作 C_1C_2 和 C_2C_3 的垂直平分线 c_{12} 和 c_{23},可得交点 D。连接 A_1、B_1、C_1、D,即得所求的四杆机构。

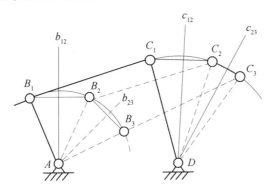

图 2.26　按给定连杆位置设计平面四杆机构

2. 按给定的行程速比系数 K 设计平面四杆机构

已知摇杆 CD 杆长 l_{CD} 及其摆角 φ、行程速比系数 K,试设计此铰链平面四杆机构。

解析:如图 2.27 所示,根据行程速比系数 K,可求得

$$\theta = 180°(K-1)/(K+1) \tag{2.4}$$

根据题意,作摇杆的两个极限位置。任取一点 D,选取适当比例尺 μ_1,并按摇杆长 l_{CD} 和摆角,画出摇杆的两个极限位置 DC_1 和 DC_2。

连接 C_1、C_2,并作 $\angle PC_1C_2 = 90°-\theta$,作 $PC_2 \perp C_1C_2$,得 C_1P 和 C_2P 的交点 P。作该三角形的外接圆,则圆周上任一点 A 与 C_1、C_2 的连线夹角都等于 θ。

确定各构件杆长。若曲柄 AB 长为 l_1,连杆 BC 长为 l_2,则 $AC_1 = l_1 + l_2$,$AC_2 = l_2 - l_1$,可分别求得曲柄杆长 l_1 和连杆杆长 l_2,即

$$l_1 = \frac{AC_1 - AC_2}{2} \tag{2.5}$$

41

$$l_2 = \frac{AC_1 + AC_2}{2} \tag{2.6}$$

若不给定机架长度,则该铰链平面四杆机构有无穷个解。

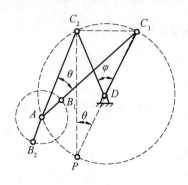

图 2.27 按 K 值设计平面四杆机构

任务实施

任务描述中,曲柄滑块机构的设计过程如下。

解析:根据题意,已知曲柄滑块机构的行程速比系数 K、行程 H 和偏心距 e,要求设计出此曲柄滑块机构,具体设计内容为:先由行程速比系数 K 求出曲柄的极位夹角,再找到铰链 A,求得该机构。

(1) 根据行程速比系数 K,按式(2.3)计算出极位夹角 $\theta = 180° \frac{K-1}{K+1}°$。

(2) 选取适当的比例尺 μ_1,任画出一条水平线段 C_1C_2,$C_1C_2 = H/\mu_1$。

(3) 由点 C_1、C_2 各作一条射线 OC_1、OC_2,并使 $\angle OC_1C_2 = \angle OC_2C_1 = 90° - \theta$,此两条射线的交点为 O 点,显然,$\angle C_1OC_2 = 2\theta$。

(4) 根据偏心距 e 的大小,作一条平行于线段 C_1C_2 的直线,以点 O 为圆心,以 OC_1(或 OC_2)的长度为半径,画出一段圆弧线。此直线与上述圆弧的交点便是曲柄 AB 与机架组成的固定铰链中心 A 的位置。由图 2.28 可知,$\angle C_1AC_2 = \theta$。

(5) 确定 A 点后,根据滑块 C 在极限位置时曲柄 AB 与连线 BC 的几何特点,就可以分别求出曲柄 AB 和连杆 BC 的长度,即

$$AB = \mu_1 \frac{AC_1 - AC_2}{2} \tag{2.7}$$

$$BC = \mu_1 \frac{AC_1 + AC_2}{2} \tag{2.8}$$

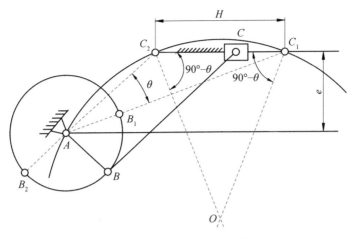

图 2.28　曲柄滑块机构的设计

任务 2.2　凸轮机构的认识与设计

任务描述

　　凸轮机构是一种常见的机械传动装置,广泛应用于各种机械设备中。图 2.29 中的内燃机配气机构就采用了盘形凸轮机构。若已知理论轮廓基圆半径 $r_b = 60$ mm,凸轮逆时针等速转动,当凸轮转过 $120°$ 时,从动件以等速运动规律上升 40 mm;再转过 $60°$ 时,从动件处于最高位置静止不动;继续转过 $90°$ 时,从动件以余弦加速度运动规律回到原位;转过其余 $90°$ 时,从动件处于最低位置静止不动。试用图解法设计该盘形凸轮机构。

内燃机配气机构

图 2.29　内燃机配气机构
1— 凸轮;2— 气阀;3— 弹簧

课前预习

　　1.凸轮机构是由(　　)、凸轮、从动件三个基本构件组成的。

A. 机架

B. 连杆

C. 原动件

D. 执行件

2. 凸轮与从动件接触处的运动副属于(　　　)。

A. 高副

B. 转动副

C. 移动副

D. 低副

3. 凸轮机构的移动式从动杆能够实现(　　　)。

A. 匀速、平稳的直线运动

B. 简谐直线运动

C. 各种复杂形式的直线运动

D. 各种摆动

4. 凸轮机构中,(　　　)决定了从动件的运动规律。

A. 凸轮转速

B. 凸轮轮廓曲线

C. 凸轮形状

D. 凸轮压力角

5. 从动件按等速运动规律运动时,推程起始点存在刚性冲击,因此常用于(　　　)的凸轮机构中。

A. 高速

B. 中速

C. 低速

D. 以上都是

6. 滚子从动件盘形凸轮的实际轮廓曲线是理论轮廓曲线的(　　　)等距曲线。

A. 径向

B. 法向

C. 切向

D. 轴向

任务2.2课前预习参考答案

知识链接

2.2.1 凸轮机构的认识与应用

凸轮机构的认识与应用

1. 凸轮机构的组成

图2.29中的内燃机配气机构,凸轮1做等速转动时,气阀2随着其轮廓曲面的变化,按照预定的运动规律做上下往复运动,从而使得气阀有规律地开启或关闭。

图2.30中的仿形车刀架机构,工件3做回转运动,凸轮1作为靠模被固定在床身上,刀架2在弹簧作用下与凸轮轮廓紧密接触,当拖板纵向移动时,刀架2随着凸轮的曲线轮廓做横向移动,从而切出与移动凸轮轮廓形状一致的工件。

图2.31中的自动进刀机构,当具有曲线凹槽的圆柱凸轮1做等速转动时,其曲线凹槽

的侧面与扇形齿轮 2 上的滚子接触,并驱使扇形齿轮 2 做往复摆动,通过扇形齿轮 2 和固定在刀架 3 上的齿条,控制刀架带动刀具实现进刀和退刀动作。

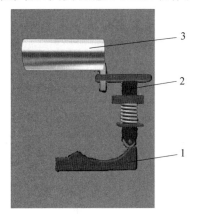

仿形车刀架机构

图 2.30　　仿形车刀架机构

1— 凸轮;2— 刀架;3— 工件

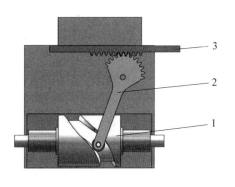

自动进刀机构

图 2.31　　自动进刀机构

1— 圆柱凸轮;2— 扇形齿轮;3— 刀架

45

由此可知,凸轮机构是由凸轮、从动件和机架三个基本构件组成的。凸轮是一种具有曲线轮廓或凹槽的构件,从动件可获得连续或间歇的任意运动规律。凸轮机构的结构相对简单,只要设计出合适的凸轮轮廓曲线,就能够使从动件实现预定的运动规律。因凸轮机构是高副机构,容易磨损,所以只能用于传递动力不大的场合。

2.凸轮机构的类型

凸轮机构的类型比较多,可按照以下方式来分类。

(1)按凸轮的形状分。

① 盘形凸轮机构。当盘形凸轮绕固定轴线转动时,从动件将随着凸轮外轮廓曲线做平面运动,如图 2.29 所示。盘形凸轮是凸轮最基本的形式。

② 移动凸轮机构。移动凸轮可以看作回转半径无穷大的盘形凸轮,它做往复直线移动,如图 2.30 所示。

③ 圆柱凸轮机构。在圆柱凸轮转动时,从动件通过圆柱凸轮曲线凹槽的推动,使其产生预期的运动,如图 2.31 所示。这种凸轮可看作移动凸轮卷于圆柱体上形成的。

（2）按从动件的端部形状分。

① 尖顶从动件凸轮机构。如图 2.32（a）所示,从动件结构较为简单,且凸轮与从动件之间为点或线接触,接触应力大,容易磨损。因此,尖顶从动件常常用于作用力不大和速度较低的场合。

② 滚子从动件凸轮机构。如图 2.32（b）所示,从动件为自由转动的滚子,滚子与凸轮之间为滚动摩擦,磨损较小。因此,滚子从动件应用广泛。

③ 平底从动件凸轮机构。如图 2.32（c）所示,从动件的端部为平底,从动件与凸轮间的作用力始终垂直从动件的底面,受力平稳。凸轮与平底间易形成油膜,润滑较好,故常用于高速传动。

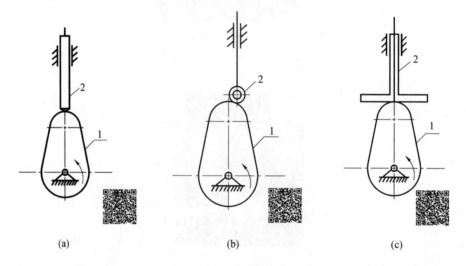

(a)　　　　　　　　　　(b)　　　　　　　　　　(c)

图 2.32　从动件形状
1— 凸轮;2— 从动件

（3）按凸轮与从动件的锁合方法分。

① 力锁合凸轮机构。其主要利用弹簧力、重力或其他外力使从动件与凸轮始终保持接触,如图 2.29 和图 2.30 所示。

② 形锁合凸轮机构。其靠凸轮和从动推杆的特殊几何形状来保持两者的接触,如图 2.31 所示。

（4）按推杆的运动形式分。

① 直动从动件凸轮机构。从动件做往复直线运动。对心直动从动件是直动从动件的轴线通过凸轮的回转轴线,如图 2.32（a）所示。而偏置直动从动件的轴线是不通过凸轮回转轴线的,如图 2.32（b）所示。

② 摆动从动件凸轮机构。该机构中,从动件做往复摆动,如图 2.33 所示。

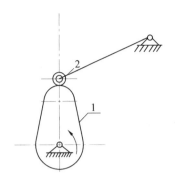

图 2.33   摆动滚子从动件盘形凸轮机构
1— 凸轮;2— 从动件

常用的从动
件运动规律

2.2.2 常用从动件的运动规律

1.凸轮机构的运动过程及有关名称

以图 2.34 中的对心直动尖顶从动件盘形凸轮机构为例,说明凸轮与从动件的运动关系及有关名称。图 2.34 图示位置,尖顶从动件离凸轮轴心 O 最近,处于上升的最低位置 A 为起始位置。当凸轮以角速度 ω 等速转过 δ_1 时,凸轮向径由 r_b 增至最大,从动件被凸轮轮廓推上最高位置 B;继续转过 δ_2 时,轮廓 CD 为向径不变的圆弧,从动件处于最高位置静止不动;当凸轮又继续转过 δ_1' 时,凸轮向径由最大减至 r_b,从动件从最高处回到最低位置;继续转过 δ_2' 时,轮廓 EA 为向径不变的圆弧,从动件处于最低位置静止不动。此时,凸轮刚好转过一周,从动件实现了"升－停－降－停"的运动循环。若凸轮继续转动,则从动件重复以上运动。

(1)基圆 r_b。

基圆是指以凸轮的最小向径为半径所作的圆,其半径用 r_b 表示。

(2)推程运动角 δ_1。

凸轮以等角速度 ω 逆时针转过 δ_1 时,从动件在凸轮作用下,有规律地从最低位置 A 到达最高位置 B,该过程称为推程,相对应的凸轮转角 δ_1 就是推程运动角,从动件上升的最大位移 h 为行程。

(3)远休止角 δ_2。

当凸轮继续转过 δ_2 时,从动件处于最高位置 B 静止不动,这一过程为远休止,对应的凸轮转角 δ_2 称为远休止角。

(4)回程运动角 δ_1'。

当凸轮再转过 δ_1' 时,从动件有规律地从最高位置 B 下降到最低位置 A,这一过程称为回程,对应的凸轮转角 δ_1' 称为回程运动角。

(5)近休止角 δ_2'。

当凸轮再回转 δ_2' 时,从动件在最低位置静止不动,该过程称为近休止。对应的凸轮转角 δ_2' 称为近休止角。

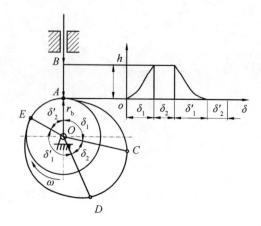

图 2.34   凸轮机构与从动件的运动关系

2. 常用从动件运动规律的种类

从动件在推程和回程中,其位移 s、速度 v 和加速度 a 随凸轮转角的变化而变化,为从动件的运动规律。下面介绍几种常用的从动件运动规律。

(1)等速运动规律。

从动件推程或回程时,其速度为常数的运动规律称为等速运动规律。

推程阶段,凸轮以等角速度 ω 转动,经过 T 时间,凸轮的推程运动角为 Φ,从动件的行程为 h。从动件的位移 s 与凸轮转角 δ 成正比,其推程运动线图如图 2.35(a)所示。回程阶段,亦同理。

从动件在行程始末瞬时加速度可达到无穷大,产生的惯性力也是无穷大,导致机构产生强烈的刚性冲击。因此,等速运动规律只能用于低速、小功率场合。

(2)等加速 - 等减速运动规律。

从动件推程或回程时,前半个行程做等加速运动,后半个行程做等减速运动,这种运动规律称为等加速 - 等减速运动规律。通常加速度和减速度绝对值相等,其推程运动线图如图 2.35(b)所示。

在 A、B、C 三点加速度存在有限值突变,导致机构产生柔性冲击,可用于中速、轻载场合。

(3)余弦加速度运动规律。

一质点在圆周上做匀速运动,其在该圆直径上投影的运动称为余弦加速度运动规律,又可称为简谐运动规律。其推程运动线图如图 2.35(c)所示。

从动件的加速度运动曲线按余弦曲线变化,在行程始末,从动件加速度存在有限值突变,将导致机构产生柔性冲击,故适用于中速场合。

(4)正弦加速度运动规律。

从图 2.35(d)中的正弦加速度推程运动线图可看出,从动件在全行程没有速度和加速度的突变,因此不会产生冲击,适用于高速场合。

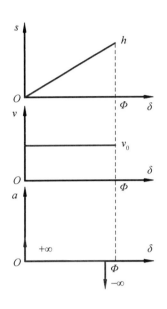

(a) 等速运动规律

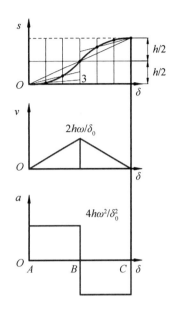

(b) 等加速-等减速运动规律

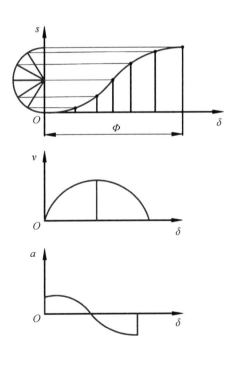

(c) 余弦加速度运动规律

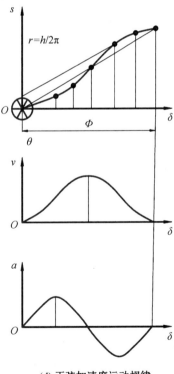

(d) 正弦加速度运动规律

图 2.35　常用的从动件运动规律

2.2.3 盘形凸轮轮廓的设计

盘形凸轮轮
廓的设计

1. 反转法原理

凸轮轮廓曲线的设计方法有两种,即图解法和解析法。图解法简单直观,但准确度不高,只适合一般场合。对于要求较高的凸轮,应采用解析法。本书主要介绍图解法,它采用的作图原理是反转法。

反转法是设计凸轮轮廓曲线的基本原理。给整个凸轮机构加上一个反方向的公共角速度 $-\omega$,不影响各构件之间的相对运动,凸轮将静止不动,从动件一边绕圆心以 $-\omega$ 转动,一边沿着移动导路按预定规律运动。从动件尖顶复合运动轨迹即为凸轮的轮廓曲线。图 2.36 所示为尖顶从动件盘形凸轮机构,凸轮以等角速度 ω 沿逆时针方向转动,根据相对运动原理,假设给整个机构加上一个与 ω 相反的公共角速度 $-\omega$,凸轮不动,从动件绕圆心以 $-\omega$ 转动,同时沿着移动导路上升 $O1'$、$O2'$、$O3'$、$\cdots$,与凸轮于点 1、2、3、$\cdots$ 接触,连接点 1、2、3、$\cdots$,得到从动件的运动轨迹,即为盘形凸轮的理论轮廓曲线。

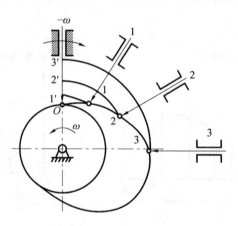

图 2.36 反转法原理

2. 对心直动尖顶从动件盘形凸轮机构轮廓曲线的设计

图 2.37 中,已知凸轮的基圆半径 r_b、角速度 ω 和从动件的运动规律,试设计该盘形凸轮轮廓曲线。

解析:采用反转法图解该盘形凸轮轮廓曲线,步骤如下。

(1) 选取适当的比例尺作出从动件位移曲线图,如图 2.37(b) 所示。并将推程运动角和回程运动角分成若干等份,并过等分点分别作垂线,与位移曲线相交可得线段 $11'$、$22'$、$33'$、$\cdots$,即得对应时刻从动件的位移。

(2) 画出基圆并确定尖顶从动件的初始位置。

(3) 画反转后从动件的移动导路。自 OA_0 开始,按 $-\omega$ 方向在基圆上得到凸轮转角 $150°$、$120°$、$90°$,并将这些角度分为与位移线图一样的等分,得到等分点 A'_1、A'_2、A'_3、A'_4、$\cdots$;连接 OA'_1、OA'_2、OA'_3、OA'_4、$\cdots$,即为机构反转后的从动件导路。

（4）在 OA'_1、OA'_2、OA'_3、OA'_4、$\cdots$ 的延长线上分别量取 $A_1A'_1 = 11'$、$A_2A'_2 = 22'$、$A_3A'_3 = 33'$、$A_4A'_4 = 44'$、$\cdots$，得 A_1、A_2、A_3、A_4、$\cdots$。

（5）连接 A_1、A_2、A_3、A_4、$\cdots$ 为光滑曲线，即得凸轮的轮廓曲线。

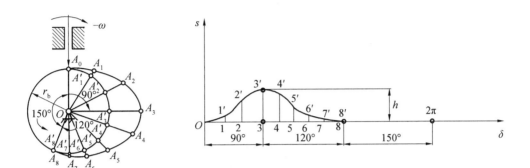

(a) 图解法设计盘形凸轮轮廓　　　　　　　(b) 从动件运动规律

图 2.37　对心直动尖顶从动件盘形凸轮机构轮廓曲线设计

3. 滚子从动件盘形凸轮机构轮廓曲线的设计

滚子中心相当于从动件的尖顶，运用上述方法得到的运动轨迹，即为理论轮廓曲线。圆心是理论轮廓上的点，以滚子半径 r_T 为半径作一系列的滚子圆，再画这些滚子圆的内包络线，可得滚子从动件盘形凸轮的实际轮廓曲线，如图 2.38 所示。

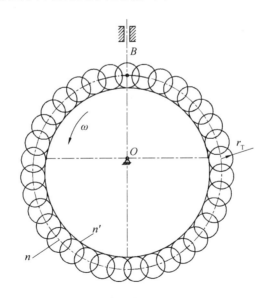

图 2.38　滚子从动件盘形凸轮机构轮廓曲线设计

4. 凸轮机构的压力角

凸轮机构的压力角是指在凸轮机构中不考虑摩擦力、重力、惯性力,从动件所受到的作用力与该力作用点的速度方向所夹的锐角。其受力情况如图 2.39 所示,其将力 F 分成 F_1 和 F_2,即

$$\begin{cases} F_1 = F\cos\alpha \\ F_2 = F\sin\alpha \end{cases} \tag{2.9}$$

可以看出,F_1 是有效分力,可推动从动件移动,它随着 α 的增大而减小;F_2 是有害分力,将引起从动件压紧移动导路,产生摩擦阻力,它随着 α 的增大而增大,当增大到某一数值时,因有害分力 F_2 引起的摩擦阻力将大于有效分力 F_1,此时无论凸轮给从动件的作用力有多大,都不能推动从动件,这种现象称为自锁。为了避免自锁,一般建议压力角的许用值$[\alpha]$ 如下。

直动从动件:$[\alpha]=30°\sim40°$;

摆动从动件:$[\alpha]=40°\sim50°$。

回程中,从动件通常是靠外力或自重作用返回的,一般不会出现自锁现象,压力角可取大一些,推荐$[\alpha]=70°\sim80°$。

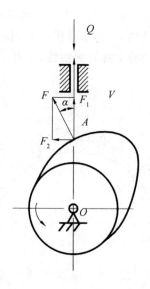

图 2.39   凸轮机构的压力角

任务实施

任务描述中,内燃机配气机构中的盘形凸轮机构的设计过程如下。

解析:根据题意,内燃机配气机构中的凸轮机构为对心直动平底从动件盘形凸轮机构。已知理论轮廓基圆半径 r_b、从动件运动规律,要求设计对心直动平底从动件盘形凸

轮轮廓,可根据对心直动尖顶从动件盘形凸轮机构的设计步骤来图解。

解　(1)选取适当的比例尺作出从动件位移曲线图,如图2.40(a)所示。并将推程运动角和回程运动角分成若干等份,过等分点分别作垂线,与位移曲线相交可得线段 $11'$、$22'$、$33'$、…,即得对应时刻从动件的位移。

(2)画出基圆并确定平底从动件的初始位置。

(3)画反转后从动件的移动导路。自 OA_0 开始,按 $-\omega$ 方向在基圆上得到凸轮转角 $120°$、$60°$、$90°$、$90°$,并将这些角度分为与位移线图一样的等分,得到等分点 A_1'、A_2'、A_3'、A_4'、…;连接 OA_1'、OA_2'、OA_3'、OA_4'、…,即为机构反转后的从动件导路。

(4)在 OA_1'、OA_2'、OA_3'、OA_4'、… 的延长线上分别量取 $A_1A_1'=11'$、$A_2A_2'=22'$、$A_3A_3'=33'$、$A_4A_4'=44'$、…,得 A_1、A_2、A_3、A_4、…。

(5)分别作 OA_1、OA_2、OA_3、OA_4、… 的垂线,即从动件平底直线,作出平底直线族的内包络线,即得内燃机配气机构中的凸轮的轮廓曲线,如图2.40(b)所示。

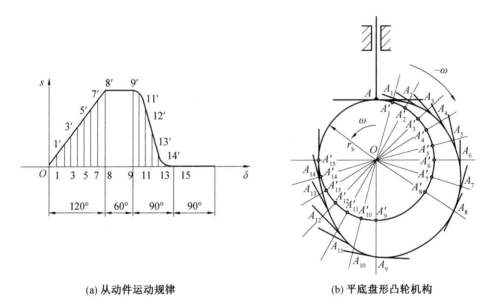

(a) 从动件运动规律　　　　　　(b) 平底盘形凸轮机构

图 2.40　图解法设计内燃机配气机构中的凸轮机构

任务 2.3　间歇运动机构的认识

任务描述

图2.41所示为转塔车床刀架转位机构,刀架上安装了多把刀具,工件一次装夹,可依次使用不同刀具完成多个车削工序。那么,在转塔车床的转塔刀架中采用了何种机构,从而实现了换刀的间歇运动?在日常生活生产中,又有哪些机器采用了何种机构实现间歇运动?

间歇运动机构的认识

图 2.41　转塔车床刀架转位机构

课前预习

1. 自行车后轴上常称为飞轮的,实际上是(　　)。

A. 凸轮式间歇机构

B. 不完全齿轮机构

C. 棘轮机构

D. 槽轮机构

2. 齿式棘轮机构可能实现的间歇运动为(　　)形式。

A. 单向,不可调整棘轮转角

B. 单向或双向,不可调整棘轮转角

C. 单向,无级调整棘轮转角

D. 单向或双向,有级调整棘轮转角

任务 2.3 课前预习参考答案

知识链接

在机械传动中,当机器进行生产工作并且主动件做连续运动时,往往需要从动件进行一个周期性的运动与停歇,这种能进行周期性运动与停歇的机构就是间歇运动机构。棘轮机构、槽轮机构、不完全齿轮机构和凸轮式间歇机构是在生产工作中最常见的间歇运动机构,它们广泛运用于生活生产中,图 2.41 中的转塔车床刀架转位机构就是采用了间歇运动机构。接下来,本任务主要介绍棘轮机构、槽轮机构、不完全齿轮机构及凸轮间歇运动机构。

2.3.1　棘轮机构

棘轮机构是由棘轮、棘爪、摇杆和机架组成的间歇运动机构,生产实际应用中较为广泛。

1. 棘轮机构的工作原理

如图 2.42 所示的单向外啮合棘轮机构,当摇杆 2 逆时针摆动时,与之相连的棘爪 1 将插入棘轮 3 的齿槽中,止动棘爪 4 在棘轮 3 的齿背上滑过,从而推动棘轮转过一定角度。

当摇杆顺时针摆动时,棘爪1在棘轮3的齿背上滑过,止动棘爪4插入棘轮3的齿槽中,阻止棘轮顺时针转动,此时棘轮静止不动。因此,当摇杆连续往复摆动时,棘轮做单向时而转动、时而停止的间歇运动。

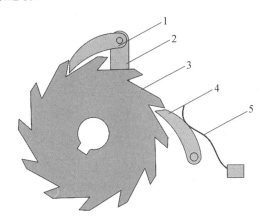

图 2.42　单向外啮合棘轮机构
1—棘爪;2—摇杆;3—棘轮;4—止动棘爪;5—弹簧

2. 常用棘轮机构的类型

(1) 单向外啮合棘轮机构。

当摇杆往一个方向摆动时,棘轮沿着同方向转过一定角度;而当摇杆向另一方向摆动时,棘轮静止不动,即为单向外啮合棘轮机构,如图 2.42 所示。棘爪沿着棘轮的内缘做单向间歇运动,为单向内啮合棘轮机构,如图 2.43 所示。

图 2.43　单向内啮合棘轮机构

(2) 双向棘轮机构。

图 2.44(a)中棘轮采用了矩形齿,当棘爪1处于实线位置 A 时,棘轮2做逆时针间歇转动;当棘爪1处于虚线位置 A_1 时,棘轮2做顺时针间歇转动,这种机构称为矩形齿双向棘轮机构。图 2.44(b)中,棘爪1放在图示位置时,棘轮2做逆时针间歇运动;若将棘爪1提起,绕本身轴线转180°后再插入棘轮2齿槽中,棘轮2将做顺时针间歇运动;若将棘爪1转动90°,且将其架在壳体顶部的平台上,棘轮2和棘爪1分开,此时棘轮静止不动,这种机

外啮合棘轮
机构

55

内啮合棘轮
机构

构称为回转棘爪双向棘轮机构。

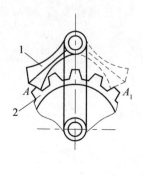 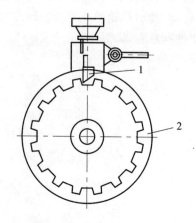

(a) 矩形齿双向棘轮机构   (b) 回转棘爪双向棘轮机构

图 2.44　双向棘轮机构

（3）摩擦式棘轮机构。

摩擦式棘轮无须改变棘轮转角，其使用的是无棘齿的棘轮。图 2.45 中的摩擦式棘轮机构是由摩擦轮 3、摇杆 1 及与其铰接的驱动偏心楔块 2、止动楔块 4、机架 5 组成。摇杆 1 逆时针摆动，在驱动偏心楔块 2 与摩擦轮 3 之间产生摩擦力，使摩擦轮 3 沿逆时针方向运动。当摇杆 1 顺时针方向摆动时，将驱动偏心楔块 2 在摩擦轮 3 上滑过，而止动楔块 4 与摩擦轮 3 之间产生的摩擦力，促使止动楔块 4 与摩擦轮 3 卡紧，从而使摩擦轮 3 静止，以实现间歇运动。这种机构的特点是噪声小，由于靠摩擦力传动，因此可起到过载保护作用，但其接触表面间容易发生滑动，传动精度不高，故适用于低速、轻载场合。

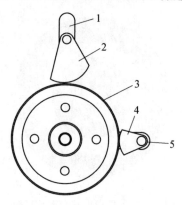

图 2.45　摩擦式棘轮机构

1— 摇杆；2— 驱动偏心楔块；3— 摩擦轮；4— 止动楔块；5— 机架

3. 棘轮机构的特点及应用

棘轮机构结构简单，加工制造容易，且棘轮转角可调范围较大，故广泛应用于各种自动机械和仪表中，例如卷扬机、提升机、运输机等。其缺点是在运动始末，棘轮与棘爪间容易产生冲击、噪声及磨损,因此只适合用于低速轻载场合。图 2.46 中的牛头刨床工作台进给棘轮机构就是利用矩形齿棘轮机构,通过丝杠螺母装置带动工作台做横向间歇进给运动。刨刀工作时,棘轮静止不动,从而工作台不动;刨刀回程时,棘轮带动丝杠转动,从而使工作台横向移动,其方向由棘轮的转动方向决定。

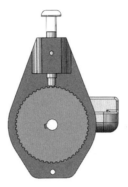

图 2.46   牛头刨床工作台进给棘轮机构

2.3.2 槽轮机构

1. 槽轮机构的工作原理

槽轮机构有外槽轮机构和内槽轮机构两种类型,如图 2.47 所示。外槽轮拨盘上的圆柱销可以是一个,也可以是多个。

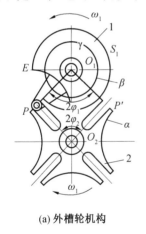

(a) 外槽轮机构

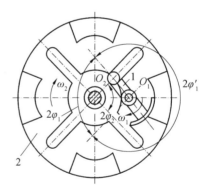

(b) 内槽轮机构

外槽轮机构

内槽轮机构

图 2.47   槽轮机构

1— 拨盘;2— 槽轮

图 2.47(a) 所示为外槽轮机构,该机构是由带有圆柱销的拨盘 1、具有径向槽的从动槽轮 2 和机架组成。拨盘 1 做匀速转动时,驱使槽轮做时转时停的间歇运动。当拨盘 1 上的圆柱销未进入槽轮 2 的径向槽时,由于槽轮 2 的内凹锁止弧 α 被拨盘 1 的外凸锁止弧 β 锁住,因此槽轮 2 静止不动。当圆柱销开始进入槽轮 2 的径向槽时,内、外锁止弧脱开,驱使槽轮 2 逆时针转过一定角度。当圆柱销开始脱离槽轮 2 的径向槽时,槽轮 2 的另一内凹

锁止弧又被拨盘1的外凸圆弧锁住而静止不动,直到圆柱销再一次进入槽轮2的另一径向槽时,再重复上述运动循环,从而实现槽轮2的单向间歇运动。

槽轮的转向与拨盘转向的关系为:单圆柱销外槽轮机构工作的时候,拨盘转一周,槽轮反向转动一次;双圆柱销外槽轮机构工作时,拨盘转动一周,槽轮反向转动两次;内槽轮机构的槽轮转动方向与拨盘转向相同。

2. 槽轮机构的特点及其应用

槽轮机构结构简单、制造方便、转位迅速、工作可靠,但因其定位精度不高且转动时有冲击,所以常用于转速不太高的自动机械中作转位或分度机构。图2.48所示为槽轮机构在电影放映机中的应用。电影放映机镜头里投出一束光,可将胶片上的影像投射到银幕上。当拨盘驱使槽轮转动一次时,卷过一张底片,此时投射光源熄灭;当槽轮静止不动时,投射光源打开,该底片的投影出现在银幕上,每张底片的投影时间很短,远小于人眼视觉暂留时间(大约0.1 s)。因此,断续出现在银幕上投影的影像看起来就是连贯的。

图2.48 电影放映机卷片机构

2.3.3 不完全齿轮机构

不完全齿轮机构中,主动齿轮是具有一个或几个齿的不完全齿轮,从动齿轮是具有正常轮齿的齿轮且带锁止弧。从动轮与主动轮相啮合的轮齿取决于运动时间和停歇时间,剩下部分为锁止弧。图2.49中的不完全齿轮机构,当主动轮1等速转动时,若主动轮1与从动轮2正常齿啮合时,可驱动从动轮2转动;当主动轮1的锁止弧与从动轮2的锁止弧接触时,从动轮2静止不动,并停在正确位置上,从而实现了周期性的单向间歇性运动。

不完全齿轮机构相比其他间歇机构而言,其结构简单且制造方便,但从动轮在转动开始和结束时冲击较大,所以常常用于一些低速或轻载场合,如计数器和某些间歇进给机构。

 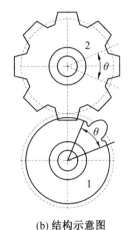

(a) 渲染图　　　　　　　　(b) 结构示意图

图 2.49　　不完全齿轮机构

1—主动轮;2—从动轮

2.3.4　凸轮间歇运动机构

凸轮间歇运动机构利用凸轮的轮廓曲线,推动转盘上的滚子,将凸轮的连续转动变换为从动转盘的间歇转动。它主要有圆柱凸轮式和蜗杆凸轮式两种基本形式。

图 2.50 中的圆柱凸轮间歇运动机构是由具有曲线沟槽的圆柱凸轮和端面圆周上均布圆柱销的圆盘组成。它主要通过圆柱凸轮转动和拨动圆柱销,驱使从动件做间歇运动。圆柱凸轮的轮廓曲线决定了从动件的运动规律。

图 2.50　　圆柱凸轮间歇运动机构

图 2.51 所示为蜗杆凸轮间歇运动机构,其凸轮形状像圆弧面蜗杆,滚子均布在圆盘的圆柱面上,就像蜗轮的齿。它可通过调整凸轮与圆盘的中心距消除滚子与凸轮轮廓接触面间的间隙,从而减少接触表面的磨损。

图 2.51　蜗杆凸轮间歇运动机构

任务实施

　　任务描述中的转塔车床,之所以可以实现工件一次装夹后,采用不同刀具完成多个车削工序,是因为车床中有一个转塔刀架,刀架的转动是由外槽轮机构实现的,如图 2.52 所示。该槽轮有 6 个径向槽,可安装 6 把不同的刀具,当拨盘转过一周时,从动槽轮转过 60°,可将下一工序所需要的刀具转换到工作位置,从而实现不同表面的加工。

转塔车床上的槽轮机构

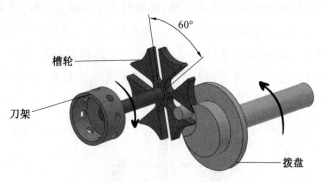

图 2.52　转塔车床上的外槽轮机构

　　自行车后轮中采用了内啮合棘轮,如图 2.53 所示。当脚踩踏板时,链轮 1 和链条 2 带动内圈具有棘轮的小链轮顺时针转动,再通过棘爪 4 推动后轮轴 5 顺时针转动,从而驱使自行车前进。脚蹬得快,后轮就转得快。但当自行车下坡或者脚不蹬时,棘爪 4 沿飞轮内侧棘轮的齿背滑过,后轴在自行车惯性作用下与飞轮脱开继续转动,各自以不同转速转动。这种特性称为超越,实现超越运动的组件称为超越离合器。

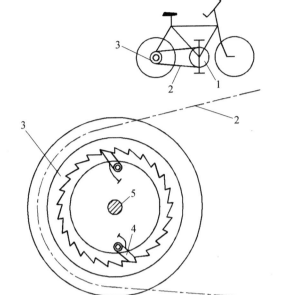

图 2.53　自行车后轮的棘轮机构
1— 链轮;2— 链条;3— 轮毂;4— 棘爪;5— 后轮轴

思考与实践

1. 铰链四杆机构中,曲柄存在的条件是什么? 曲柄是否一定是最短杆?

2. 平面四杆机构中的急回特性是什么含义? 什么条件下机构才具有急回特性?

3. 何为连杆机构的死点? 举出克服死点和利用死点的例子。

4. 试用图解法设计一曲柄摇杆机构。已知摇杆长 $l_{CD}=120$ mm,最大摆角 $\varphi=60°$,行程速比系数 $K=1.3$,机架长 $l_{AD}=110$ mm。

5. 凸轮机构的常用运动规律各有何特点? 适用于何种场合?

6. 什么是间歇运动机构? 常用的间歇运动机构有哪几种,其运动特点如何?

项目 3　齿轮传动的认识与设计

　　齿轮传动是工程应用上最为广泛的一种机械传动,可传递空间任意两轴之间的运动和动力。我国远古时代就已开始使用齿轮,如山西考古发现的青铜齿轮是至今发现的最古老的齿轮,指南车也是以齿轮机构为核心装置等,这都说明我国是最早发明齿轮的国家之一。随着加工技术的进步,齿轮机构的性能越来越高,广泛应用于机床、钟表、汽车等机械中。如图 3.1 所示的 CA6140 车床中的传动系统就采用了齿轮传动。

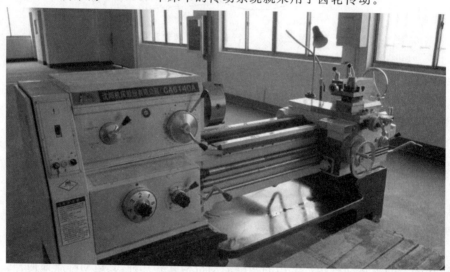

图 3.1　CA6140A 车床

创新设计　笃技强国

　　我国是世界第一制造大国。制造业的持续健康发展,顺利转型升级,对中国经济的未来至关重要。党的二十大报告提出,推动制造业高端化、智能化、绿色化发展,指明了制造业高质量发展的前进方向。

　　无论在传统制造领域还是现代智能制造领域,工匠始终是中国制造业的中坚力量。工匠们守正创新、追求卓越的精神是我国从"制造大国"迈向"制造强国"的必要支撑。（摘自中央广电总台国际在线:《激活"人才引擎"　工匠精神支撑"制造大国"向"制造强国"迈进》）

知识目标

（1）了解齿轮传动的特点、类型及应用场合。

（2）了解渐开线的形成、性质及渐开线齿廓啮合特性。

（3）掌握渐开线圆柱齿轮的基本参数及其几何尺寸计算。

（4）了解渐开线齿轮啮合原理、切齿原理及根切现象。

（5）掌握标准直齿圆柱齿轮受力分析及强度计算。

（6）了解圆柱齿轮精度的相关知识。

（7）理解斜齿圆柱齿轮传动的基本知识。

（8）了解圆柱齿轮的结构的设计和齿轮传动的维护。

（9）了解蜗轮蜗杆传动的相关知识。

（10）了解轮系的组成及传动比的计算。

能力目标

（1）具有标准直齿圆柱齿轮、斜齿轮的几何尺寸计算的能力。

（2）具有齿轮材料选择的能力。

（3）具有齿轮传动受力分析的能力。

（4）具有标准齿轮传动强度设计的能力。

素养目标

（1）培养学生团结协作的集体精神。

（2）培养学生成为具有求真务实、实践创新、精益求精的工匠精神的技术技能型人才。

知识导航

项目3 齿轮传动的认识与设计

任务3.1 认识齿轮传动
- 齿轮传动的特点
- 齿轮传动的类型
- 齿廓啮合基本定律
- 渐开线齿廓及其啮合特性

任务3.2 渐开线标准直齿轮的参数与计算
- 渐开线齿廓各部分的名称
- 渐开线直齿圆柱齿轮的基本参数
- 渐开线标准直齿圆柱齿轮的几何尺寸计算

任务3.3 渐开线直齿圆柱齿轮的啮合传动
- 正确啮合条件
- 连续传动条件
- 标准安装

任务3.4 根切、最少齿数及变位齿轮
- 根切和最少齿数
- 变位齿轮

任务3.5 齿轮传动的失效形式、设计准则与材料选择
- 齿轮传动的失效形式
- 齿轮传动的设计准则
- 齿轮常用材料的选择

任务3.6 渐开线标准直齿圆柱齿轮传动设计
- 轮齿的受力分析和计算载荷
- 齿面接触疲劳强度计算
- 齿根弯曲疲劳强度计算
- 圆柱齿轮传动参数的选择
- 齿轮传动精度等级的选择
- 齿轮传动设计步骤

任务3.7 斜齿圆柱齿轮传动及其设计
- 渐开线斜齿圆柱齿轮齿廓曲面的形成和啮合特点
- 斜齿圆柱齿轮的基本参数和几何尺寸计算
- 斜齿圆柱齿轮正确啮合条件
- 斜齿圆柱齿轮传动的强度计算

任务3.8 直齿圆锥齿轮传动及其设计
- 直齿圆锥齿轮齿廓的形成
- 直齿锥齿轮的当量齿数
- 直齿锥齿轮的啮合传动
- 直齿锥齿轮传动的强度计算

任务3.9 蜗杆传动及其设计
- 蜗杆传动的类型和特点
- 蜗杆传动的基本参数和几何尺寸
- 蜗杆传动的失效形式、计算准则和常用材料
- 蜗杆传动的强度计算
- 蜗杆传动的效率和热平衡计算

任务3.10 轮系
- 定轴轮系
- 周转轮系
- 复合轮系
- 轮系的应用

64

任务 3.1　认识齿轮传动

认识齿轮传动

任务描述

现代汽车都有变速器,其主要组成部分就是齿轮机构。观察汽车变速器的工作状态,了解变速器的工作原理,指出变速器由哪些齿轮机构组成,说出这些齿轮机构的区别。图3.2 所示为辛普森式自动变速器。

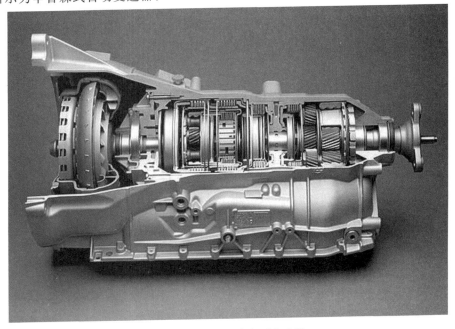

图 3.2　辛普森式自动变速器

课前预习

1. 下列特点中,(　　)是齿轮机构的优点。

A. 适用于大中心距传动

B. 制造成本低

C. 可以实现任意两轴间运动的传递

D. 以上都是

2. 一对齿轮传动,相当于一对节圆在做(　　)。

A. 滚动兼滑动

B. 纯滚动

C. 纯滑动

D. 移动

3. 渐开线形状取决于(　　)大小。

A. 齿顶圆

B. 分度圆

C. 基圆

D. 齿顶圆

4. 一对齿轮啮合时,两齿轮的(　　)一定相切。

A. 节圆

B. 分度圆

C. 基圆

D. 齿顶圆

任务 3.1 课前预习参考答案

知识链接

齿轮作为日常生活中最常见的机械零件之一,是用于传递机械运动和动力的。齿轮传递能传递两个平行轴、相交轴或交错轴间的回转运动和转矩,是应用最广泛的传动机构之一,目前在机床和汽车变速器等机械中得到广泛应用。

3.1.1　齿轮传动的特点

齿轮传动可传递任意两轴间的运动和动力,是机械传动中应用最为广泛的一种传动。其优点为:瞬时传动比恒定;功率和速度的适用范围较广,传递的功率高达 105 kW,圆周速度高达 300 m/s;传动效率高,一级圆柱齿轮传动的效率可达 96% ~ 99%;工作可靠、寿命长,维护良好的齿轮传动工作可长达一二十年;结构紧凑,在同样的使用条件下,齿轮传动所需的空间尺寸一般较小。其缺点为:制造及安装精度要求高;制造成本高,齿轮制造需要专用加工设备和刀具;不适合用于传动中心距太大的场合。

3.1.2　齿轮传动的类型

齿轮传动根据不同的分类标准,可以分为多种类型。

(1)齿轮传动按两齿轮轴线的相对位置进行分类,可分为两轴线平行齿轮传动、两轴线相交齿轮传动和两轴线交错齿轮传动三种类型。

(2)齿轮传动按齿轮轮齿的齿向进行分类,可分为直齿轮传动、斜齿轮传动、人字形齿轮传动和曲齿齿轮传动四种类型。

(3)齿轮传动按装置形式进行分类,可分为开式齿轮传动和闭式齿轮传动。其中,开式齿轮传动是指齿轮传动没有防尘罩或机壳,齿轮完全暴露在外边。这种传动由于外界杂物极易侵入,加之润滑不良,轮齿极易磨损,故只适用于农业机械、建筑机械以及一些简易的机械设备中做低速传动。装在经过精确加工而且封闭严密的箱体内的齿轮传动,称为闭式齿轮传动。与开式齿轮传动相比,闭式齿轮传动的润滑及防护等条件较好,多用于重要机械,如汽车、航空发动机等。

(4)齿轮传动按照齿轮传动的传动比是否恒定,可将齿轮传动分为非圆齿轮传动(传动比变化)和圆形齿轮传动(传动比恒定)。

齿轮传动的类型如图 3.3 所示。

(a) 外啮合齿轮传动

(b) 内啮合齿轮传动

(c) 齿轮齿条传动

(d) 平行轴斜齿轮传动

(e) 平行轴人字齿轮传动

(f) 直齿圆锥齿轮传动

(g) 斜齿圆锥齿轮传动

(h) 交错轴斜齿轮传动

(i) 蜗杆传动

图 3.3　齿轮传动的类型

3.1.3　齿廓啮合基本定律

在一对齿轮传动中,两轮角速度之比称为传动比,即 $i=\omega_1/\omega_2$。下面来分析齿廓形状与齿轮传动比的关系。

图 3.4 所示为一对相互啮合的齿轮传动。主动齿轮以角速度 ω_1 绕轴 O_1 顺时针转动,通过两轮轮齿齿廓 E_1、E_2 的接触点 k,主动齿轮将力与运动传递给从动齿轮,从而推动从动齿轮以角速度 ω_2 绕轴 O_2 逆时针转动。

设两齿廓上 k 点处的线速度分别为 v_{k1}、v_{k2},它们的大小分别为 $v_{k1}=\omega_1\cdot O_1k$,$v_{k2}=\omega_2\cdot O_2k$,方向分别与各自的向径 O_1k 和 O_2k 垂直。过 k 点作两齿廓的公法线 n—n 与中心连线 O_1O_2 交于 C 点。C 点是一定点,称为节点。以两轮轮心 O_1、O_2 为圆心,过节点 C 所作的两个相切的圆为该齿轮的节圆。一对齿轮的传动相当于这对节圆做纯滚动。显然,要使这一对齿廓能够正常传动,它们沿公法线 n—n 方向的速度分量应相等,否则两齿廓不是彼此分离就是相互嵌入,也就是说,两齿廓的相对速度 v_{k2k1} 只能与公法线 n—n 方向垂直。

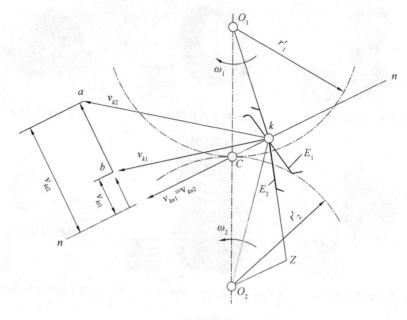

图 3.4　齿廓啮合基本定律

过 O_2 作 $O_2Z \parallel kC$,并与 O_1k 的延长线交于 Z 点。因为 $\triangle kab \sim \triangle kO_2Z$,所以有

$$\frac{v_{k2}}{v_{k1}} = \frac{kZ}{O_2k} \tag{3.1}$$

即

$$\frac{\omega_1 \cdot O_1k}{\omega_2 \cdot O_2k} = \frac{kZ}{O_2k} \tag{3.2}$$

所以

$$\frac{\omega_1}{\omega_2} = \frac{kZ}{O_1k} \tag{3.3}$$

又因为在 $\triangle O_1O_2Z$ 中,$O_2Z \parallel kC$,$\dfrac{kZ}{O_1k} = \dfrac{O_2C}{O_1C}$,故可得齿轮的传动比为

$$i = \frac{\omega_1}{\omega_2} = \frac{O_2C}{O_1C} \tag{3.4}$$

式(3.4)表明,相互啮合的一对齿轮,在任意瞬间的传动比都与其中心连线 O_1O_2 被其啮合齿廓在接触点处的公法线所分成的两线段长成反比,这一定律称为齿廓啮合基本定律。

3.1.4　渐开线齿廓及其啮合特性

按预定传动比相互啮合传动的一对齿廓称为共轭齿廓。理论上可用作共轭齿廓的曲线很多,只要给出一条齿廓曲线,就可以按要求的传动比求出与其共轭的另一条齿廓曲线。但在生产实践中,从设计制造、安装和使用等方面综合考虑,对于做定传动比传动的齿轮,目前常用的齿廓曲线有渐开线、圆弧和摆线等渐开线齿廓齿轮,因为具有较为完善的制造工艺及设备,便于安装且互换性好,所以应用最广。

1. 渐开线的形成及其特性

如图 3.5 所示,当一条动直线 $n—n$ 沿半径为 r_b 的圆周做纯滚动时,直线上的任一点 K 运动所形成的轨迹称为该圆的渐开线。这个圆称为渐开线的基圆,这条直线称为渐开线的发生线。

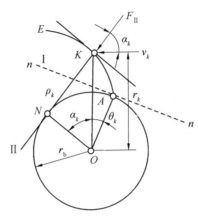

图 3.5　渐开线的形成

由渐开线的形成可知,渐开线具有下列特性。

(1) 发生线在基圆上滚过的线段长度等于基圆上相应的圆弧长度,即 $NK = \overset{\frown}{NA}$。

(2) 发生线是基圆的切线,切点 N 是渐开线 K 点处的曲率中心,KN 是曲率半径。

(3) 发生线 KN 是渐开线上 K 点处的法线。

(4) 渐开线上 K 点处的法线(即该点处力的作用线)与该点速度方向所夹的锐角 α_k,称为该点的压力角。因为 $\alpha_k = \angle NOK$,所以

$$\cos \alpha_k = \frac{ON}{OK} = \frac{r_b}{r_k} \tag{3.5}$$

式(3.5)表明,向径 r_k 越大,压力角 α_k 越大。渐开线在基圆处的压力角为零。

(5) 渐开线形状与基圆大小有关。基圆越大,渐开线曲率半径越大;当基圆无穷大时,渐开线为一直线,如图 3.6 所示。

(6) 基圆内无渐开线。

2. 渐开线齿廓的啮合特点

(1) 渐开线齿廓满足齿廓啮合定律。

由图 3.7 可知,两齿廓在任意点 K 啮合时,过 K 点作两齿廓的公法线 $n—n$,其也是两基圆的内公切线,为定直线。而两轮中心连线 O_1O_2 也为定直线,故两定直线的交点 P 必为定点。则有

$$i_{12}=\frac{\omega_1}{\omega_2}=\frac{O_2 P}{O_1 P}=常数 \tag{3.6}$$

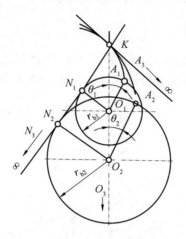

图 3.6 不同半径基圆的渐开线形状

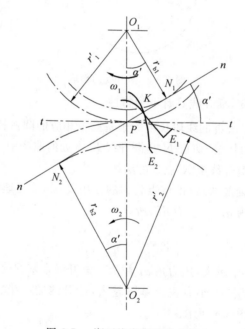

图 3.7 渐开线齿廓的啮合传动

（2）四线合一。

如图 3.7 所示，一对渐开线齿廓在任意点 K 啮合，过 K 点作两齿廓的公法线 $n—n$，根据渐开线性质，该公法线就是两基圆的公切线。由于齿轮基圆的大小和位置均固定，因此公法线 $n—n$ 是唯一的。不管齿轮在哪一点啮合，啮合点总在这条公法线上，该公法线称为啮合线。由于两个齿轮啮合传动时，其正压力是沿着公法线方向的，因此对渐开线齿廓的齿轮传动来说，啮合线、过啮合点的公法线、基圆的内公切线和正压力作用线四线合一。

（3）啮合角不变。

啮合线 N_1N_2 与两节圆的公切线 $t—t$ 所夹的锐角称为啮合角，用 α' 表示，由图3.7可知，渐开线齿轮传动中，啮合角为常数。

一对啮合的渐开线齿廓的啮合角在数值上等于渐开线在节圆上的压力角。显然，齿轮传动时，啮合角不变表示齿廓间压力方向不变。若传递的转矩不变，则其压力大小和方向保持不变，因而传动较平稳，这也是渐开线齿轮传动的一大优点。

（4）中心距可分性。

由式（3.6）可知，渐开线齿轮的传动比是常数。当渐开线齿轮加工完成之后，它的基圆的大小就已经确定了，因此在安装时，若中心距略有变化，因基圆不变，就不会改变其瞬时传动比的大小，渐开线齿廓的这个特性称为中心距可分性。这个特性对齿轮传动来说是十分重要的。利用这个独有的特性，即使是齿轮在制造或安装时产生误差，或者是在运转过程中产生的轴承磨损等情况，仍能保持传动比不变，继而保持良好的传动特性。

任务实施

任务描述中，现代汽车变速器有手动变速器和自动变速器之分。手动变速器主要是圆柱齿轮机构，有直齿圆柱齿轮和斜齿圆柱齿轮两种。与直齿圆柱齿轮比较，斜齿圆柱齿轮有使用寿命长、运转平稳、工作噪声低等优点；缺点是制造时稍复杂，工作时有轴向力，对轴承不利。变速器中的常啮合齿轮均采用斜齿圆柱齿轮，尽管这样会使常啮合齿轮数增加，并导致变速器的质量和转动惯量增大，但是斜齿轮在变速器中的应用依旧很广泛。直齿圆柱齿轮仅用于低速挡和倒挡。自动变速器主要使用行星齿轮变速机构。

任务 3.2　渐开线标准直齿轮的参数与计算

任务描述

若某个国产汽车变速器中有个圆柱齿轮已损坏，测得其齿数 z 为 25，齿顶圆直径 d_a 为 105 mm，试计算该齿轮的模数、分度圆直径、齿根圆直径、全齿高、齿距、齿厚、齿槽宽。

渐开线标准直齿轮的参数与计算

课前预习

1. 标准规定的压力角在（　　）上。

A. 基圆

B. 齿顶圆

C. 齿根圆

D. 分度圆

2. 一标准直齿圆柱齿轮的齿距为 15.7 mm，齿顶圆直径为 300 mm，则该齿轮的齿数为（　　）。

A. 56

任务 3.2 课前预习参考答案

B. 58

C. 60

D. 62

3.2.1 渐开线齿廓各部分的名称

在研究齿轮的传动原理和齿轮的设计问题之前,必须先了解齿轮各部分的名称、符号及其尺寸间的关系。图3.8画出了标准外啮合直齿圆柱齿轮的一部分,其各部分的名称及代号如下。

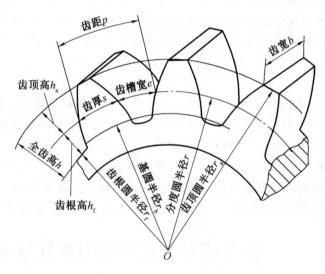

图 3.8 标准外啮合直齿圆柱齿轮各部分的名称、代号

(1)齿顶圆。齿轮齿顶圆柱面与端平面的交线称为齿顶圆,其直径和半径分别用 d_a 和 r_a 表示。

(2)齿根圆。齿轮上相邻两齿之间的空间部分称为齿槽;轮齿齿槽底部圆柱面与端平面的交线称为齿根圆,其直径和半径分别用 d_f 和 r_f 表示。

(3)基圆。渐开线圆柱齿轮上的假想圆,形成渐开线齿廓的发生线在此假想圆的圆周上做纯滚动时,此假想圆就称为基圆,其直径和半径分别用 d_b 和 r_b 表示。

(4)齿槽宽。任意圆周上,一个齿槽的两侧齿廓之间的弧长称为该圆上的齿槽宽,用 e 表示。

(5)齿厚。沿任意圆周所量得的轮齿的弧线长度称为该圆上的齿厚,用 s 表示。

(6)齿距。沿任意圆周所量得的相邻两齿上对应点之间的弧长称为该圆上的齿距,用 p 表示。由图3.8可以看出,在同一圆周上,齿距等于齿厚与齿槽宽之和,即

$$p = e + s \tag{3.7}$$

(7)分度圆。在齿顶圆和齿根圆之间,规定一直径为 d 的圆,作为计算齿轮各部分尺寸的基准,并把这个圆称为分度圆。在分度圆上的齿厚、齿槽宽和齿距,通称为齿厚、齿槽

宽和齿距,分别用 s、e 和 p 表示,且 $p=s+e$。

(8)齿宽。齿轮的有齿部分沿分度圆柱面的轴线方向所量得的宽度称为齿宽,用 b 表示。

(9)齿顶高。齿顶圆与分度圆之间的径向距离称为齿顶高,用 h_a 表示。

(10)齿根高。齿根圆与分度圆之间的径向距离称为齿根高,用 h_f 表示。

(11)齿高。齿顶圆至齿根圆之间的径向距离称为全齿高(或齿高),用 h 表示,即

$$h=h_a+h_f \tag{3.8}$$

3.2.2　渐开线直齿圆柱齿轮的基本参数

(1)齿数 z。齿轮整个圆周上轮齿的总数。

(2)模数 m。齿轮的分度圆是计算齿轮各部分尺寸的基准。若已知齿轮的齿数 z 和分度圆齿距 p,则分度圆直径为

$$d=\frac{zp}{\pi} \tag{3.9}$$

式中,无理数 π 将给齿轮的设计、计算、制造和检验等带来很大不便。为了便于设计、制造及互换使用,将 p/π 规定为标准值,称为齿轮的模数,用 m 表示,单位为 mm,齿轮的模数已经标准化,计算几何尺寸时,应采用我国规定的标准模数系列,见表 3.1。

表 3.1　　渐开线齿轮的标准模数(摘自 GB/T 1357—2008)　　　　　　　mm

第一系列	1　1.25　1.5　2　2.5　3　4　5　6　8　10　12　16　20　25　32　40　50
第二系列	1.125　1.375　1.75　2.25　2.75　(3.25)　3.5　(3.75)　4.5　5.5　(6.5)　7　9　(11)　14　18　22　28　(30)　36　45

注:1.优先采用第一系列,括号内的模数尽可能不用。

　　2.本表适用于渐开线圆柱直齿轮,对于斜齿轮,指法面模数。

(3)压力角 α。渐开线上各点的压力角各不相同,齿轮的压力角一般指分度圆上的压力角,用 α 表示。我国规定分度圆压力角标准值一般为 $20°$。

综上所述,分度圆可定义为:具有标准模数和标准压力角的圆。

(4)顶隙系数 c^*。为了保证两齿轮啮合传动时不被卡死,并储存润滑油,两齿轮轮齿沿径向方向应留有间隙,这一间隙称为顶隙,用 c 表示。标准的顶隙值取模数的倍数,即

$$c=c^*m \tag{3.10}$$

式中　c^*——顶隙系数,其值为正常齿制时 $c^*=0.25$,短齿制时 $c^*=0.3$。

(5)齿顶高系数 h_a^*。齿轮的齿顶高取模数的倍数,即

$$h_a=h_a^*m \tag{3.11}$$

式中　h_a^*——齿顶高系数,齿顶高系数和顶隙系数都已经标准化,其值为正常齿制时 $h_a^*=1$,短齿制时 $h_a^*=0.8$。

3.2.3　渐开线标准直齿圆柱齿轮的几何尺寸计算

标准齿轮是指模数 m、压力角 α、齿顶高系数 h_a^*、顶隙系数 c^* 均为标准值,且分度圆上齿厚等于齿槽宽(即 $s=e$)的齿轮。其基本参数及几何尺寸的计算公式见表 3.2。

表 3.2　标准直齿圆柱齿轮的基本参数及几何尺寸的计算公式

mm

名称	符号	计算公式
分度圆直径	d	$d = mz$
基圆直径	d_b	$d_b = d\cos\alpha$
齿顶高	h_a	$h_a = h_a^* m$
齿根高	h_f	$h_f = (h_a^* + c^*)m$
齿高	h	$h = h_a + h_f = (2h_a^* + c^*)m$
顶隙	c	$c = c^* m$
齿顶圆直径	d_a	$d_a = d \pm 2h_a = m(z \pm 2h_a^*)$
齿根圆直径	d_f	$d_f = d \mp 2h_f = m(z \mp 2h_a^* \mp 2c^*)$
齿距	p	$p = \pi m$
齿厚	s	$s = \dfrac{p}{2} = \dfrac{m\pi}{2}$
齿槽宽	e	$e = \dfrac{p}{2} = \dfrac{m\pi}{2}$
标准中心距	a	$a = \dfrac{1}{2}(d_1 \pm d_2) = \dfrac{1}{2}(z_1 \pm z_2)m$

注:在同一公式中,有上下运算符号的,上面的符号用于外啮合齿轮或外齿轮,下面的符号用于内啮合齿轮或内齿轮。

任务实施

任务描述中,圆柱齿轮几何尺寸的计算过程如下。

解析:根据题意,已知齿数、齿顶圆直径,具体计算内容为:模数、分度圆直径、齿根圆直径、全齿高、齿距、齿厚、齿槽宽。因是国产变速器,所以齿轮为正常齿制,压力角 $\alpha = 20°, h_a^* = 1$。

解　(1)由表 3.2 中的公式计算模数,有

$$m = d_a/(z + 2h_a^*) = 105/(25 + 2 \times 1) = 3.89 \text{ (mm)}$$

查表 3.1 可将模数圆整为 $m = 4$ mm。

(2)计算其他几何尺寸。

分度圆直径为

$$d = mz = 4 \times 25 = 100 \text{ (mm)}$$

齿根圆直径为

$$d_f = d - 2h_f = 100 - 4(1 + 0.25) = 95.2 \text{ (mm)}$$

全齿高为

$$h = h_a + h_f = 2.25 \times 4 = 9 \text{ (mm)}$$

齿距为

$$p = \pi m = 3.14 \times 4 = 12.56 \text{ (mm)}$$

齿厚为

$$s = e = \frac{p}{2} = \frac{12.56}{2} = 6.28\ (\text{mm})$$

任务 3.3　渐开线直齿圆柱齿轮的啮合传动

渐开线直齿
圆柱齿轮的
啮合传动

任务描述

任务 3.2 中的国产汽车变速器,因某个圆柱齿轮已损坏,换上同一齿数的齿轮,能使变速器正常工作吗?

课前预习

1. 满足正确啮合条件(　　)满足连续传动条件。

A. 一定

B. 一定不

C. 不一定

D. 有可能

2. 渐开线直齿圆柱齿轮传动的重合度是实际啮合线段与(　　)的比值。

A. 齿距

B. 基圆齿距

C. 齿厚

D. 齿槽宽

3. 渐开线齿轮连续传递的条件是:重合度(　　)。

A. $\varepsilon < 0$

B. $\varepsilon \geqslant 0$

C. $\varepsilon < 1$

D. $\varepsilon \geqslant 1$

任务 3.3 课
前预习参考
答案

知识链接

齿轮传动是依靠齿轮轮齿依次啮合来实现的,那么,齿轮应满足哪些条件,才能使各对轮齿依次啮合、连续传动呢?

3.3.1　正确啮合条件

齿轮啮合时,主动齿轮的轮齿依次进入从动齿轮的齿槽,从而使轮齿工作齿廓接触,实现齿轮连续传动。因此,在设计一对齿轮传动时,应使齿轮的轮齿与另一齿轮的齿槽大小匹配。

图 3.9 所示为一对渐开线齿轮啮合传动,$N_1 N_2$ 为啮合线,K 与 K' 为齿轮工作齿廓接触点并均在啮合线 $N_1 N_2$ 上。若要齿轮正确啮合,则齿轮 1 和齿轮 2 上相邻两齿的同侧齿

廓的法线距离(称为齿轮的法节)必须相等。由渐开线性质可知,法向齿距等于基圆齿距,因此,若齿轮正确啮合,则基圆齿距应相等,即 $p_{b1} = p_{b2}$。又

$$\begin{cases} p_{b1} = p_1 \cos \alpha_1 = \pi m_1 \cos \alpha_1 \\ p_{b2} = p_2 \cos \alpha_2 = \pi m_2 \cos \alpha_2 \end{cases} \tag{3.12}$$

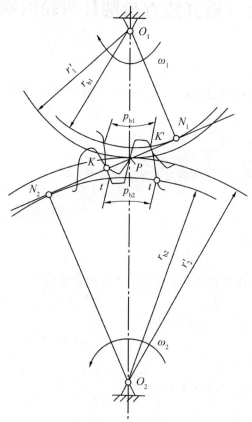

图 3.9　渐开线齿轮的正确啮合条件

故可得齿轮副的正确啮合条件为

$$m_1 \cos \alpha_1 = m_2 \cos \alpha_2 \tag{3.13}$$

由于模数和压力角已经标准化,为满足式(3.12),则应使

$$\begin{cases} m_1 = m_2 = m \\ \alpha_1 = \alpha_2 = \alpha \end{cases} \tag{3.14}$$

式(3.14)表明,渐开线齿轮传动的正确啮合条件又可表述为两轮的模数和压力角必须分别相等。根据齿轮传动的正确啮合条件,齿轮传动的传动比又可写成

$$i_{12} = \frac{\omega_1}{\omega_2} = \frac{d'_2}{d'_1} = \frac{d_{b2}}{d_{b1}} = \frac{d_2}{d_1} = \frac{z_2}{z_1} \tag{3.15}$$

3.3.2　连续传动条件

从图 3.10 中齿轮的啮合过程可知,若使齿轮传动能连续进行,必须在前一对轮齿尚未脱离啮合时,使后一对轮齿进入啮合,如果前一对轮齿到达 B_1 点终止啮合时,后一对轮

齿尚未在啮合线上进入啮合,则不能保证两轮实现定传动比的连续传动,从而使得传动中断。为避免此种现象发生,应使 $B_1B_2 \geqslant p_b$,即要求实际啮合线段 $\overline{B_1B_2}$ 不小于齿轮基圆上的齿距 p_b。当 $\overline{B_1B_2}=p_b$ 时,表明除了正好在 B_1、B_2 接触的瞬间是两对轮齿接触外,始终只有一对轮齿处于啮合状态;当 $\overline{B_1B_2}<p_b$ 时,当前一对轮齿在 B_1 点脱离啮合时,后一对轮齿尚未进入啮合,此时传动中断;$\overline{B_1B_2}>p_b$ 时,表明有一对以上的轮齿处于啮合状态,能够持续传动。

由此可得,齿轮连续传动的条件为:齿轮的实际啮合线段 $\overline{B_1B_2}$ 应不小于基圆上的齿距 p_b。

通常把 $\overline{B_1B_2}/p_b$ 称为重合度,用 ε 表示。它表示一对齿轮在啮合过程中,同时啮合的轮齿对数,反映齿轮传动的连续性。ε 大表明同时啮合的轮齿的对数多,齿轮传动的承载能力高,每对轮齿的负荷小,负荷变动量小,传动平稳,因此,ε 是衡量齿轮传动质量的指标之一。齿轮连续传动时,要求有

$$\varepsilon = \frac{\overline{B_1B_2}}{p_b} \geqslant 1 \qquad (3.16)$$

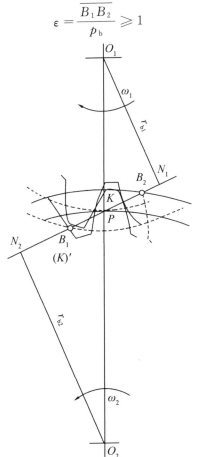

图 3.10　齿轮连续传动条件

3.3.3 标准安装

安装时,若使两齿轮没有齿侧间隙,就是标准安装。

一对渐开线标准直齿圆柱齿轮外啮合传动标准安装时(图3.11),节圆与分度圆重合,其中心距为

$$a = r'_1 + r'_2 = r_1 + r_2 = m(z_1 + z_2)/2 \qquad (3.17)$$

此时的中心距 a 为标准中心距,其啮合角 $\alpha' = \alpha$。

应该指出,单个齿轮只有分度圆和压力角,不存在节圆和啮合角。如果不按标准中心距安装,虽然两齿轮的节圆仍然相切,但两齿轮的分度圆并不相切,此时两啮合齿轮的实际中心距为

$$a' = r'_1 + r'_2 \neq r_1 + r_2 \qquad (3.18)$$

显然,啮合角 $\alpha' \neq \alpha$。

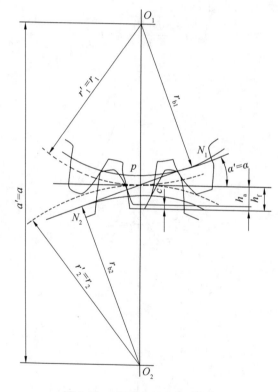

图 3.11 标准齿轮的标准安装

任务描述中,国产变速器的某个齿轮损坏了,即使更换为同齿数的齿轮,也并不能使变速器正常工作。这是因为齿轮传动的正确啮合条件为两齿轮模数和压力角必须分别相等,否则两齿轮基圆齿距就不相等。当主动齿轮的轮齿进入从动齿轮的齿槽时,只能在有限的空间啮合,随后就分离,这就需要后一对轮齿接替,也就是说,后一对轮齿要处于啮合

线上,齿轮才能正确啮合传动。当一对齿轮能正确啮合传动时,也并不一定能连续传动,这需要两齿轮的实际啮合线段大于等于基圆齿距。只有当齿轮能正确啮合传动且连续传动时,变速器才能正常工作。

任务 3.4　根切、最少齿数及变位齿轮

根切、最少齿数及变位齿轮

◤ 任务描述

若某汽车变速器中,两根平行轴上需要安装五六对齿轮,同时要求它们有不同的传动比,该如何实现?并且其中有对齿轮的齿数相差比较大,输入轮齿数为 13,输出轮齿数为47,该如何提高其寿命?

◤ 课前预习

1. 利用范成法加工渐开线标准齿轮时,若被加工的齿轮(　　)太小,就会发生根切现象。

A. 模数

B. 压力角

C. 齿厚

D. 齿数

2. 与标准圆柱齿轮传动相比,采用变位齿轮传动可以(　　)。

A. 使大、小齿轮的抗弯强度趋近

B. 使大、小齿轮的磨损程度都减小

C. 提高齿轮的接触强度

D. 凑配中心距

任务3.4课前预习参考答案

◤ 知识链接

3.4.1　根切和最少齿数

已给定齿轮传动的模数和传动比,若小齿轮的齿数 z_1 越少,则大齿轮齿数 z_2 及齿数和 $(z_1 + z_2)$ 也越少,齿轮机构的中心距、尺寸和质量也减小。因此,设计时希望把小齿轮的齿数 z_1 取得尽可能少。但是对于渐开线标准齿轮,其最少齿数是有限制的。以齿条刀具切削标准齿轮为例,若不考虑齿顶线与刀顶线间非渐开线圆角部分(这部分刀刃主要用于切出顶隙,它不能展成渐开线),则其相互关系如图 3.12(a) 所示。图中,N_1 为啮合线的极限点。若刀具齿顶线超过 N_1 点(如图中虚线齿条所示),则由基圆之内无渐开线的性质可知,超过 N_1 点的刀刃不仅不能展成渐开线齿廓,而且会将根部已加工出的渐开线切去一部分(如图中虚线齿廓所示),这种现象称为根切。根切使齿根削弱,根切严重时还会减小重合度,所以应当避免。

标准齿轮是否发生根切取决于其齿数的多少。如图 3.12(b) 所示,线段 PO_1 表示某

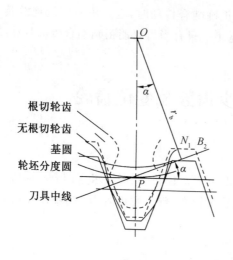

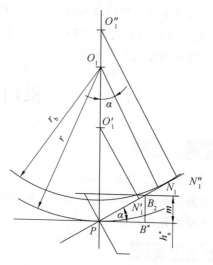

(a) 轮齿的根切现象　　　　　　　(b) 避免根切的条件

图 3.12　齿轮的根切

被切齿轮的分度圆半径,其 N_1' 点在齿顶线下方,故该齿轮必发生根切。当齿数增加时,分度圆半径增大,轮坯中心上移至 O_1'' 处,极限点也相应地沿啮合线上移至齿顶线上方的 N_1 处,从而避免根切;反之,齿数越少,分度圆半径越小,轮坯中心越低,极限点越往下移,根切越严重。标准齿轮欲避免根切,其齿数必须大于或等于不根切的最少齿数。根据计算,对于 $\alpha = 20°$ 和 $h_a^* = 1$ 的正常齿制标准渐开线齿轮,当用齿条刀具加工时,其最少齿数 $z_{min} = 17$;若允许略有根切,则正常齿制标准齿轮的实际最少齿数可取 14。

3.4.2　变位齿轮

标准齿轮具有设计简单、互换性好等优点,但标准齿轮也存在着许多不足。

(1) 齿数不得少于 z_{min},传动结构不够紧凑。

(2) 不适合安装中心距 a' 不等于标准中心距 a 的场合。当 $a' < a$ 时,无法安装;当 $a' > a$ 时,虽然可以安装,但会产生过大的侧隙而引起冲击振动,影响传动的平稳性。

(3) 一对标准齿轮传动时,小齿轮的齿根厚度小且啮合次数较多,故小齿轮的强度较低,齿根部分磨损较严重,因此小齿轮容易损坏,同时也限制了大齿轮的承载能力。

为了弥补上述标准齿轮的不足,可以对齿轮进行必要的修正,目前最为广泛采用的是径向变位,即改变刀具与轮坯的相对位置。采用径向变位加工出来的齿轮称为变位齿轮。

以加工标准齿轮时刀具的位置为基准,刀具所移动的距离 xm 称为变位,x 为变位系数,m 为模数。加工时,刀具远离轮坯中心移出称为正变位,变位系数 x 为正值;刀具移近轮坯中心称为负变位,变位系数 x 为负值。在加工负变位齿轮时,刀具的齿顶线不应超过被加工齿轮的啮合极限点,以免产生根切。

如图 3.13 所示,将相同模数、压力角及齿数的变位齿轮与标准齿轮的尺寸进行比较,结合加工变位齿轮的过程可知,变位齿轮相对于标准齿轮有如下特点。

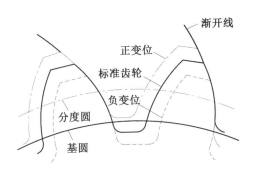

图 3.13　标准齿轮齿廓与变位齿轮齿廓

（1）变位齿轮齿廓与标准齿轮齿廓是同一基圆上的渐开线，只是截取部位不同。因各部位渐开线曲率半径不同，所以可采用变位方法提高齿轮传动质量。

（2）正变位齿轮的齿根变厚，负变位齿轮的齿根变薄。因此，采用正变位齿轮可提高轮齿强度。但正变位将会使齿顶厚度减薄，甚至会使其变尖，因此，对正变位较大的齿轮，应对其齿顶厚度进行校核。

（3）正变位齿轮齿根高减小，齿顶高增大；负变位齿轮齿根高增大，齿顶高减小。因此，当被切齿轮齿数小于最少齿数时，为避免根切，可采用正变位齿轮。

（4）正变位齿轮齿厚大于齿槽宽，负变位齿轮齿厚小于齿槽宽。因此，对于标准中心距齿轮传动，为利于强度的提高，小齿轮采用正变位，大齿轮采用负变位，使大、小齿轮强度趋于接近。

（5）通过选择合适的变位系数，可在无侧隙啮合条件下，实现非标准中心距安装传动。

（6）变位齿轮必须成对设计和计算。

任务实施

任务描述中的汽车变速器中，要使不同传动比的齿轮传动中心距一样，则各齿轮的齿数和直径就要不一样，为了凑中心距，只有采用变位齿轮才能实现。当齿轮齿数较小时，为提高强度，可采用正变位齿轮，当变位系数 $x = +0.6$ 时，弯曲强度大约可提高 30%。

齿轮的基圆大小与变位系数无关，也就是说，齿轮经变位后，不论变位系数如何变化，其齿形都是同一基圆的渐开线，只是所占的渐开线部分不同。正变位齿轮齿形占用的渐开线的曲率半径比较大，齿顶高变大，所以齿根齿厚增加，齿顶齿厚变薄。负变位齿轮齿形占用的渐开线的曲率半径较小，齿根高变大，齿顶高减少，所以齿根齿厚变薄。

在汽车变速器中，齿轮都是经过渗碳淬火处理，因此齿面硬度很高。在整车上，轮齿受到循环载荷、冲击的反复作用，齿根容易产生疲劳裂纹，致使弯曲疲劳而折断。因此，首先应按弯曲强度来确定，再考虑接触强度，应尽可能选用较大的变位系数，使节圆处的齿廓曲率半径较大，从而获得较大的啮合角，提高齿轮的接触强度。

为了变位齿轮能在汽车减速器中发挥出最大作用，需要正确且合理地设计出变位齿轮。正变位齿轮可提高轮齿强度和减少磨损，并可避免小齿轮根切，故在汽车变速器中应用广泛；负变位齿轮不能提高轮齿强度和减少磨损，故在汽车变速器中基本不用，除非因中心距凑不上或与另一个齿轮外圆相碰,万不得已才使用。

任务 3.5 齿轮传动的失效形式、设计准则与材料选择

任务描述

　　减速机是机械设备中重要的传动系统,其运行状态的稳定性对于设备系统的整体性能具有重要影响。减速机的关键零部件为齿轮,若某个减速机的齿轮材料为40Cr,采用正火预先热处理,则硬度可达到 $156 \sim 207$HB;最终热处理工艺为渗碳淬火,有效渗层深度不小于 0.35 mm,表面硬度可达到 $58 \sim 62$HRC,其结构简图如图 3.14(a) 所示。在使用过程中,多次出现失效断齿问题,如图 3.14(b) 所示的减速机齿轮,该齿轮齿数 45 个,5 个断齿,1 个出现磨损和剥落,这已经严重影响了生产线的顺利生产。为解决这一问题,有必要对该齿轮失效原因进行全面分析。

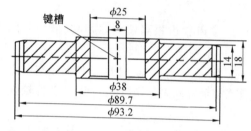

(a) 齿轮零件结构简图

(b) 齿轮外观及断裂形貌

图 3.14　某减速机齿轮

课前预习

　　1. 润滑良好的闭式软齿面齿轮传动,其主要的失效形式是(　　)。

A. 轮齿折断

B. 齿面疲劳点蚀

C. 齿面磨损

D. 齿面胶合

　　2. 齿面疲劳点蚀首先发生在轮齿的(　　)部位。

A. 接近齿顶处

B. 靠近节线的齿顶部分

C. 接近齿根处

D. 靠近节线的齿根部分

　　3. 高速重载齿轮传动的主要失效形式为(　　)。

A. 齿面胶合

B. 齿面磨损和齿面点蚀

C. 齿面点蚀

D. 齿根折断

4. 对于齿面硬度不大于 350HBS 的闭式齿轮传动,设计时一般(　　　)。

A. 先按接触强度条件计算

B. 先按弯曲强度条件计算

C. 先按磨损条件计算

D. 先按胶合条件计算

任务 3.5 课前预习参考答案

知识链接

3.5.1　齿轮传动的失效形式

齿轮传动失效多发生在轮齿上。分析研究其失效形式有助于建立齿轮传动设计准则,及时采取防止或减缓失效的措施。

轮齿的主要失效形式有轮齿折断、齿面点蚀、齿面胶合、齿面磨损及齿面塑性变形等,现分述如下。

1. 轮齿折断

齿轮工作时,轮齿根部受到周期性交变的弯曲应力,且在齿根的过渡圆角处有较大的应力集中。因此,在载荷多次重复作用下,当应力值超过弯曲疲劳极限时,将产生疲劳裂纹,如图 3.15(a) 所示。裂纹将不断扩展,最终引起轮齿折断,这种折断称为弯曲疲劳折断。齿轮轴轮齿折断的实际失效情况如图 3.15(b) 所示。

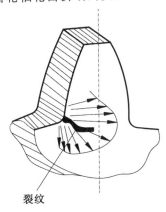

裂纹

(a) 齿根疲劳裂纹

(b) 齿轮轴轮齿折断

图 3.15　轮齿折断

为提高齿轮轮齿抗折断的能力,可采取以下措施:提高材料的疲劳强度、增强轮齿心部的韧性、加大齿根过渡圆角半径、提高齿面制造精度、增大模数以加大齿根厚度、齿面进行喷丸处理等。

83

2. 齿面点蚀

在接触应力长时间的反复作用下,齿面表层出现裂纹,加之润滑油渗入裂纹并持续受到挤压,加速了裂纹的扩展,从而导致齿面金属以甲壳状的小微粒剥落,形成麻点,这种现象称为齿面点蚀。闭式齿轮传动的主要失效形式便是齿面点蚀,图 3.16 所示为斜齿轮齿面点蚀的实际失效情况。

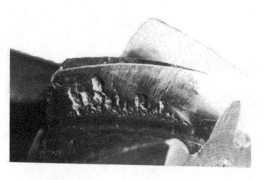

图 3.16   斜齿轮齿面点蚀

可采取以下措施防止过早出现齿面点蚀:增大齿轮直径、提高齿面硬度、降低齿面的表面粗糙度值和采用高黏度润滑油等。

3. 齿面胶合

高速或低速重载的齿轮传动中,由于齿面间接触压力很大,因此相对滑动摩擦会使齿面工作区产生局部瞬时高温,致使齿面间的油膜破裂,造成齿面金属直接接触并相互粘连。重载条件下,齿轮两齿面相对滑动时,较软齿面的金属沿滑动方向被撕下,从而在齿面上形成沟纹,这种现象称为胶合。图 3.17 所示为齿面胶合的实际失效情况。

图 3.17   齿面胶合

为防止胶合的发生,可采用良好的润滑方式、限制油温和采用含抗胶合添加剂的合成润滑油,也可采用不同材料制造的齿轮进行搭配传动,或对同种材料制造的齿轮进行不同硬度的处理。

4. 齿面磨损

啮合齿面的相对滑动将引起齿面的摩擦磨损。开式齿轮传动的主要失效形式是磨损,图 3.18 所示为齿面磨损的实际失效情况。

图 3.18　　齿面磨损

为防止齿面磨损过快,可采用保证工作环境清洁、定期更换润滑油、提高齿面硬度、增大模数以加大齿厚等方法。

5. 齿面塑性变形

在过大的应力作用下,轮齿表面因摩擦而产生塑性变形,致使啮合不平稳,噪声和振动增大,破坏了齿轮的正常啮合传动。这种失效形式常见于重载、频繁启动和齿面硬度较低的齿轮传动中。图 3.19(a) 所示为齿面塑性变形机理示意图。主动轮齿面下凹的实际失效情况如图 3.19(b) 所示,从动轮齿面凸起的实际失效情况如图 3.19(c) 所示。

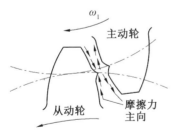

(a) 齿面塑性变形机理示意图　　　　　(b) 主动轮齿面塑性变形　　　　　(c) 从动轮齿面塑性变形

图 3.19　　齿面塑性变形

可通过提高齿面硬度或采用较高黏度的润滑油等方法来防止齿面塑性变形。

3.5.2　齿轮传动的设计准则

轮齿的失效形式很多,但它们往往不可能同时发生,所以必须针对具体情况进行具体分析,下面针对其主要失效形式确定相应的设计准则。

闭式齿轮传动有软齿面和硬齿面之分,软齿面(硬度 $\leqslant 350\mathrm{HBW}$)齿轮,其主要失效形式是齿面点蚀,通常按齿面接触疲劳强度进行设计,然后按齿根弯曲疲劳强度进行校核;硬齿面(硬度 $> 350\mathrm{HBW}$)齿轮,其主要失效形式是轮齿折断,此时须先按齿根弯曲疲劳强度进行设计,再校核其齿面接触疲劳强度。

开式齿轮传动的主要失效形式是齿面磨损。由于目前对齿面磨损尚无行之有效的计算方法和设计数据,因此通常按齿根弯曲疲劳强度进行设计,同时考虑磨损因素,适当将模数增大 $10\% \sim 20\%$。

3.5.3　齿轮常用材料的选择

常用的齿轮材料是优质碳素钢和合金结构钢,其次是铸钢和铸铁。绝大部分齿轮采用锻钢制造,当齿轮尺寸较小、一般用途时,可采用圆轧钢;对形状复杂、直径较大($d \geqslant 500 \mathrm{~mm}$)和不易锻造的齿轮,可采用铸钢;传递功率小、低速、无冲击及开式齿轮传动中的齿轮,可选用灰铸铁。

非铁金属仅用于制造有特殊要求(如耐腐蚀、防磁性等)的齿轮。

对高速、轻载及精度要求不高的齿轮,为减小噪声,也可采用非金属材料(如塑料、尼龙、夹布胶木等)做成小齿轮,但大齿轮仍用钢或铸铁制造。

对于软齿面(硬度 $\leqslant 350\mathrm{HBW}$)齿轮,可以在热处理后切齿,其制造容易、成本较低,常用于对传动尺寸无严格限制的一般传动。常用的齿轮材料有 35、45、35SiMn、40Cr 钢等,其热处理方法为调质或正火处理,切齿后的精度一般为 8 级,精切时可达 7 级。为了便于切齿和防止刀具切削刃迅速磨损变钝,调质处理后的材料硬度一般不超过$280 \sim 300\mathrm{HBW}$。

由于小齿轮齿根强度较弱,转速较高,其齿面受载次数较多,因此当两齿轮材料及热处理相同时,小齿轮的失效概率高于大齿轮。在传动中,为使大、小齿轮的寿命相当,常使小齿轮齿面硬度比大齿轮齿面硬度高出 $30 \sim 50\mathrm{HBW}$,传动比大时,其硬度差还应更大些。

硬齿面(硬度 $> 350\mathrm{HBW}$)齿轮通常是在调质后切齿,然后进行表面硬化处理。有的齿轮在硬化处理后还要进行精加工(如磨齿、珩齿等),故调质后的切齿应留有适当的加工余量。硬齿面齿轮主要用于高速、重载或要求尺寸紧凑等重要传动中。表面硬化处理常采用表面淬火(适用于中碳钢及中碳合金钢)、渗碳淬火(适用于低碳合金钢)和渗氮处理(适用于含铬、钼、铝等合金元素的渗氮钢)等方法。

常用的齿轮材料、热处理后的力学性能及其应用范围见表 3.3。

表 3.3　常用的齿轮材料、热处理后的力学性能及其应用范围

材料类别	材料牌号	热处理	力学性能				极限循环次数 / 次	应用范围
			硬度	抗拉强度	屈服强度	疲劳极限		
优质碳素钢	35	正火	150～180HBW	500	320	240	107	一般传动
		调质	190～230HBW	650	350	270		
	45	正火	170～200HBW	610～700	360	260～300		
		调质	220～250HBW	750～900	450	320～360		
		表面淬火	45～50HRC	750	450	320～360	(6～8)107	体积小的闭式齿轮传动、重载、有冲击
		整体淬火	40～45HRC	1 000	750	430～450	(3～4)107	体积小的闭式齿轮传动、重载、无冲击
合金钢	35SiMn	调质	200～260HBW	750	500	380	107	一般传动
	40Cr 42SiMn 40MnB	调质	250～280HBW	900～1 000	800	450～500		
		整体淬火	45～50HRC	1 400～1 600	1 000～1 100	550～650	(4～6)107	体积小的闭式齿轮传动、重载、无冲击
		表面淬火	50～55HRC	1 000	850	500	(6～8)107	重载、有冲击的齿轮传动
	20Cr 20SiMn 20MnB	渗碳淬火	56～62HRC	800	650	420	(9～15)107	冲击载荷
	20CrMnTi 20MnVB	渗碳淬火	56～62HRC	1 100	850	525		高速、中载、大冲击
	12CrNi3	渗碳淬火	56～62HRC	950		500～550		

续表3.3

材料类别	材料牌号	热处理	力学性能				极限循环次数／次	应用范围
			硬度	抗拉强度	屈服强度	疲劳极限		
铸钢	ZG 270-500 ZG 310-570 ZG 340-640	正火	140～176HBW 160～210HBW 180～210HBW	500 570 640	270 310 340	230 240 260	107	$v < 6 \sim 7$ m/s 的一般传动
铸铁	HT200 HT300		170～230HBW 190～250HBW	200 300		100～120 130～150		$v < 3$ m/s 的不重要传动
	QT400-15 QT600-3	正火 正火	156～200HBW 200～270HBW	400 600	300 420	200～220 240～260		$v < 4 \sim 5$ m/s 的一般传动
夹布胶木			30～40HBW	85～100				高速、轻载
塑料	MC 尼龙		20HBW	90	60			中／低速、轻载

齿轮材料一般选用合金渗碳钢，如 20CrMo、20CrMnTi、20CrMnMo、35CrMo、40Cr 等，齿轮毛坯一般经过下料 → 加热 → 锻造 → 预先热处理 → 粗车端面和外圆 → 铣齿和键槽 → 最终热处理等多道冷热加工工序，以获得较高的表面硬度和良好的心部韧性，使齿轮具有高耐磨、耐疲劳等综合性能。预先热处理通常采用正火以细化晶粒，降低硬度，并获得良好的切削加工性能，为后续最终热处理做好金相组织准备。最终热处理主要采用渗碳、渗氮、氮碳共渗及感应淬火，以获得高硬度和耐磨性，提高其疲劳强度和使用寿命。

任务实施

任务描述中的减速器出现了断齿情况，严重影响了正常生产。齿轮作为减速机的关键零部件，在传递动力及改变速度的运动过程中，啮合齿面既有滚动，又有滑动，并且齿轮根部还受到交变弯曲应力的作用。在上述不同应力的作用下，受恶劣工况因素影响，齿根和齿面易发生失效，甚至造成设备停机，影响生产效率。齿轮的失效形式多样，常见的形式为齿面磨损、齿面点蚀、齿面胶合与划痕、齿根疲劳裂纹和断齿。

从图 3.14(b) 中断口的宏观形貌来看，齿轮断裂处位于齿部齿根处，为发生断裂的裂纹源；整个断口分为 3 个区域，裂纹萌生区和扩展区域面积较小，断口无宏观塑性变形，无疲劳特征；最终瞬断区约占断口 80%，说明发生断裂时承受的应力或外力过大，此区域表面较粗糙，呈灰色，断口呈现放射性条纹，属于脆性断裂。

对该齿轮进行微观分析，结果如下。

从化学成分、低倍组织、非金属夹杂物分析,原材料符合齿轮材料要求。

金相分析和硬度检测显示,零件渗碳淬火表面金相组织、心部组织、表面硬度均符合要求;淬硬层区域经腐蚀后显示各部位淬硬层深满足要求,并且淬硬层连续,齿根处无断续问题,说明渗碳淬火工艺良好,满足其技术要求。

金相分析中显示内孔表面出现明显表面硬化和次层回火现象,说明该齿轮在与传动轴连接时,因装配不当存在相对移动,导致齿轮在运行过程中因摩擦过热,使表面出现表面硬化和二次回火现象。

结合以上断口分析及微观分析结果可知,减速机齿轮断裂的原因为齿轮在装配过程中,齿轮与传动轴装配不当,出现相对移动,使齿轮在承受载荷时不能平稳地传递扭矩,导致该齿轮在出现过载时,超出材料所承受的疲劳极限而出现断裂。

鉴于以上原因,齿轮在与传动轴配过程中,要严格检测齿轮的转动情况,如有异常及时排除。同时,在选择齿轮时,要充分考虑其承载力极限与减速机功率相匹配,保证在合理的载荷下运行。

任务 3.6　渐开线标准直齿圆柱齿轮传动设计

任务描述

压力机是一种广泛应用于机械行业中的典型机器,通过对金属坯施压,金属发生塑性变形和断裂来加工成零件,可用于切断、冲孔、落料、弯曲、铆合和成形等工艺。现需设计某压力机减速器中的直齿圆柱齿轮传动,已知传递功率 $P = 4.5$ kW,小齿轮转速为 $n_1 = 305$ r/min,传动比 $i = 3$,载荷平稳,单向运转,使用寿命 10 年,单班制工作。

渐开线标准
直齿圆柱齿
轮传动设计

课前预习

1. 齿轮传动计算中的载荷系数 K,主要是考虑了(　　)对齿轮强度的影响。

A. 传递功率的大小

B. 齿轮材料和品质

C. 齿轮尺寸的大小

D. 载荷集中和附加动载荷

2. 为了提高齿轮传动的齿面接触强度,有效的措施是(　　)。

A. 分度圆直径不变条件下增大模数

B. 增大分度圆直径

C. 分度圆直径不变条件下增大齿数

D. 减少齿宽

任务 3.6 课
前预习参考
答案

知识链接

3.6.1 轮齿的受力分析和计算载荷

1. 轮齿上的作用力

图 3.20 所示为一对标准直齿圆柱齿轮啮合传动时的受力情况。由渐开线齿廓特性可知,若以节点 C 作为计算点且不考虑齿面间摩擦力的影响,轮齿间的总作用力 F 将沿着轮齿啮合点的公法线 $\overline{N_1 N_2}$ 方向,F_n 称为法向力。F_n 在分度圆上可分解为两个互相垂直的分力:切于圆周的切向力 F_t 和沿半径方向并指向轮心的径向力 F_r。

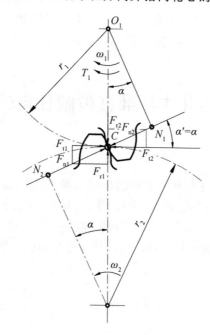

图 3.20　直齿圆柱齿轮传动的受力分析

设计时,通常已知主动轮传递的功率 $P_1(\mathrm{kW})$ 及转速 $n_1(\mathrm{r/min})$,故设主动轮 1 的转矩 $T_1(\mathrm{N \cdot mm})$ 为

$$T_1 = 9.55 \times 10^6 P_1 / n_1 \tag{3.19}$$

$$\begin{cases} F_t = 2T_1 / d_1 \\ F_r = F_t \tan \alpha \\ F_n = F_t / \cos \alpha = 2T_1 / d_1 \cos \alpha \end{cases} \tag{3.20}$$

式中　　d_1 —— 主动齿轮分度圆直径(mm);

α —— 分度圆压力角,$\alpha = 20°$。

根据作用力与反作用力原理,$F_{t1} = -F_{t2}$。F_{t1} 是主动轮上的工作阻力,故其方向与主动轮的转向相反;F_{t2} 是从动轮上的驱动力,故其方向与从动轮的转向相同。

同理,$F_{r1} = -F_{r2}$,故其方向指向各自的轮心。

2. 计算载荷

上述求得的法向力 F_n 为理想状况下的名义载荷。实际上,由于齿轮、轴、支承等零部件的制造、安装误差,以及载荷下的变形等因素的影响,轮齿沿齿宽的作用力并非均匀分布,存在着载荷局部集中的现象。此外,原动机与工作机的载荷变化、齿轮制造误差和变形所造成的啮合传动不平稳等,都将引起附加动载荷。因此,齿轮强度计算时,通常用考虑了各种影响因素的计算载荷 F_{nc} 代替名义载荷 F_n,即

$$F_{nc} = KF_n \tag{3.21}$$

式中　K—— 载荷系数,其值可由表 3.4 查取。

表 3.4　载荷系数

载荷状态	工作机举例	原动机		
		电动机	多缸内燃机	单缸内燃机
平稳轻微冲击	均匀加料的运输机和喂料机、发电机、透平鼓风机和压缩机、机床辅助传动等	$1 \sim 1.2$	$1.2 \sim 1.6$	$1.6 \sim 1.8$
中等冲击	不均匀加料的运输机和喂料机、重型卷扬机、球磨机、多缸往复式压缩机等	$1.2 \sim 1.6$	$1.6 \sim 1.8$	$1.8 \sim 2.0$
较大冲击	冲床、剪床、钻机、轧机、挖掘机、重型给水泵、破碎机、单缸往复式压缩机等	$1.6 \sim 1.8$	$1.9 \sim 2.1$	$2.2 \sim 2.4$

注:斜齿、圆周速度低、齿宽系数小时,取小值;直齿、圆周速度高、传动精度低时,取大值。增速传动时,K 值应增大至 1.1 倍。齿轮在轴承间不对称布置时,取大值。

3.6.2　齿面接触疲劳强度计算

齿面点蚀是由接触应力过大而引起的,齿面接触应力可以利用弹性力学的赫兹公式来计算。如图 3.21 所示,齿轮啮合可以看作是分别以接触处的曲率半径为半径的两个圆柱体的接触,两平行圆柱体在法向力 F_n 的作用下相互接触,接触表面受压而产生弹性变形,两圆柱体由线接触变为面接触(狭长矩形面)。

根据弹性力学的相关公式,推导出标准直齿圆柱齿轮齿面接触疲劳强度的校核公式为

$$\sigma_H = Z_E Z_H \sqrt{\frac{2KT_1}{bd_1^2} \frac{u \pm 1}{u}} = Z_E Z_H \sqrt{\frac{2KT_1}{\varphi_d d_1^3} \frac{u \pm 1}{u}} \leqslant [\sigma_H] \tag{3.22}$$

按齿面接触疲劳强度设计齿轮时,需确定小齿轮分度圆直径。将式(3.22)变换,可得齿面接触疲劳强度设计公式为

$$d_1 \geqslant \sqrt[3]{\frac{2KT_1}{\varphi_d} \left(\frac{Z_E Z_H}{[\sigma_H]}\right)^2 \frac{u \pm 1}{u}} \tag{3.23}$$

对于一对钢制标准直齿圆柱齿轮传动,可查得 $Z_H = 2.5$,$Z_E = 189.8 \text{ N/mm}^2$,代入式(3.22)和式(3.23)中,简化得

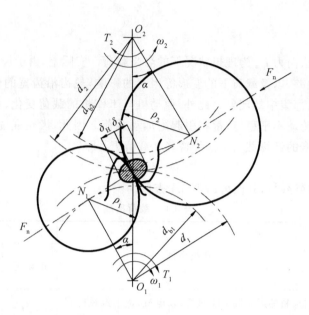

图 3.21　齿面的接触应力

$$\sigma_H = 671 \sqrt{\frac{KT_1}{\varphi_d d_1^3} \cdot \frac{u \pm 1}{u}} \leqslant [\sigma_H] \qquad (3.24)$$

设计公式为

$$d_1 \geqslant \sqrt[3]{\left(\frac{671}{[\sigma_H]}\right)^2 \frac{KT_1}{\varphi_d} \cdot \frac{u \pm 1}{u}} \qquad (3.25)$$

式中　　σ_H——齿面接触应力(MPa);

　　　　K——载荷系数;

　　　　T_1——主动轮传递的转矩(N·mm);

　　　　d_1——主动轮的分度圆直径(mm);

　　　　φ_d——齿宽系数,其值可由表 3.5 查取,$\varphi_d = \dfrac{b}{d_1}$;

　　　　b——齿宽(mm);

　　　　u——齿数比,$u = \dfrac{z_2}{z_1} = \dfrac{d_2}{d_1}$;

　　　　$[\sigma_H]$——许用接触应力(MPa),$[\sigma_H] = \dfrac{\sigma_{Hlim}}{S_{Hmin}} Z_N$,$\sigma_{Hlim}$ 可由图 3.22 查得,Z_N 可由

　　　　图 3.23 查得,$S_{Hmin} = 1$,齿面失效后会引起严重后果,为了提高设计的

　　　　可靠性,可取 $S_{Hmin} = 1.25 \sim 1.35$。

表 3.5　齿宽系数 φ_d

齿轮相对于轴承的位置	齿面硬度	
	软齿面(≤350HBW)	硬齿面(>350HBW)
对称布置	0.8 ～ 1.4	0.4 ～ 0.9

续表3.5

齿轮相对于轴承的位置	齿面硬度	
	软齿面(≤350HBW)	硬齿面(>350HBW)
不对称布置	0.6～1.2	0.3～0.6
悬臂布置	0.3～0.4	0.2～0.25

注:轴及其支座刚性较大时取大值,反之取小值。

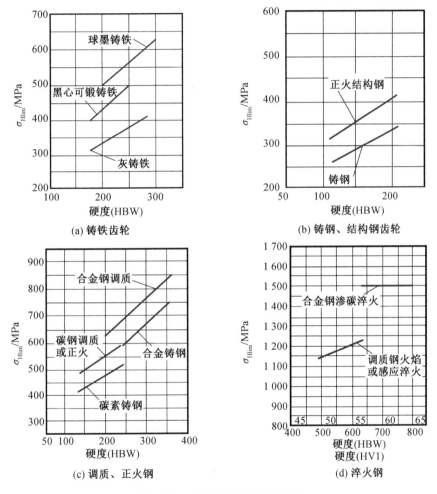

图 3.22　　试验齿轮接触疲劳极限

应用式(3.24)和式(3.25)要注意以下事项。

① 当两齿轮的材料及齿面硬度不同时,许用应力也不同,应将$[\sigma_{H1}]$、$[\sigma_{H2}]$中较小值代入式中计算。

② 若配对齿轮不是钢制齿轮,则校核公式及设计公式中的常数671应修正为671×

$\dfrac{Z_E}{189.9}$,Z_E为弹性系数,取值可参照表3.6。

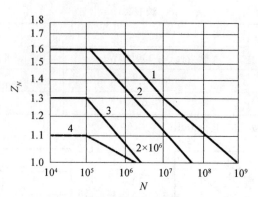

接触疲劳寿命系数 Z_N

1—碳钢经正火、调质、表面淬火及渗碳，球墨铸铁(允许一定的点蚀)

2—碳钢经正火、调质、表面淬火及渗碳，球墨铸铁(不允许出现点蚀)

3—碳钢调质后气体渗氮，灰铸铁

4—碳钢调质后液体渗氮

$$N = 60njL_h$$

图 3.23　接触疲劳寿命系数 Z_N

表 3.6　弹性系数 Z_E 　　　　　　　　　　$\sqrt{MPa}$

配对齿轮材料	灰铸铁	球墨铸铁	铸钢	锻钢	夹布塑胶
弹性模量 E/MPa	11.8×10^4	17.3×10^4	20.2×10^4	20.6×10^4	0.785×10^4
锻钢	162.0	181.4	188.9	189.8	56.4
铸钢	161.4	180.5	188.0		
球墨铸铁	156.6	173.9			
灰铸铁	143.7	—			

注:表中所列夹布塑胶的泊松比 μ 为 0.5,其余材料的 μ 均为 0.3。

3.6.3　齿根弯曲疲劳强度计算

　　轮齿折断与齿根弯曲疲劳强度有关。为简化计算,将轮齿看作一悬臂梁,全部载荷由一对轮齿承担,且载荷作用于齿顶。折断现象通常出现在轮齿根部,故将齿根所在的截面定为危险截面,其位置可由 30° 切线法确定,即作与轮齿对称中心线成 30° 夹角且与齿根过渡圆角相切的两条斜线,两切点的连线即为危险截面的位置,如图 3.24 所示。

　　将作用于齿顶的法向力 F_n 分解为 $F_n \cos \alpha_F$ 和 $F_n \sin \alpha_F$ 两个分力,$F_n \cos \alpha_F$ 产生弯曲应力,$F_n \sin \alpha_F$ 产生压缩应力。因后者很小,故一般忽略不计。计入载荷系数,由弯曲正应力公式可推导出齿根弯曲疲劳强度的校核公式为

$$\sigma_F = \frac{M}{W} = \frac{KF_{t1}Y_{FS}}{bm} = \frac{2KT_1 Y_{FS}}{d_1 bm} \leqslant [\sigma_F] \tag{3.26}$$

设计公式为

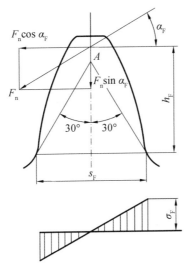

图 3.24　轮齿的弯曲强度

$$m \geqslant \sqrt[3]{\frac{2KT_1}{\varphi_d z_1^2} \frac{Y_{FS}}{[\sigma_F]}}$$ （3.27）

式中　　K、T_1、b —— 含义同前；

　　　　　M —— 危险截面的最大弯矩（N·mm）；

　　　　　W —— 危险截面的抗弯截面系数（mm^3）；

　　　　　σ_F —— 齿根最大弯曲应力（MPa）；

　　　　　Y_{FS} —— 复合齿形系数，取值参考表 3.7；

　　　　　$[\sigma_F]$ —— 轮齿的许用弯曲应力（MPa），$[\sigma_F] = \dfrac{\sigma_{Flim}}{S_{Fmin}} Y_N$；

　　　　　σ_{Flim} —— 试验齿轮弯曲疲劳极限，可由图 3.25 查得；

　　　　　Y_N —— 弯曲强度计算的寿命系数，可由图 3.26 查得；

　　　　　S_{Fmin} —— 弯曲疲劳强度的最小安全系数，通常取 $S_{Fmin} = 1$，对于损坏后会引起严
　　　　　　　　　　重后果的可取 $S_{Fmin} = 1.5$。

表 3.7　复合齿形系数 Y_{FS}

$z(z_V)$	17	18	19	20	21	22	23	24	25	26	27	28	29
Y_{FS}	4.51	4.45	4.41	4.36	4.33	4.30	4.27	4.24	4.21	4.19	4.17	4.15	4.13
$z(z_V)$	30	35	40	45	50	60	70	80	90	100	150	200	∞
Y_{FS}	4.12	4.06	4.04	4.02	4.01	4.00	3.99	3.98	3.97	3.96	4.00	4.03	4.06

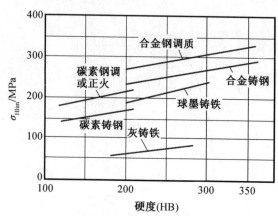

(a) 铸铁、铸钢、调质或正火钢

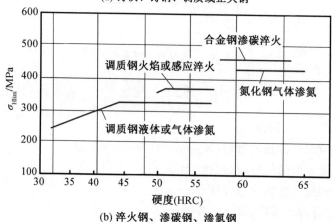

(b) 淬火钢、渗碳钢、渗氮钢

图 3.25 试验齿轮弯曲疲劳极限

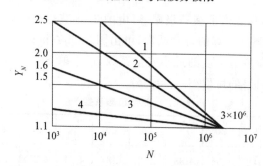

1—碳钢经正火,调质,球墨铸铁;2—碳钢经表面淬火,渗碳;
3—碳钢调质后气体渗氮,灰铸铁;4—碳钢调质后液体渗氮

图 3.26 弯曲疲劳寿命系数 Y_N

应用式(3.26)和式(3.27)计算时应注意以下事项。

① 由于两齿轮齿面硬度和齿数不同,因此大、小齿轮的许用应力及复合齿形系数也不相等,所以应分别用式(3.26)校核大、小齿轮的弯曲强度,即应同时满足 $\sigma_{F1} \leqslant [\sigma_{F1}]$ 和 $\sigma_{F2} \leqslant [\sigma_{F2}]$。

② 应用式(3.27)求出的模数 m 应圆整为标准值。

③ 在应用式(3.27)时,由于配对齿轮的齿数和材料不同,因此应将 $Y_{FS1}/[\sigma_{F1}]$ 和 $Y_{FS2}/[\sigma_{F2}]$ 中的较大值代入。

3.6.4　圆柱齿轮传动参数的选择

(1)齿数 z。对于闭式传动中的软齿面齿轮,一般是先按齿面接触强度计算出齿轮的分度圆直径,再确定齿数和模数。当齿轮分度圆直径一定时,齿数大,模数就小,齿数越多,重合度越大,传动越平稳。但模数小会使轮齿的弯曲强度降低。因此,设计时在保证弯曲强度的条件下,尽量选取较多的齿数。

对于闭式软齿面齿轮传动,常取 $z_1 \geqslant 20 \sim 40$。闭式软齿面齿轮载荷变动不大时,宜取较大值,以使传动平稳。在闭式硬齿面齿轮和开式齿轮传动中,其承载能力主要由齿根弯曲疲劳强度决定。为使轮齿不致过小,应适当减少齿数以保证有较大的模数,通常取 $z_1 = 17 \sim 20$。

(2)模数 m。传递动力的齿轮,其模数不宜小于 2 mm。普通减速器、机床及汽车变速器中的齿轮模数一般在 2 ~ 8 mm 之间。

齿轮模数必须取标准值。为加工测量方便,一个传动系统中,齿轮模数的种类应尽量少。

(3)齿宽系数。齿宽系数 φ_d 的大小表示齿宽 b 的相对值,$\varphi_d = b/d_1$。齿宽大,齿轮的承载能力就高。但 φ_d 越大,载荷沿齿宽分布越不均匀,载荷集中严重。因此,应合理选择 φ_d。φ_d 的选择可参见表 3.5。

齿宽可由 $b = \varphi_d d_1$ 计算,b 值应加以圆整,作为大齿轮的齿宽 b_2,而使小齿轮的齿宽 $b_1 = b_2 + (5 \sim 10)$ mm,以保证轮齿有足够的啮合宽度。

3.6.5　齿轮传动精度等级的选择

国家标准 GB/T 10095.1—2022 对圆柱齿轮及齿轮副规定了 12 个精度等级,其中 1 级的精度最高,12 级的精度最低。常用的齿轮是 6 ~ 9 级精度。

表 3.8 列出了精度等级的使用范围,设计时可以参考。

表 3.8　齿轮传动精度等级的选择

精度等级	圆周速度 $v/(\mathrm{m \cdot s^{-1}})$			应用
	直齿圆柱齿轮	斜齿圆柱齿轮	直齿圆锥齿轮	
6 级	$\leqslant 15$	$\leqslant 25$	$\leqslant 9$	高速重载传动
7 级	$\leqslant 10$	$\leqslant 17$	$\leqslant 6$	高速中载或中速重载传动
8 级	$\leqslant 5$	$\leqslant 10$	$\leqslant 3$	对精度无特殊要求的传动
9 级	$\leqslant 3$	$\leqslant 3.5$	$\leqslant 3.5$	低速或对精度要求低的传动

3.6.6　齿轮传动设计步骤

（1）根据功率 P、转速 n 和传动比等已知条件，明确设计要求。

（2）选择材料及热处理，确定精度等级。

（3）确定参数，初定齿数 z_1、z_2，齿宽系数 φ_d 等。

（4）分析失效形式，确定设计准则。闭式齿轮主要失效形式为齿面疲劳点蚀和齿根弯曲疲劳破坏，设计时应控制齿面接触疲劳应力和齿根弯曲疲劳成力。开式齿轮主要失效形式为齿面磨损和齿根弯曲疲劳破坏，设计时要选耐磨材料，进行齿根弯曲疲劳强度计算，并将计算所得模数加大 10% ～ 20%（考虑磨损的影响）。各类齿轮要采取相应的润滑和密封措施。

（5）设计计算，进行齿面接触疲劳强度或齿根弯曲疲劳强度设计计算，求出满足强度要求的参数计算值。

（6）进行齿面接触疲劳强度或齿根弯曲疲劳强度校核，使 $\sigma \leqslant [\sigma]$。

（7）齿轮结构设计。齿轮结构设计的主要任务是确定齿轮的轮毂、轮辐、轮缘等部分的尺寸大小和结构形式。通常是先按齿轮的直径大小选定合适的结构形式，再根据经验公式和数据进行结构设计。齿轮常用的结构形式有以下几种。

① 齿轮轴。对于直径较小的钢制齿轮，当齿轮的齿顶圆直径小于轴孔直径的 2 倍，或圆柱齿轮的齿根圆至键槽底部的距离 $\delta \leqslant 2.5\,m$ 时，将齿轮和轴做成一体，称为齿轮轴，如图 3.27 所示。

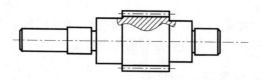

图 3.27　齿轮轴

② 实心式齿轮。当齿轮的齿顶圆直径 $d_a \leqslant 200\,\text{mm}$ 时，可做成实心式结构，如图3.28所示。

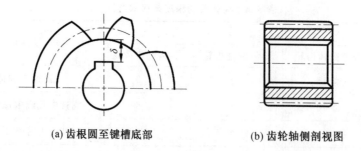

(a) 齿根圆至键槽底部　　　　　(b) 齿轮轴侧剖视图

图 3.28　实心式齿轮

③ 腹板式齿轮。当齿轮的齿顶圆直径 $d_a = 200 ～ 500\,\text{mm}$ 时，可采用腹板式结构，如图 3.29 所示。腹板上常开 4 ～ 6 个孔，以减轻质量和加工方便。各部分尺寸由图中经验

公式确定。

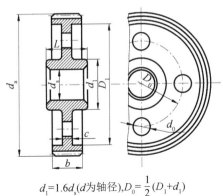

$$d_1=1.6d_s(d为轴径),D_0=\frac{1}{2}(D_1+d_1)$$
$$D_1=d_0-(10\sim12)m_n,d_0=0.25(D_1\sim d_1)$$
$$c=0.3b,L=(1.2\sim1.3)d_s\geqslant b$$

图 3.29　腹板式圆柱齿轮

④ 轮辐式齿轮。当齿轮的齿顶圆直径 $d_a>500$ mm 时，可采用轮辐式结构，如图3.30 所示。这种结构常采用铸铁或铸钢齿轮，轮辐的截面一般为十字形。对 $d_a>300$ mm 的铸造锥齿轮，可做成带加强肋的腹板式结构。

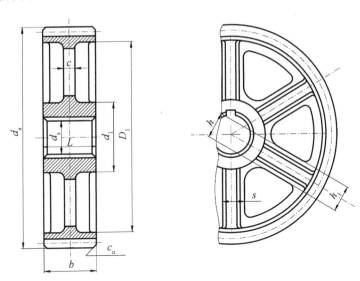

$$d_1=1.6d_s(铸钢),d_1=1.8d_s(铸铁),D_1=d_a-(10\sim12)m_n,h=0.8d_s,$$
$$h_1=0.8h,c=0.2h,s=\frac{h}{6}(不小于10\ mm),L=(1.2\sim1.5)d_s,n=0.5m_n$$

图 3.30　铸造轮辐式圆柱齿轮

（8）绘制齿轮工作图。

任务实施

任务描述中，某压力机减速器中的直齿圆柱齿轮传动设计计算步骤如下。

1. 分析已知条件，明确设计要求。

根据已知条件中传递功率 $P = 4.5$ kW，小齿轮转速为 $n_1 = 305$ r/min，可知该直齿圆柱齿轮传动属于低速轻载传动。

2. 选择齿轮材料、热处理、齿面硬度、精度等级。

(1) 选择精度等级。压力机为一般工作机器，速度不高，查表 3.8，齿轮传动选用 8 级精度。

(2) 选择齿轮材料、热处理方法及齿面硬度。因传动功率不大，转速不高，所以选用软齿面传动。小齿轮和大齿轮均选用便于制造且价格便宜的 45 钢（调质／正火），硬度为 $230 \sim 250$HBS，采用闭式传动，齿面粗糙度 $Ra = 3.2 \sim 6.3$ μm。

3. 选择齿数 z_1、z_2 和齿宽系数 φ_d。

取 $z_1 = 23$，$z_2 = iz_1 = 3 \times 23 = 69$。因单级齿轮传动为对称布置，选用软齿面齿轮，查表 3.5 选取 $\varphi_d = 1$。

4. 分析失效形式，确定设计准则。

因选用的是软齿面齿轮传动，故采用齿面接触疲劳强度进行设计计算，再校核其齿根弯曲疲劳强度。

5. 由式(3.32)按齿面接触疲劳强度进行设计计算。

(1) 转矩 T_1。

$$T_1 = 9.55 \times 10^6 \frac{P}{n_1} = 9.55 \times 10^6 \frac{4.5}{305} = 1.4 \times 10^5 (\text{N} \cdot \text{mm})$$

(2) 载荷系数 K。

查表 3.4 选取 $K = 1$。

(3) 许用接触应力 $[\sigma_H]$。

查图 3.22 可得

$$\sigma_{Hlim1} = 580 \text{ MPa}, \quad \sigma_{Hlim2} = 550 \text{ MPa}$$
$$N_1 = 60n_1jL_h = 60 \times 305 \times 1 \times (8 \times 300 \times 10) = 4.4 \times 10^8$$
$$N_2 = N_1/i = 4.4 \times 10^8/3 = 1.47 \times 10^8$$

查图 3.23 可得

$$Z_{N1} = 1.05, \quad Z_{N2} = 1.08$$

且取

$$S_{Hmin} = 1$$

$$[\sigma_H]_1 = \frac{\sigma_{Hlim1}}{S_{Hmin}} Z_{N1} = \frac{580}{1} \times 1.05 = 609 \text{ (MPa)}$$

$$[\sigma_H]_2 = \frac{\sigma_{Hlim2}}{S_{Hmin}} Z_{N2} = \frac{550}{1} \times 1.08 = 594 \text{ (MPa)}$$

(4) 由式(3.25)可得

$$d_1 \geqslant \sqrt[3]{\left(\frac{671}{[\sigma_H]}\right)^2 \frac{KT_1}{\varphi_d} \frac{u+1}{u}} = \sqrt[3]{\left(\frac{671}{594}\right)^2 \frac{1 \times 1.4 \times 10^5}{1} \frac{3+1}{3}} = 62 \text{ (mm)}$$

$$m = \frac{d_1}{z_1} = \frac{62}{23} = 2.7 \ (\text{mm})$$

由表 3.1 取标准模数 $m = 3$ mm。

(5) 其他主要尺寸的计算。

$$d_1 = mz_1 = 3 \times 23 = 69 \ (\text{mm})$$
$$d_2 = mz_2 = 3 \times 69 = 207 \ (\text{mm})$$
$$b = \varphi_d d_1 = 1 \times 69 = 69 \ (\text{mm})$$

取 $b_2 = 70$ mm，$b_1 = b_2 + 5 = 75$ mm。

中心距为

$$a = \frac{1}{2}(d_1 + d_2) = \frac{69 + 207}{2} = 138 \ (\text{mm})$$

6. 由式(3.26)进行齿根弯曲疲劳强度的校核。

(1) 复合齿形系数 Y_{FS}。

查表 3.7 可得 $Y_{FS1} = 4.27$，$Y_{FS2} = 3.99$。

(2) 许用弯曲应力 $[\sigma_F]$。

由图 3.25 查得

$$\sigma_{Flim1} = 240 \ \text{MPa}, \quad \sigma_{Flim2} = 220 \ \text{MPa}$$

由图 3.26 查得 $Y_{N1} = Y_{N2} = 1$，且取 $S_{Fmin} = 1$。

$$[\sigma_F]_1 = \frac{\sigma_{Flim1}}{S_{Fmin}} Y_{N1} = \frac{240}{1} \times 1 = 240 \ (\text{MPa})$$

$$[\sigma_F]_2 = \frac{\sigma_{Flim2}}{S_{Fmin}} Y_{N2} = \frac{220}{1} \times 1 = 220 \ (\text{MPa})$$

(3) 由式(3.26)分别校核大、小齿轮的齿根弯曲疲劳强度。

$$\sigma_{F1} = \frac{2KT_1 Y_{FS1}}{d_1 bm} = \frac{2 \times 1 \times 1.4 \times 10^5 \times 4.27}{69 \times 70 \times 3} = 82.5 \ (\text{MPa}) \leqslant [\sigma_F]_1 = 240 \ (\text{MPa})$$

$$\sigma_{F2} = \sigma_{F1} \frac{Y_{FS2}}{Y_{FS1}} = 82.5 \times \frac{3.99}{4.27} = 77.1 \ (\text{MPa}) \leqslant [\sigma_F]_2 = 220 \ (\text{MPa})$$

故齿根弯曲疲劳强度合格。

7. 齿轮的结构设计。

齿轮齿顶圆直径为

$$d_{a1} = m(z_1 + 2h_a^*) = 3 \times (23 + 2 \times 1) = 75 \ (\text{mm})$$
$$d_{a2} = m(z_2 + 2h_a^*) = 3 \times (69 + 2 \times 1) = 213 \ (\text{mm})$$

因此，小齿轮可设计为齿轮轴结构，大齿轮可设计为腹板式结构。

8. 齿轮工作零件图略。

斜齿圆柱齿
轮传动及其
设计

任务 3.7 斜齿圆柱齿轮传动及其设计

任务描述

设计带式运输机中的斜齿圆柱齿轮传动,已知输入功率为 40 kW,输入轴转速为 960 r/min,传动比为 4,载荷有中等冲击,单班制,工作年限 15 年。

课前预习

1. 斜齿圆柱齿轮啮合时两齿廓接触情况是( )。

A. 点接触

B. 与轴线平行的直线接触

C. 不与轴线平行的直线接触

D. 螺旋线接触

2. 斜齿圆柱齿轮的标准模数在( )分度圆上。

A. 法面

B. 端面

C. 大端

D. 小端

3. 设计斜齿圆柱齿轮传动时,螺旋角 β 一般在 $8° \sim 15°$ 间选取,β 太小,斜齿轮传动的优点不明显,太大则会引起( )。

A. 啮合不良

B. 制造困难

C. 轴向力太大

D. 传动平稳性下降

任务 3.7 课
前预习参考
答案

知识链接

3.7.1 渐开线斜齿圆柱齿轮齿廓曲面的形成和啮合特点

1. 渐开线直齿圆柱齿轮齿廓形成与啮合特点

当发生面在基圆柱上做纯滚动时,其面上一条平行基圆柱母线的直线 CC' 在空间所形成的渐开线曲面就是直齿轮齿廓,如图 3.31(a) 所示。直齿圆柱齿轮啮合时,由于两轮齿齿面的接触线平行于母线,因此工作时齿面沿全齿宽同时进入和退出啮合,如图 3.31(b) 所示。因而轮齿承载和卸载都是突然发生的,容易引起冲击、振动和噪声,不宜用于高速重载传动。

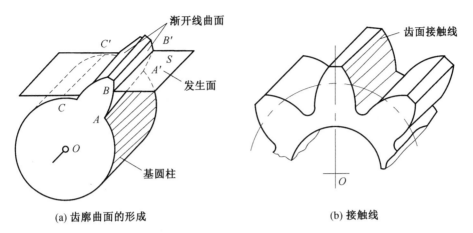

(a) 齿廓曲面的形成　　　　　　　　　　(b) 接触线

图 3.31　　渐开线直齿圆柱齿轮齿廓的形成

2. 渐开线斜齿圆柱齿轮齿廓形成与啮合特点

斜齿圆柱齿轮齿廓曲面的形成与直齿圆柱齿轮相似,当发生面在基圆柱上相切并做纯滚动时,其面上的一条与基圆柱母线成一螺旋角 β_b 的直线 BB',在空间形成的渐开线螺旋面就是斜齿轮齿廓,如图 3.32(a) 所示。当一对平行轴斜齿圆柱齿轮啮合时,由于两齿面接触线 BB' 不平行于母线,因此其接触线的长度是由短变长,再由长变短的,如图 3.32(b) 所示。因而加载和卸载是逐步进行的,故工作平稳。同时,由于轮齿是倾斜的,延长了啮合时间,其重合度增大,提高了承载能力,因此斜齿轮传动适用于高速重载传动。

由于斜齿圆柱齿轮传动具有的上述特点,因此它在高速或大功率的传动中得到广泛应用。但是,由于螺旋角 β_b 的存在,因此斜齿圆柱齿轮在传动中会产生有害的轴向力,且轴向力随着螺旋角 β_b 的增大而增大。为了消除轴向力的影响,可采用人字齿轮,其轴向力可相互抵消,但人字齿轮加工困难,其应用受到限制。

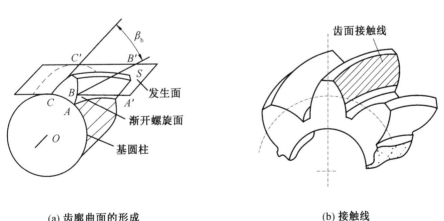

(a) 齿廓曲面的形成　　　　　　　　　　(b) 接触线

图 3.32　　渐开线斜齿圆柱齿轮齿廓的形成

103

3.7.2 斜齿圆柱齿轮的基本参数和几何尺寸计算

斜齿圆柱齿轮的几何参数有端面参数和法面参数两组。端面是指垂直齿轮轴线的平面(参数加下角标 t),法面是指与斜齿圆柱齿轮轮齿齿廓曲面相垂直的平面(参数加下角标 n)。由于斜齿圆柱齿轮的切削是沿着螺旋齿槽方向进给的,因此其法面参数与刀具的参数相同,所以规定斜齿圆柱齿轮的法面参数为标准值。

1. 螺旋角

设想将斜齿轮沿其分度圆柱面展开(图 3.33),这时分度圆柱面与轮齿相贯的螺旋线展开成一条斜直线,它与轴线的夹角为 β,β 称为斜齿轮分度圆柱上的螺旋角,简称斜齿轮的螺旋角。β 常用来表示斜齿轮轮齿的倾斜程度,一般取 $\beta = 8° \sim 20°$。

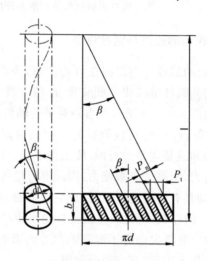

图 3.33　斜齿轮分度圆柱面展开图

斜齿轮按其轮齿的旋向可分为右旋和左旋两种(图 3.34)。斜齿轮旋向的判别与螺旋旋向的判别相同:面对轴线,若齿轮螺旋线右高左低,则为右旋;反之,则为左旋。

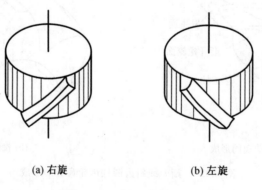

(a) 右旋　　　　　　(b) 左旋

图 3.34　斜齿轮的旋向

2. 模数

与轴线垂直的平面称为端面,与齿线垂直的平面称为法面。由于轮齿的倾斜,斜齿轮端面上的端面齿形(渐开线)和法面上的法向齿形不同。端面齿距除以圆周率 π 所得到的商,称为端面模数,用 m_t 表示。法向齿距除以圆周率 π 所得到的商,称为法向模数,用 m_n 表示。由图 3.33 可得

$$P_n = P_t \cos \beta \tag{3.28}$$

因为

$$m_n = \frac{P_n}{\pi} m_t = \frac{P_t}{\pi} \tag{3.29}$$

所以

$$m_n = m_t \cos \beta \tag{3.30}$$

3. 压力角

以 α_n 和 α_t 分别表示法向压力角和端面压力角,则它们之间的关系为

$$\tan \alpha_n = \tan \alpha_t \cos \beta \tag{3.31}$$

4. 齿顶高系数和顶隙系数

斜齿轮的齿顶高和齿根高,不论从法向还是端面来看,都是相同的,因此

$$h_a = h_{an}^* m_n = h_{at}^* m_t \tag{3.32}$$

$$h_f = (h_{an}^* + c_n^*) m_n = (h_{at}^* + c_t^*) m_t \tag{3.33}$$

式(3.32)和式(3.33)中,对于正常齿制斜齿轮,法向齿顶高系数 $h_{an}^* = 1$,法向顶隙系数 $c_n^* = 0.25$。斜齿轮的切制是顺着螺旋齿槽方向进给的,因此标准刀具的刃形参数必然与斜齿轮的法向参数相同,即法向参数为标准值。

5. 当量齿数

如图 3.35 所示,过斜齿轮分度圆上一点 P 作齿的法向剖面 $n—n$,该平面与分度圆柱面的交线为一椭圆,以椭圆在 P 点的曲率半径 ρ 为分度圆半径,以斜齿轮的法向模数 m_n 为模数,以法向压力角 α_n 为压力角作直齿圆柱齿轮,其齿形最接近斜齿轮的法向齿形,则称这一假想的直齿圆柱齿轮为该斜齿轮的当量齿轮,其齿数为该斜齿轮的当量齿数,用 z_v 表示,推导整理得

$$z_v = \frac{z}{\cos^3 \beta} \tag{3.34}$$

式中　z——斜齿轮的实际齿数。

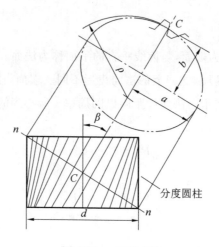

图 3.35　当量齿轮

6.斜齿轮的几何尺寸计算

由于一对平行轴斜齿轮传动在端面上相当于一对直齿轮传动,故斜齿轮的几何尺寸计算中,将其法面参数换算为端面参数后,可直接按直齿轮的公式进行几何尺寸计算,见表 3.9。

表 3.9　渐开线标准斜齿轮的几何尺寸计算

名称	符号	计算公式
分度圆直径	d	$d = m_t z = m_n z / \cos \beta$
齿顶高	h_a	$h_a = h_{an}^* m_n = m_n$
齿根高	h_f	$h_f = (h_{an}^* + c_n^*) m_n = 1.25 m_n$
齿高	h	$h = h_a + h_f = 2.25 m_n$
齿顶圆直径	d_a	$d_a = d + 2 m_n$
齿根圆直径	d_f	$d_f = d - 2.5 m_n$
中心距	a	$a = d_1 + d_2 / 2 = (z_1 + z_2) m_n / 2 \cos \beta$

3.7.3　斜齿圆柱齿轮正确啮合条件

斜齿圆柱齿轮传动,其端面内的运动传递可看作一对直齿圆柱齿轮的啮合传动,但还需考虑两轮螺旋角的匹配问题,故平行轴斜齿轮正确啮合条件为

$$\begin{cases} m_{t1} = m_{t2} \\ \alpha_{t1} = \alpha_{t2} \\ \beta_1 = \mp \beta_2 \end{cases} \quad 或 \quad \begin{cases} m_{n1} = m_{n2} \\ \alpha_{n1} = \alpha_{n2} \\ \beta_1 = \mp \beta_2 \end{cases} \tag{3.35}$$

式中,"-"用于外啮合,表示两轮的螺旋角大小相等,旋向相反;"+"用于内啮合,表示两轮的螺旋角大小相等、旋向相同。

3.7.4　斜齿圆柱齿轮传动的强度计算

1. 受力分析

如图 3.36 所示，斜齿轮传动时，作用在齿面上的正压力 F_n 仍垂直指向啮合齿面。由于斜齿轮的轮齿偏斜，因此 F_n 在轮齿法面内，沿齿廓法线方向作用于节点 C。

将力 F_n 在法面内分解成径向力 F_r 和切面内的分力 F'，然后再将 F' 在切面内分解成圆周力 F_t 和轴向力 F_a。

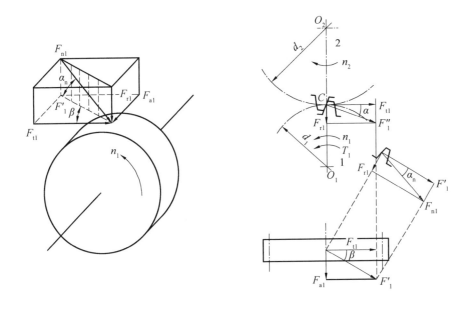

(a) 空间受力图　　　　　　　　　(b) 各平面受力图

图 3.36　标准斜齿轮轮齿的受力分析

各力的大小为

$$\begin{cases} F_t = 2T_1/d_1 \\ F_a = F_t \tan\beta \\ F_r = F' \tan\alpha_n = F_t \tan\alpha_n / \cos\beta \end{cases} \tag{3.36}$$

式中　　β——分度圆螺旋角；

　　　　α_n——法面压力角，标准斜齿轮 $\alpha_n = 20°$。

一对斜齿轮传动，作用在主动轮和从动轮上的同名力大小相等、方向相反，即

$$F_{t1} = -F_{t2}, \quad F_{r1} = -F_{r2}, \quad F_{a1} = -F_{a2} \tag{3.37}$$

圆周力 F_t 的方向在主动轮上与转动方向相反，在从动轮上与转向相同。径向力 F_r 的方向均指向各自的轮心。轴向力 F_a 的方向取决于齿轮的回转方向和轮齿的螺旋方向，可按"主动轮左、右手螺旋定则"来判断。比如说，主动轮为右旋时，右手按转动方向握轴，以四指弯曲方向表示主动轴的回转方向，伸直大拇指，其指向即为主动轮上轴向力的

方向;主动轮为左旋时,则应以左手用同样的方法来判断。主动轮上轴向力的方向确定后,从动轮上的轴向力则与主动轮上的轴向力大小相等、方向相反。

2. 齿面接触疲劳强度计算

斜齿圆柱齿轮所受载荷作用在轮齿的法面上,其法面齿形和齿厚反映其强度,所以斜齿圆柱齿轮的强度是按轮齿的法面进行分析的,其基本原理与直齿轮相似。

针对斜齿圆柱齿轮的当量齿轮,参照直齿轮的分析方法,可得钢制标准斜齿圆柱齿轮齿面接触疲劳强度的校核公式和设计计算公式分别为

$$\sigma_H = 590 \sqrt{\frac{KT_1}{bd_1^2} \frac{u \pm 1}{u}} = 590 \sqrt{\frac{KT_1}{\varphi_d d_1^3} \frac{u \pm 1}{u}} \leqslant [\sigma_H] \tag{3.38}$$

$$d_1 \geqslant \sqrt[3]{\left(\frac{590}{[\sigma_H]}\right)^2 \frac{KT_1(u \pm 1)}{\varphi_d u}} \tag{3.39}$$

3. 齿根弯曲疲劳强度计算

在法面内,参照直齿轮弯曲强度的公式推导过程和处理方法,可得钢制标准斜齿圆柱齿轮齿根弯曲疲劳强度的校核公式和设计计算公式分别为

$$\sigma_F = \frac{1.6KT_1 Y_{FS}}{d_1 m_n b} = \frac{1.6KT_1 Y_{FS} \cos \beta}{b m_n^2 z_1} \leqslant [\sigma_F] \tag{3.40}$$

$$m_n \geqslant \sqrt[3]{\frac{1.6KT_1 Y_{FS} \cos^2 \beta}{\varphi_d z_1^2 [\sigma_F]}} \tag{3.41}$$

式中　　Y_{FS}——齿形系数,按当量齿数 $z_v = z / \cos^3 \beta$ 查取;
其他各符号代表的意义、单位及确定方法与直齿圆柱齿轮相同。

◤ 任务实施 ◢

任务描述中,带式运输机中的斜齿圆柱齿轮传动的设计计算步骤如下。

1. 分析已知条件,明确设计要求。

根据已知条件中输入功率 $P = 40\ kW$,输入轴转速为 $n_1 = 960\ r/min$,可知该斜齿圆柱齿轮传动属于中速重载传动。

2. 选择齿轮材料、热处理、齿面硬度、精度等级。

(1) 选择精度等级。

带式运输机为一般工作机器,速度不高,查表 3.8,齿轮传动选用 8 级精度。

(2) 选择齿轮材料、热处理方法及齿面硬度。

因传动功率较大,转速中等,故选用硬齿面传动。小齿轮和大齿轮均选用合金钢 40Cr(表面淬火),硬度为 48 ~ 55HRC,采用闭式传动,齿面粗糙度 $Ra = 3.2 \sim 6.3\ \mu m$。

3. 选择齿数 z_1、z_2 和齿宽系数 φ_d。

取 $z_1 = 25, z_2 = iz_1 = 4 \times 25 = 100$。因单级齿轮传动为对称布置,选用软齿面齿轮,查表 3.5 选取 $\varphi_d = 0.6$。

4. 分析失效形式,确定设计准则。

因选用的是硬齿面齿轮传动,故采用齿根弯曲疲劳强度进行设计计算,再校核其齿面接触疲劳强度。

5. 由式(3.41)按齿根弯曲疲劳强度进行设计计算。

(1) 转矩 T_1。

$$T_1 = 9.55 \times 10^6 \frac{P}{n_1} = 9.55 \times 10^6 \frac{40}{960} = 4 \times 10^5 (\text{N} \cdot \text{mm})$$

(2) 载荷系数 K。

查表 3.4,选取 $K = 1.3$。

(3) 初选螺旋角 β。

$\beta = 12°$。

(4) 许用弯曲应力 $[\sigma_F]$。

查图 3.25 可得

$$\sigma_{\text{Flim1}} = 360 \text{ MPa} , \quad \sigma_{\text{Flim2}} = 360 \text{ MPa}$$
$$N_1 = 60 n_1 j L_h = 60 \times 960 \times 1 \times (8 \times 300 \times 15) = 2.1 \times 10^9$$
$$N_2 = N_1 / i = 2.1 \times 10^9 / 4 = 5.25 \times 10^8$$

查图 3.26 可得

$Y_{N1} = Y_{N2} = 1$,且取 $S_{\text{Fmin}} = 1$。

$$[\sigma_F]_1 = \frac{\sigma_{\text{Flim1}}}{S_{\text{Fmin}}} Y_{N1} = \frac{360}{1} \times 1 = 360 \text{ (MPa)}$$

$$[\sigma_F]_2 = \frac{\sigma_{\text{Flim2}}}{S_{\text{Fmin}}} Y_{N2} = \frac{360}{1} \times 1 = 360 \text{ (MPa)}$$

(5) 复合齿形系数 Y_{FS}。

根据当量齿数,有

$$z_{v1} = z_1 / \cos^3 \beta = 25 / \cos^3 12° = 26.7$$
$$z_{v2} = z_2 / \cos^3 \beta = 100 / \cos^3 12° = 106.9$$

查表 3.6 可得 $Y_{FS1} = 4.17, Y_{FS2} = 3.966$。

$$\frac{Y_{FS1}}{[\sigma_F]_1} = \frac{4.17}{360} = 0.011\ 583, \quad \frac{Y_{FS2}}{[\sigma_F]_2} = \frac{3.966}{360} = 0.011\ 017$$

取 $\dfrac{Y_{FS1}}{[\sigma_F]_1}$、$\dfrac{Y_{FS2}}{[\sigma_F]_2}$ 两者较大值代入公式(3.41)。

(6) 由式(3.41)可得

$$m_n \geqslant \sqrt[3]{\frac{1.6 K T_1 Y_{FS} \cos^2 \beta}{\varphi_d z_1^2 [\sigma_F]}} = \sqrt[3]{\frac{1.6 \times 1.3 \times 4 \times 10^5 \times 0.011\ 583 \times \cos^2 12°}{0.6 \times 25^2}} = 2.93 \text{ (mm)}$$

由表 3.1 取标准模数 $m_n = 3$ mm。

(7) 其他主要尺寸的计算。

中心距为

$$a = \frac{m_n(z_1 + z_2)}{2\cos \beta} = \frac{3 \times (25 + 100)}{2\cos 12°} = 191.69 \text{ (mm)}$$

109

圆整为 $a = 190$ mm。

螺旋角为

$$\beta = \arccos \frac{m_n (z_1 + z_2)}{2a} = \arccos \frac{3 \times (25 + 100)}{2 \times 190} = 9°18'$$

分度圆直径为

$$d_1 = \frac{m_n z_1}{\cos \beta} = \frac{3 \times 25}{\cos 9.3°} = 76 \text{ (mm)}, \quad d_2 = \frac{m_n z_2}{\cos \beta} = \frac{3 \times 100}{\cos 9.3°} = 304 \text{ (mm)}$$

齿宽为

$$b = \varphi_d d_1 = 1 \times 76 = 76 \text{ (mm)}$$

取 $b_2 = 76$ mm, $b_1 = b_2 + 5 = 81$ mm。

6. 由式(3.41)进行齿面接触疲劳强度的校核。

(1)许用接触应力 $[\sigma_F]$。

由图 3.23 查得

$$\sigma_{Hlim1} = 1\ 150 \text{ MPa}, \quad \sigma_{Hlim2} = 1\ 150 \text{ MPa}$$

由图 3.26 查得 $Z_{N1} = 1, Z_{N2} = 1.05$,且取 $S_{Hmin} = 1$。

$$[\sigma_H]_1 = \frac{\sigma_{Flim1}}{S_{Fmin}} Y_{N1} = \frac{1\ 150}{1} \times 1 = 1\ 150 \text{ (MPa)}$$

$$[\sigma_H]_2 = \frac{\sigma_{Flim2}}{S_{Fmin}} Y_{N2} = \frac{1\ 150}{1.05} \times 1 = 1\ 095 \text{ (MPa)}$$

取 $[\sigma_H] = [\sigma_H]_2 = 1\ 095$ MPa。

(2)由式(3.38)校核齿轮的齿面接触疲劳强度。

$$\sigma_H = 590 \sqrt{\frac{KT_1}{\varphi_d d_1^3} \frac{u+1}{u}} = 590 \sqrt{\frac{1.3 \times 4 \times 10^5}{0.6 \times 76^3} \frac{4+1}{4}} = 926.86 \text{ (MPa)} \leqslant [\sigma_H]$$

故齿面接触疲劳强度合格。

7. 齿轮的结构设计。

齿轮齿顶圆直径为

$$d_{a1} = d_1 + 2m_n = 76 + 2 \times 3 = 82 \text{ (mm)}$$

$$d_{a2} = d_2 + 2m_n = 304 + 2 \times 3 = 310 \text{ (mm)}$$

因此,小齿轮可设计为齿轮轴结构,大齿轮可设计为腹板式结构。

8. 齿轮工作零件图略。

任务 3.8　直齿圆锥齿轮传动及其设计

直齿圆锥齿
轮传动及其
设计

▶ **任务描述**

图 3.37(a)中,左、右驱动轮中间没有差速器,驱动轮的内侧轮和外侧轮之间的转速差就无法吸收,便会导致内侧轮制动现象。图 3.37(b)中,左、右驱动轮中间装有差速器,驱动轮的内侧轮和外侧轮之间的转速差就可以由差速器吸收,这样车轮运转便会较为

顺畅。

汽车差速器是一种重要的传动系统组件,用于允许车辆的两个驱动轮以不同的速度旋转,以适应转弯和路面条件的变化。当汽车直行时,左、右车轮与行星轮架三者的转速相等,处于平衡状态;当汽车转弯行驶或在不平路面上行驶时,差速器可以使左、右车轮以不同转速滚动,即保证两侧驱动车轮做纯滚动运动。那么,可选用何种齿轮传动来实现这一功能呢?

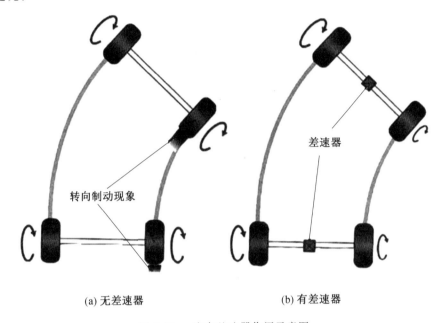

(a) 无差速器　　　　　　　(b) 有差速器

图 3.37　汽车差速器作用示意图

课前预习

1. 直齿圆锥齿轮的标准模数规定在(　　　)分度圆上。

A. 法面

B. 端面

C. 大端

D. 小端

2. 直齿锥齿轮传动的重合度与相同参数的直齿圆柱齿轮传动的重合度比较,结论是(　　　)。

A. 锥齿轮传动的重合度大

B. 圆柱齿轮传动的重合度大

C. 重合度一样大

D. 难定论

任务 3.8 课前预习参考答案

111

知识链接

锥齿轮用于传递两相交轴的运动和动力。其传动可以看成是两个锥顶共点的圆锥体相互做纯滚动,如图 3.38 所示,两轴交角 $\Sigma = 90°$。锥齿轮有直齿、斜齿和曲线齿之分,其中,直齿锥齿轮最常用,斜齿锥齿轮已逐渐被曲线齿锥齿轮代替。与圆柱齿轮相比,直齿锥齿轮的制造精度较低,工作时振动和噪声都较大,适用于低速轻载传动;曲线齿锥齿轮传动平稳,承载能力强,常用于高速重载传动,但其设计和制造较复杂。本任务只讨论轴交角为 90° 的标准直齿圆锥齿轮传动。

图 3.38　轴交角 90° 的直齿圆锥齿轮传动

3.8.1　直齿圆锥齿轮齿廓的形成

如图 3.39 所示,一发生面 S(圆平面,半径为 R')在基圆锥上做纯滚动,发生面上一条过 O 点(发生面上与基圆锥顶点相重合的点)的直线 OK 在空间所形成的轨迹即为直齿锥齿轮的齿廓曲面。在纯滚动过程中,O 点是一固定点,直线 OK 上任意点的轨迹是一球面曲线,称为球面渐开线,图中 AK 即为一球面渐开线。因此,直齿圆锥齿轮的齿廓曲面可以看成是由一簇球面渐开线集合而成的。

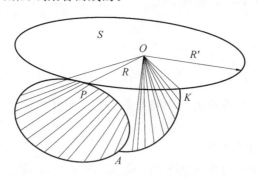

图 3.39　锥齿轮齿廓曲面的形成

3.8.2　直齿锥齿轮的当量齿数

直齿锥齿轮的齿廓曲线为空间的球面渐开线。由于球面无法展开为平面,这给设计计算及制造带来不便,因此采用近似方法来解决。

图 3.40 所示为锥齿轮的轴向剖视图,大端球面齿廓与轴向剖面的交线为圆弧 $\overset{\frown}{abc}$,过 c 点作切线与轴线交于 O' ,以 $O'c$ 为母线,绕轴线旋转所得与球面齿廓相切的圆锥体,称为背锥。投影在背锥面上的齿形可近似代替大端球面上的齿形。将背锥展开,形成一个平面扇形齿轮,如将此扇形齿轮补足轮齿为完整的齿轮,则所得的平面齿轮称为直齿锥齿轮的当量齿轮。当量齿轮分度圆直径用 d_v 表示,其模数为大端模数,压力角为标准值,所得齿数 z_v 称为当量齿数。

当量齿数 z_v 与实际齿数 z 的关系为

$$z_v = \frac{z}{\cos \delta} \tag{3.42}$$

式中　　δ——分锥角。

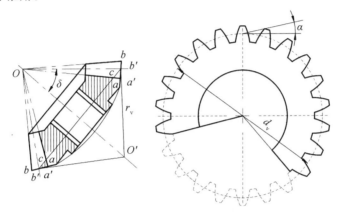

图 3.40　背锥与当量齿轮

3.8.3　直齿锥齿轮的啮合传动

1. 基本参数的标准值

直齿锥齿轮传动的基本参数及几何尺寸是以轮齿大端为标准的。规定锥齿轮大端模数 m 与压力角 α 为标准值。大端模数 m 由表 3.10 查取。当 $m \leqslant 1$ mm 时,齿顶高系数 $h_a^* = 1$,顶隙系数 $c^* = 0.25$;当 $m > 1$ mm 时,齿顶高系数 $h_a^* = 1$,顶隙系数 $c^* = 0.2$ 。

表 3.10　　锥齿轮模数系列(GB 12368—1990)　　　　　　　　　　mm

0.1	0.12	0.15	0.2	0.25	0.3	0.35	0.4	0.5
0.6	0.7	0.8	0.9	1	1.125	1.25	1.375	1.5
1.75	2	2.25	2.5	2.75	3	3.25	3.5	3.75
4	4.5	5	5.5	6	6.5	7	8	9
10	11	12	14	16	18	20	22	25
28	30	32	36	40	45	50	—	—

2. 正确啮合条件

由于一对直齿锥齿轮的啮合相当于一对当量直齿圆柱齿轮的啮合,而当量齿轮的齿形和锥齿轮大端的齿形相近,所以直齿锥齿轮传动的正确啮合条件为两锥齿轮的大端模数和压力角分别相等,锥顶距亦相等且等于标准值,即

$$\begin{cases} m_1 = m_2 = m \\ \alpha_1 = \alpha_2 = \alpha \\ R_1 = R_2 = R \end{cases} \tag{3.43}$$

3. 传动比

一对标准直齿锥齿轮啮合时,因 $r_1 = OP\sin\delta_1$ 和 $r_2 = OP\sin\delta_2$,故传动比 i_{12} 为

$$i_{12} = \omega_1/\omega_2 = z_2/z_1 = r_2/r_1 = OP\sin\delta_2/OP\sin\delta_1 = \sin\delta_2/\sin\delta_1 \tag{3.44}$$

当轴交角 $\Sigma = \delta_1 + \delta_2 = 90°$ 时,则传动比为

$$i_{12} = \cot\delta_1 = \tan\delta_2 \tag{3.45}$$

4. 几何尺寸计算

圆锥齿轮的参数是以大端为标准值,所以其几何尺寸计算也是以大端为基准。如图 3.41 所示为不等隙收缩齿圆锥齿轮。标准直齿圆锥齿轮各部分名称及几何尺寸计算见表 3.11。

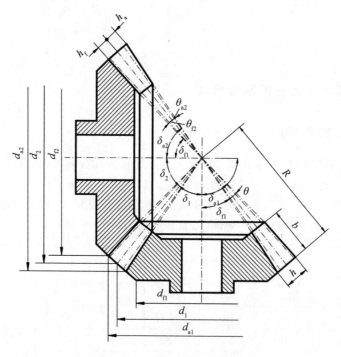

图 3.41　直齿锥齿轮几何尺寸

表 3.11　标准直齿圆锥齿轮传动的几何尺寸($\Sigma = 90°$)

名称	符号	计算公式
分度圆锥角	δ	$\delta_1 = \operatorname{arccot} z_2/z_1$, $\quad \delta_2 = 90° - \delta_1$
齿顶高	h_a	$h_a = h_a^* m$
齿根高	h_f	$h_f = (h_a^* + c^*)m$
分度圆直径	d	$d = mz$
齿顶圆直径	d_a	$d_a = d + 2h_a \cos \delta$
齿根圆直径	d_f	$d_f = d - 2h_f \cos \delta$
齿顶角	θ_a	不等顶隙收缩齿:$\theta_{a1} = \theta_{a2} = \arctan h_a/R$ 等顶隙收缩齿:$\theta_{a1} = \theta_{f2}$, $\quad \theta_{a2} = \theta_{f1}$
齿根角	θ_f	$\theta_f = \arctan h_f/R$
齿顶圆锥角	δ_a	$\delta_a = \delta + \theta_a$
齿根圆锥角	δ_f	$\delta_f = \delta - \theta_f$
齿宽	b	$b = \Psi_R R$,齿宽系数 $\Psi_R = b/R$(一般取 $0.25 \sim 0.3$)

3.8.4　直齿锥齿轮传动的强度计算

1. 轮齿的受力分析

如图 3.42 所示,直齿锥齿轮齿面上的法向力 F_n 通常被视为集中作用在齿宽中点处的分度圆 d_m 上,若略去摩擦力,则作用在平均分度圆上的法向力 F_n 可分解为 3 个相互垂直的力:切向力 F_t、径向力 F_r 和轴向力 F_a。对于轴交角 $\Sigma = 90°$ 的直齿锥齿轮传动,各力的大小分别为

$$\begin{cases} F_{t1} = 2T_1/d_{m1} = -F_{t2} \\ F_{r1} = F_{t1} \tan \alpha \cos \delta_1 = -F_{a2} \\ F_{a1} = F_{t1} \tan \alpha \sin \delta_1 = -F_{r2} \end{cases} \tag{3.46}$$

式中　T_1——主动轮传递的转矩(N·mm);

$\quad\quad d_{m1}$——主动轮齿宽中点的分度圆直径(mm),$d_{m1} = (1 - 0.5\varphi_R)d_1$;

$\quad\quad d_1$——主动轮大端分度圆直径(mm)。

切向力 F_t、径向力 F_r 的判别方法与直齿圆柱齿轮相同;轴向力 F_a 的方向均由小端指向大端。

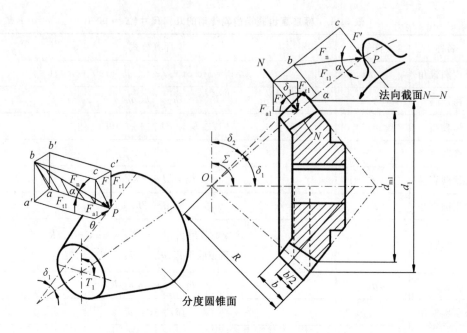

图 3.42　直齿锥齿轮的受力分析

2. 齿面接触疲劳强度计算

可以近似认为一对直齿锥齿轮传动强度与其齿宽中点处的一对当量直齿圆柱齿轮相等,沿用直齿圆柱齿轮的齿面接触强度公式可得一对钢制直齿锥齿轮传动的齿面接触疲劳强度校核和设计计算公式分别为

$$\sigma_H = 949\sqrt{\frac{KT_1}{\Psi_R(1-0.5\Psi_R)^2 d_1^3 u}} \leqslant [\sigma_H] \tag{3.47}$$

$$d_1 \geqslant 96.57\sqrt[3]{\frac{KT_1}{[\sigma_H]^2 \Psi_R(1-0.5\Psi_R)^2 u}} \tag{3.48}$$

式中,各项符号的意义与直齿圆柱齿轮相同。

3. 齿根弯曲疲劳强度计算

校核公式为

$$\sigma_F = \frac{4.7KT_1}{\Psi_R(1-0.5\Psi_R)^2 m^3 z_1^2 \sqrt{u^2+1}} Y_{FS} \leqslant [\sigma_F] \tag{3.49}$$

设计公式为

$$m \geqslant \sqrt[3]{\frac{4.7KT_1}{\Psi_R(1-0.5\Psi_R)^2 z_1^2 \sqrt{u^2+1}} \frac{Y_{FS}}{[\sigma_F]}} \tag{3.50}$$

式中,各项符号的意义与直齿圆柱齿轮相同。

任务实施

任务描述中的汽车差速器能协调左、右驱动轮及前、后驱动轴之间的转速差。其中用来吸收左、右车轮转速差的差速器称为轮间差速器。差速器有很多种,但轮间差速器最常见的是锥齿轮差速器,如图 3.43 所示,它的核心部分由 4 个锥齿轮组成,左、右两个大锥齿轮(又称为侧齿轮)分别与左、右两侧的半轴和车轮相连,而中间的两个小锥齿轮则像行星一样在两个侧齿轮之间运转,因此又称它们为行星轮。

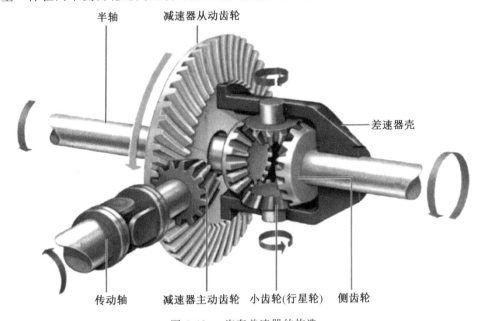

图 3.43   汽车差速器的构造

半轴   减速器从动齿轮   差速器壳

传动轴   减速器主动齿轮   小齿轮(行星轮)   侧齿轮

汽车直线行驶时,左、右两个车轮的转速相同,小齿轮只有公转没有自转,差速器壳与两个侧齿轮以相同的速度旋转。当汽车转弯时,外侧车轮快一些,内侧车轮慢一些,使两个侧齿轮产生转速差,夹在中间的小齿轮自转,吸收两个侧齿轮的转速差,使左、右车轮在有转速差的情况下顺利过弯。

任务 3.9   蜗杆传动及其设计

任务描述

如图 3.44 所示的电梯是一种物体升降机,能让上、下楼及搬运货物变得更方便,对于现代化城市,电梯就是楼层的血管,是非常重要的服务设备。电梯的类型有很多种,常见的电梯一般都是垂直升降电梯与台阶电梯,它们各有各的优点。那电梯采用了何种传动装置呢?这种传动装置有何特点,可用于何种场合?

图 3.44   电梯

蜗杆传动及其设计(1)

蜗杆传动及其设计(2)

课前预习

1. 蜗杆的头数越多,其自锁性越(　　)。

A. 好

B. 差

C. 无差别

2. 在蜗轮齿数不变的情况下,蜗杆的头数越少,则传动比就(　　)。

A. 大

B. 小

C. 没变化

知识链接

蜗杆传动如图 3.45 所示,主要由蜗杆和蜗轮组成,通常用于传递空间交错的两轴之间的运动和动力,通常轴间交角为 90°。一般情况下,蜗杆为主动件,蜗轮为从动件。蜗杆传动广泛应用于机床、汽车、仪器、起重运输机械、冶金机械及其他机械制造工业中。

(a) 蜗杆传动

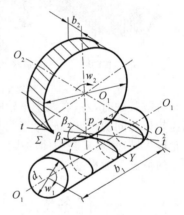

(b) 圆柱蜗杆与蜗轮的啮合传动

图 3.45　蜗杆传动

1— 蜗杆;2— 蜗轮

3.9.1　蜗杆传动的类型和特点

1. 蜗杆传动的类型

按照蜗杆的形状,蜗杆传动可分为圆柱蜗杆传动、环面蜗杆传动和锥面蜗杆传动(图 3.46)。圆柱蜗杆按螺旋面形状的不同又可分为阿基米德蜗杆(ZA 蜗杆)和渐开线蜗杆(ZI 蜗杆)等。

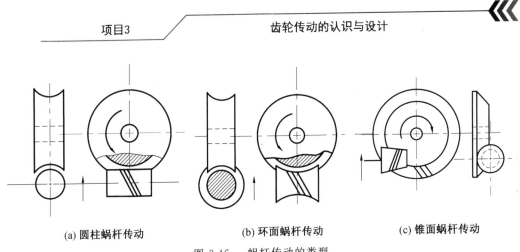

(a) 圆柱蜗杆传动　　　　　(b) 环面蜗杆传动　　　　　(c) 锥面蜗杆传动

图 3.46　蜗杆传动的类型

环面蜗杆和锥面蜗杆制造困难,安装精度要求高,故应用不广泛。目前应用最广泛的是阿基米德蜗杆,如图 3.47 所示。本节以它为代表来介绍普通圆柱蜗杆传动。

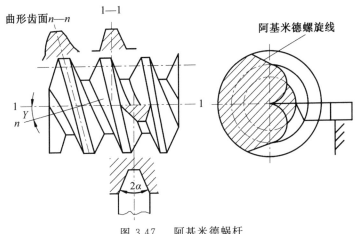

图 3.47　阿基米德蜗杆

2. 蜗杆传动的特点

与齿轮传动相比,蜗杆传动有以下特点。

① 传动平稳、噪声低、结构紧凑。

② 传动比大。在动力传动中,一般 $i = 8 \sim 100$;在分度机构中,传动比 i 可达 $1\,000$。

③ 具有自锁性。当蜗杆的导程角小于轮齿间的当量摩擦角时,可实现自锁。即蜗杆能带动蜗轮旋转,而蜗轮不能带动蜗杆转动。

④ 传动效率低。蜗杆传动由于齿面间相对滑动速度大,齿面摩擦严重,因此在制造精度和传动比相同的条件下,蜗杆传动的效率比齿轮传动低,一般只有 $0.7 \sim 0.8$。具有自锁功能的蜗杆机构,效率则一般不大于 0.5。

⑤ 制造成本高。为了降低摩擦,减小磨损,提高齿面抗胶合能力,蜗轮齿圈部分常用减摩性能好的有色金属制造,成本较高。

蜗杆传动常用于交错轴交角 $\Sigma = 90°$ 的两轴间传递运动和动力。由于传动效率较低,因此在大功率连续传动中一般不用。在一些起重设备中,可用蜗杆传动的自锁性起安全保护作用。

3.9.2　蜗杆传动的主要参数和几何尺寸

如图 3.48 所示,在普通圆柱蜗杆传动中,通过蜗杆轴线且垂直于蜗轮轴线的平面称为中间平面,在设计蜗杆传动时,取中间平面上的参数和尺寸为基准。在中间平面,阿基米德蜗杆传动相当于齿条与齿轮的啮合传动。因此,蜗杆传动的正确啮合条件为:蜗杆轴向平面和蜗轮端面内的模数 m 和压力角 α 分别相等,蜗杆的导程角和蜗轮的螺旋角相等,旋向相同。

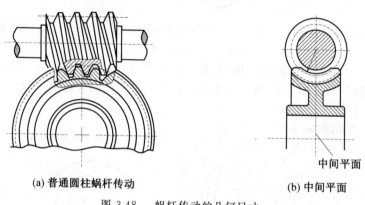

(a) 普通圆柱蜗杆传动　　(b) 中间平面

图 3.48　蜗杆传动的几何尺寸

1. 蜗杆传动的主要参数

(1)蜗杆头数 z_1、蜗轮齿数 z_2 和传动比 i。

蜗杆头数 z_1 即为蜗杆螺旋线的数目,蜗杆的头数一般取 $z_1 = 1 \sim 4$。当传动比大于 40 或要求蜗杆自锁时,取 $z_1 = 1$;当传递功率较大时,为提高传动效率、减少能量损失,常取 $z_1 = 2 \sim 4$。蜗杆头数越多,加工精度越难保证。

通常情况下,取蜗轮齿数 $z_2 = 28 \sim 80$。若 $z_2 < 28$,则会使传动的平稳性降低,且易产生根切;若 z_2 过大,则蜗轮直径增大,与之相应蜗杆的长度增加,刚度减小,从而影响啮合的精度。

蜗杆传动的传动比 i 等于蜗杆与蜗轮的转速之比。通常蜗杆为主动件,当蜗杆转过一周时,蜗轮转过 z_1 个齿,即转过 z_1/z_2 周,所以可得

$$i = \frac{n_1}{n_2} = \frac{z_2}{z_1} \tag{3.51}$$

式中　　n_1、n_2——蜗杆、蜗轮的转速(r/min);

z_1、z_2——蜗杆头数、蜗轮齿数,可根据传动比 i 按表 3.12 选取。

表 3.12　蜗杆头数 z_1、蜗轮齿数 z_2 的推荐值

传动比 i	$5 \sim 6$	$7 \sim 8$	$9 \sim 13$	$14 \sim 24$	$25 \sim 27$	$28 \sim 40$	> 40
蜗杆头数 z_1	6	4	$3 \sim 4$	$2 \sim 3$	$2 \sim 3$	$1 \sim 2$	1
蜗轮齿数 z_2	$29 \sim 36$	$28 \sim 32$	$27 \sim 52$	$28 \sim 72$	$50 \sim 81$	$28 \sim 80$	> 80

(2)模数 m 和压力角 α。

蜗杆传动标准模数值见表 3.13。

表 3.13　蜗杆传动标准模数($\Sigma = 90°$)(GB/T 10085—2018)

模数 m/mm	分度圆直径 d_1/mm	蜗杆头数 z_1	直径系数 q	$m^2 d_1$	模数 m/mm	分度圆直径 d_1/mm	蜗杆头数 z_1	直径系数 q	$m^2 d_1$
1	18	1	18.000	18	6.3	(80)	1,2,4	12.698	3 175
1.25	20	1	16.000	31.25		112	1	17.778	4 445
	22.4	1	17.920	35	8	(63)	1,2,4	7.875	4 032
1.6	20	1,2,4	12.500 0	51.2		80	1,2,4,6	10.000	5 376
	28	1	17.500 0	71.68		(100)	1,2,4	12.500	6 400
2	(18)	1,2,4	9.000	72		140	1	17.500	8 960
	22.4	1,2,4,6	11.200	89.6	10	(71)	1,2,4	7.100	7 100
	(28)	1,2,4	14.000	112		90	1,2,4,6	9.000	9 000
	35.5	1	17.750	142		(112)	1,2,4	11.200	11 200
2.5	(22.4)	1,2,4	8.960	140		160	1	16.000	16 000
	28	1,2,4,6	11.200	175	12.5	(90)	1,2,4	7.200	14 062
	(35.5)	1,2,4	14.200	221.9		112	1,2,4	8.960	17 500
	45	1	18.000	281		(140)	1,2,4	11.200	21 875
3.15	(28)	1,2,4	8.889	278		200	1	16.000	31 250
	35.5	1,2,4,6	11.27	352	16	(112)	1,2,4	7.000	28 672
	45	1,2,4	14.286	447.5		140	1,2,4	8.750	35 840
	56	1	17.778	556		(180)	1,2,4	11.250	46 080
4	(31.5)	1,2,4	7.875	504		250	1	15.625	64 000
	40	1,2,4,6	10.000	640	20	(140)	1,2,4	7.000	56 000
	(50)	1,2,4	12.500	800		160	1,2,4	8.000	64 000
	71	1	17.750	1 136		(224)	1,2,4	11.200	89 600
5	(40)	1,2,4	8.000	1 000		315	1	15.570	126 000
	50	1,2,4,6	10.000	1 250	25	(180)	1,2,4	7.200	112 500
	(63)	1,2,4	12.600	1 575		200	1,2,4	8.000	125 000
	90	1	18.000	2 250		(280)	1,2,4	11.200	175 000
6.3	(50)	1,2,4	7.936	1 985		400	1	16.000	250 000
	63	1,2,4,6	10.000	2 500		—			

注:1.表中模数均系第一系列,$m < 1$ mm 的未列入,$m > 25$ mm 的还有 31.5、40 mm 两种。属于第二系列的模数有 1.5、3、3.5、4.5、5.5、6、7、12、14 mm。

　　2.表中蜗杆分度圆直径 d_1 均属第一系列,$d_1 < 18$ mm 的未列入,此外还有 355 mm。属于第二系列的有 30、38、48、53、60、67、75、85、95、106、118、132、144、170、190、300 mm。

　　3.模数和分度圆直径均应优先选用第一系列。括号中的数字尽可能不采用。

（3）蜗杆螺旋线升角 γ。

蜗杆螺旋面与分度柱面的交线为螺旋线。如图 3.49 所示，将蜗杆分度圆柱展开，其螺旋线与端面的夹角即为蜗杆分度圆柱上的螺旋线升角 γ，或称为蜗杆的导程角。由图 3.49 可得蜗杆螺旋线的导程 S 为

$$S = z_1 p_{a1} = z_1 \pi m \tag{3.52}$$

蜗杆分度圆柱上螺旋线升角 γ 与导程的关系为

$$\tan \gamma = \frac{S}{\pi d_1} = \frac{z_1 \pi m}{\pi d_1} = \frac{z_1 m}{d_1} \tag{3.53}$$

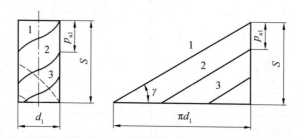

图 3.49　蜗杆分度圆柱展开图

与螺纹相似，蜗杆螺旋线也有左旋、右旋之分，一般情况下多为右旋。

通常蜗杆螺旋线的升角 $\gamma = 3.5° \sim 27°$。升角小时传动效率低，但可实现自锁（$\gamma = 3.5° \sim 4.5°$）；升角大时传动效率高，但蜗杆的车削加工较困难。

（4）蜗杆分度圆直径 d_1。

蜗杆传动时，若要保证蜗杆与配对蜗轮的正确啮合，那么蜗轮滚刀要与蜗杆的尺寸参数一致，从经济性出发，为了减少滚刀的数量，使滚刀标准化，现在已对蜗杆直径标准化，见表 3.13。

（5）中心距 a。

$$a = \frac{d_1 + d_2}{2} \tag{3.54}$$

推荐尾数为 0 或 5（mm）的中心距值。

2. 普通圆柱蜗杆传动的几何尺寸

普通圆柱蜗杆传动的几何尺寸计算公式见表 3.14。

表 3.14　圆柱蜗杆传动的几何尺寸计算公式（$\Sigma = 90°$）

名称	计算公式
分度圆直径	$d_1 = mq$（按表 3.10 取标准值）；　$d_2 = mz_2$
齿顶圆直径	$d_{a1} = m(q+2)$；　$d_{a2} = m(z_2+2)$
齿根圆直径	$d_{f1} = m(q-2.4)$；　$d_{f2} = m(z_2-2.4)$

续表3.14

名称	计算公式
齿顶高	$h_{a1} = m$; $h_{a2} = m$
齿根高	$h_{f1} = m$; $h_{f2} = m$
顶隙	$c = 0.2m$
中心距	$a = (d_1 + d_2)/2$

3.9.3　蜗杆传动的失效形式、计算准则和常用材料

1.蜗杆蜗轮的相对滑动速度 v_s

蜗杆传动中,蜗杆蜗轮的齿廓间有较大的相对滑动速度,根据力学相关公式可推导,相对滑动速度 v_s 为

$$v_s = \sqrt{v_1^2 + v_2^2} = \frac{v_1}{\cos \lambda} \tag{3.55}$$

式中　v_1—— 蜗杆的圆周速度(m/s);

v_2—— 蜗轮的圆周速度(m/s)。

相对滑动速度大,产热量大,润滑条件变差,传动效率低。

2.失效形式及计算准则

因为蜗杆传动中,蜗杆蜗轮齿廓间的相对滑动速度比较大,摩擦热大,传动效率低,所以主要失效形式为胶合、磨损和齿面点蚀等。且因材料及结构的原因,失效常发生在蜗轮的轮齿上。

在开式传动中,多发生齿面磨损和轮齿折断,因此应以保证齿根弯曲疲劳强度为主要设计准则。

在闭式传动中,多因齿面胶合或点蚀而失效,因此通常是按齿面接触疲劳强度进行设计计算的,再按齿根弯曲疲劳强度进行校核。

此外,由于蜗杆传动时摩擦严重,发热大,效率低,因此还必须对闭式蜗杆传动进行热平衡计算,以免发生胶合。

3.常用材料

由蜗杆传动的主要失效形式可知,蜗杆蜗轮的材料组合应该具有良好的减摩性和耐磨性,闭式蜗杆传动还应具备良好的抗胶合能力,并满足强度要求。蜗杆一般用碳钢或合金钢采用合适的热处理制成,常用的蜗杆材料、热处理方式及应用见表 3.15,常用的蜗轮材料及应用见表 3.16。

表 3.15　常用的蜗杆材料、热处理方式及应用

材料牌号	热处理	硬度	表面粗糙度 $Ra/\mu m$	应用
40Cr、40CrNi、42CrMo、42SiMn	表面淬火	45～55HRC	0.8～1.6	中速中载、一般传动、载荷稳定
15Cr、20Cr、15CrMn、20CrNi	渗碳淬火	58～63HRC	0.8～1.6	高速重载、重要传动、载荷变化大
40、45	调质	220～300HBS	6.3	低速轻/中载、不重要传动

表 3.16　常用的蜗轮材料及应用

材料	牌号	适用的滑动速度 $v_s/(\mathrm{m \cdot s^{-1}})$	特性	应用
铸造锡青铜	ZCuSn10Pb1	≤25	耐磨性、磨合性、抗胶合能力、切削性能均较好，但强度低，成本高	连续工作的高速、重载的重要传动
	ZCuSn5Pb5Zn5	≤12		速度较高的轻、中、重载传动
铸造铝青铜	ZCuAl10Fe3	≤10	耐冲击，强度较高，切削性能好，抗胶合能力较差，价格较低	速度较低的重载传动
	ZCuAl10Fe3Mn2	≤10		
铸造黄铜	ZCuZn38Mn2Pb2	≤10		速度较低，载荷稳定的轻、中载传动
灰铸铁	HT150 HT200 HT250	≤2	铸造性能、切削性能好，价格低，抗点蚀和抗胶合能力强，抗弯强度低，冲击韧度差	低速、不重要的开式传动；蜗轮尺寸较大的传动；手动传动

3.9.4　蜗杆传动的强度计算

1. 受力分析

　　蜗杆传动的受力分析与斜齿轮类似，作用在蜗杆齿面上的法向力 F_n 可分解为 3 个互相垂直的分力，即圆周力 F_t、轴向力 F_a 和径向力 F_r，如图 3.50 所示。

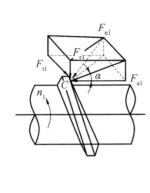

(a)

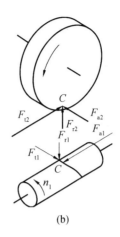

(b)

图 3.50　蜗杆传动的受力分析

力的大小为

$$\begin{cases} F_{t1} = -F_{a2} = \dfrac{2T_1}{d_1} \\[2mm] F_{a1} = -F_{t2} = -\dfrac{2T_2}{d_2} \\[2mm] F_{r1} = -F_{r2} = -F_{t2}\tan\alpha \end{cases} \tag{3.56}$$

式中　　T_1、T_2——作用在蜗杆、蜗轮上的转矩（N·mm）；

d_1、d_2——蜗杆和蜗轮的分度圆直径（mm）；

α——中间平面分度圆上的压力角，$\alpha = 20°$。

力的方向：蜗杆是主动件，一般先确定蜗杆的受力方向。蜗杆所受的圆周力的方向总是和其力作用点的速度方向相反；径向力总是沿半径方向指向轴心；轴向力可由左右手螺旋法则来判断。蜗轮的受力与蜗杆所受力是一对作用力与反作用力，故其方向如图 3.50 确定。

2. 齿面接触疲劳强度计算

简化后的钢制蜗杆和青铜蜗轮啮合的齿面接触疲劳强度校核公式和设计计算公式分别为

$$\sigma_H = 480\sqrt{\dfrac{KT_2}{d_1 d_2^2}} = 480\sqrt{\dfrac{KT_2}{m^2 d_1 z_2^2}} \leqslant [\sigma_H] \tag{3.57}$$

$$m^2 d_1 \geqslant KT_2\left(\dfrac{480}{z_2[\sigma_H]}\right)^2 \tag{3.58}$$

式中　　K——载荷系数，一般取 $1\sim1.4$，当载荷平稳，滑动速度 $v_s \leqslant 3$ m/s，且精度 7 级以上时，取小值，否则取大值；

T_2——蜗轮转矩（N·mm）；

$[\sigma_H]$——蜗轮许用接触应力（MPa）；

其余符号含义同前。

125

3. 齿根弯曲疲劳强度计算

按斜齿轮的计算方法做近似计算,简化后的齿根接触疲劳强度校核公式和设计计算公式分别为

$$\sigma_F = \frac{1.53 K T_2 \cos \gamma}{d_1 d_2 m} Y_F \leqslant [\sigma_F] \tag{3.59}$$

$$m^2 d_1 \geqslant \frac{1.53 K T_2 \cos \gamma}{z_2 [\sigma_F]} Y_F \tag{3.60}$$

式中 Y_F —— 蜗轮的齿形系数,按蜗轮实用齿数 z_2 查表 3.17 可得;

       $[\sigma_F]$ —— 蜗轮许用弯曲应力(MPa);

       其余符号含义同前。

表 3.17   蜗轮的齿形系数 $Y_F (\alpha = 20°, h_a^* = 1)$

z_2	10	11	12	13	14	15	16	17	18	19	20	22	24	26
Y_F	4.55	4.14	3.70	3.55	3.34	3.22	3.07	2.96	2.89	2.82	2.76	2.66	2.57	2.51
z_2	28	30	35	40	45	50	60	70	80	90	100	150	200	300
Y_F	2.48	2.44	2.36	2.32	2.27	2.24	2.20	2.17	2.14	2.12	2.10	2.07	2.04	2.04

3.9.5   蜗杆传动的效率和热平衡计算

1. 蜗杆传动的效率

蜗杆传动的功率损耗一般包括三部分,即蜗杆蜗轮啮合损耗、轴承摩擦损耗及浸入油池中零件搅油时的溅油损耗,因此总效率为

$$\eta = \eta_1 \eta_2 \eta_3 \tag{3.61}$$

式中 η_1、η_2、η_3 —— 蜗杆蜗轮啮合损耗效率、轴承摩擦损耗效率及浸入油池中零件搅油时的溅油损耗效率。

当蜗杆主动时,蜗杆传动的总效率 η 为

$$\eta = (0.95 \sim 0.97) \frac{\tan \gamma}{\tan(\gamma + \rho_v)} \tag{3.62}$$

式中 γ —— 蜗杆的导程角;

       ρ_v —— 当量摩擦角,其值见表 3.18。

表 3.18　蜗杆传动的当量摩擦系数 f_v 和当量摩擦角 $\rho_v (\rho_v = \arctan f_v)$

蜗轮材料	锡青铜				无锡青铜		灰铸铁			
蜗杆齿面硬度	$\geqslant 45\mathrm{HRC}$		$< 45\mathrm{HRC}$		$\geqslant 45\mathrm{HRC}$		$\geqslant 45\mathrm{HRC}$		$< 45\mathrm{HRC}$	
滑动速度 $v_s/(\mathrm{m \cdot s^{-1}})$	f_v	ρ_v	f_v	ρ_v	f_v	ρ_v	f_v	ρ_v	f_v	ρ_v
0.01	0.11	$6°17'$	0.12	$6°51'$	0.18	$10°12'$	0.18	$10°12'$	0.19	$10°45'$
0.10	0.08	$4°34'$	0.09	$5°09'$	0.13	$7°24'$	0.13	$7°24'$	0.14	$7°58'$
0.25	0.065	$3°43'$	0.075	$4°17'$	0.10	$5°43'$	0.10	$5°43'$	0.12	$6°51'$
0.50	0.055	$3°09'$	0.065	$3°43'$	0.09	$5°09'$	0.09	$5°09'$	0.10	$5°43'$
1.00	0.045	$2°35'$	0.055	$3°09'$	0.07	$4°00'$	0.07	$4°00'$	0.09	$5°09'$
1.50	0.04	$2°17'$	0.05	$2°52'$	0.065	$3°43'$	0.065	$3°43'$	0.08	$4°34'$
2.00	0.035	$2°00'$	0.045	$2°35'$	0.055	$3°09'$	0.055	$3°09'$	0.07	$4°00'$
2.50	0.03	$1°43'$	0.04	$2°17'$	0.05	$2°52'$				
3.00	0.028	$1°36'$	0.035	$2°00'$	0.045	$2°35'$				
4.00	0.024	$1°22'$	0.031	$1°47'$	0.04	$2°17'$				
5.00	0.022	$1°16'$	0.029	$1°40'$	0.035	$2°00'$				
8.00	0.018	$1°02'$	0.026	$1°29'$	0.03	$1°43'$				
10.0	0.016	$0°55'$	0.024	$1°22'$						
15.0	0.014	$0°48'$	0.020	$1°09'$						
24.0	0.013	$0°45'$								

注：硬度 $\geqslant 45\mathrm{HRC}$ 时的 ρ_v 值指蜗杆齿面经磨削、蜗杆传动经跑合,并有充分润滑的情况。

由式(3.62)可知,蜗杆传动的效率 η 主要和蜗杆导程角 γ 有关,在 γ 一定的取值范围内,η 和 γ 成正比,即 γ 增大 η 就增大,为了提高传动效率,在传递动力比较大时,采用多头蜗杆。如果要求自锁,就采用单头蜗杆。

2. 蜗杆传动的热平衡计算

因蜗杆传动效率低,故工作时发热量大。在闭式蜗杆传动中,如果不能及时散热,将因油温上升而使润滑失效,从而增大摩擦,加剧磨损,甚至发生胶合。所以连续工作的闭式蜗杆传动须进行热平衡计算。

由于摩擦损失的功率为 $P_f = P(1-\eta)$,因此因传动消耗于摩擦而产生的热量为

$$Q_1 = 1\,000 P_1(1-\eta) \tag{3.63}$$

经箱体表面散发的热量为

$$Q_2 = kA(t_1 - t_2) \tag{3.64}$$

当 $Q_1 = Q_2$ 时,蜗杆传动达到热平衡,可得热平衡状态下润滑油的工作温度 t_1 为

$$t_1 = \frac{1\,000 P_1(1-\eta)}{kA} + t_2 \tag{3.65}$$

式中　　P_1—— 蜗杆传动的输入功率(kW)；

η—— 蜗杆传动效率；

k—— 散热系数，一般取 $K = 10 \sim 17(\text{W} \cdot \text{m}^{-2} \cdot \text{℃}^{-1})$，通风良好时取大值，反之取小值；

A—— 散热面积(m^2)，指内壁被油浸溅而外壁与空气接触的箱壳外表面积；

t_1—— 达到热平衡时箱体内润滑油的温度，一般要小于 $70 \sim 90$ ℃；

t_2—— 箱体周围空气的温度，一般取 20 ℃。

如果润滑油的温度超过了许用范围，则可采取下列措施进行冷却。

(1) 在箱体上设置散热片，从而增加散热面积。

(2) 在蜗杆轴上安装风扇，提高散热系数，如图 3.51(a) 所示。

(3) 在箱体油池内装蛇形循环冷却水管，如图 3.51(b) 所示。

(4) 用压力喷油循环冷却，如图 3.51(c) 所示。

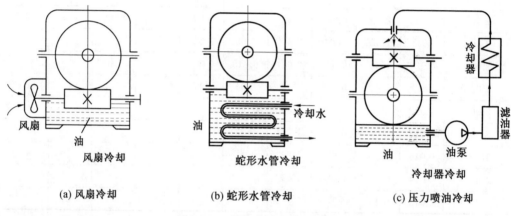

(a) 风扇冷却　　　　　　　　(b) 蛇形水管冷却　　　　　　　(c) 压力喷油冷却

图 3.51　蜗杆传动的散热方式

任务实施

　　任务描述中的电梯要求安全可靠，电梯停止后，轿厢不会掉下来，这利用的就是蜗杆传动的自锁性。相比于斜齿、弧齿、行星齿轮等，蜗杆传动有较强的自锁性能，不能反向驱动。另外，蜗杆传动的传动比大，一般用于减速机构，减速效果好，传动平稳。

　　在运动转换中，常需要进行空间交错轴之间的运动转换，在要求大传动比的同时又希望传动机构的结构紧凑，采用蜗杆传动机构则可以满足上述要求。蜗杆传动在工业领域中常用于起重设备、输送机械、搅拌设备等大扭矩传动；在交通运输领域广泛用于电动汽车和电动自行车等电动车辆的传动系统；在家电领域中持续应用于搅拌机、榨汁机、食品加工机等家用电器。

任务 3.10　　轮系

轮系

　　现代机器中,通常会用多对齿轮传动满足不同的工作要求,如换向、变速、大传动比等。一般将这种由一系列齿轮组成的传动系统称为轮系。在传动中,轮系各个齿轮的轴线在空间的位置是否固定,可分为三种类型:定轴轮系、周转轮系和复合轮系。

　　如图 3.52 所示的手摇提升装置,其中各轮齿数均为已知,试判断轮系的类型,计算传动比 i_{15},并指出当重物提升时手柄的转向。

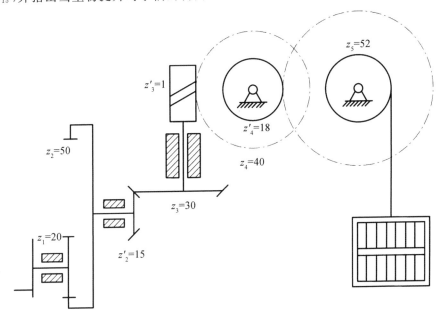

图 3.52　　手摇提升装置

129

课前预习

　　1. 轮系运动时,所有齿轮几何轴线都固定不动的,称为(　　);至少有一个齿轮几何轴线不固定的,称为(　　)。

　　A. 定轴轮系

　　B. 周转轮系

　　C. 复合轮系

　　2. 行星轮系有(　　)个自由度,差动轮系有(　　)个自由度。

　　A. 1

　　B. 2

　　C. 3

　　D. 4

任务 3.10 课前预习参考答案

3.10.1 定轴轮系

1.定轴轮系的概念

轮系运转时,如果所有齿轮的轴线相对于机架的位置都固定不变,则轮系称为定轴轮系。根据组成轮系的各齿轮轴线是否平行,定轴轮系又分为平面定轴轮系和空间定轴轮系两种。平面定轴轮系由平面齿轮机构组成,所有齿轮的轴线均平行,如图 3.53 所示。空间定轴轮系的齿轮机构中至少有一个齿轮的轴线与其他齿轮轴线不平行,如圆锥齿轮机构、蜗轮蜗杆机构等,如图 3.52 所示。

定轴轮系

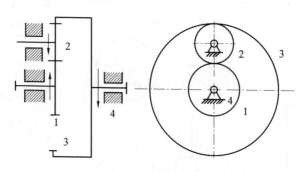

图 3.53 定轴轮系

2.定轴轮系传动比的计算

一对齿轮的传动比 $i_{12}=n_1/n_2=z_2/z_1$,但是转速是有方向的,所以计算轮系的传动比要包含传动比 i 的大小和确定输出轴的转向,其中转向可用以下两种方式表示。

(1)如果两轮轴线平行,那么齿数关系式可以用"+、−"表示,如图 3.53 中的外啮合圆柱齿轮 1、2,两轮转向相反,其传动比 $i_{12}=n_1/n_2=-z_2/z_1$;图 3.53 中的内啮合圆柱齿轮 2、3,两轮转向相同,其传动比 $i_{23}=n_2/n_3=z_3/z_2$。

(2)除此之外,还可以在图中用箭头表示,对于轴线不平行的轮系,只能在图中用箭头表示,如图 3.52 中的圆锥齿轮和蜗轮蜗杆传动,锥齿轮可用两箭头同时指向或背离啮合处来表示两轴的实际转向,蜗轮蜗杆传动转向可根据蜗杆旋向及转向根据左右手定则来判断蜗轮的转向。

图 3.53 所示平面定轴轮系,各轮齿数分别为 z_1、z_2、z_3,各轴转速分别为 n_1、n_2、n_3。该轮系的传动比可由轮系中各对齿轮的传动比求出,即

$$\begin{cases} i_{12}=\dfrac{n_1}{n_2}=-\dfrac{z_2}{z_1}; & i_{23}=\dfrac{n_2}{n_3}=\dfrac{z_3}{z_2} \\ i_{13}=\dfrac{n_1}{n_3}=\dfrac{n_1}{n_2}\dfrac{n_2}{n_3}=i_{12}i_{23}=-\dfrac{z_2}{z_1}\dfrac{z_3}{z_2}=-\dfrac{z_3}{z_1} \end{cases} \qquad (3.66)$$

式(3.66)表明定轴轮系的传动比等于组成该轮系的各对齿轮传动比的连乘积。其绝

对值等于从动轮齿数的连乘积与主动轮齿数的连乘积之比。正负号表示首末两轮的转向,可通过外啮合的对数判断,当然,转向也可通过在图中由两轮的啮合关系画箭头表示。

现推广至一般定轴轮系,假设轮 1 为首轮,轮 k 为末轮,m 为轮系中外啮合的齿对数,则该轮系的传动比为

$$i_{1k}=\frac{n_1}{n_k}=(-1)^m\frac{\text{轮 1 至轮 } k \text{ 间各从动轮齿数的连乘积}}{\text{轮 1 至轮 } k \text{ 间各主动轮齿数的连乘积}} \tag{3.67}$$

使用式(3.67)时要注意:$(-1)^m$ 只是针对各轮轴线相互平行的平面定轴轮系,对于空间定轴轮系,传动比大小可用该式计算,但是转向只能在图中画箭头表示。

3.10.2　周转轮系

1. 周转轮系的概念

轮系运转时,若至少有一个齿轮的轴线绕另一齿轮的固定轴线转动,则称该轮系为周转轮系。图 3.54 所示的周转轮系中,齿轮 2 既绕自身轴线旋转,又绕轮 1 的固定轴线 O_1O_3 旋转,如同太阳系中的行星具有公转和自转一样,所以将齿轮 2 称为行星齿轮,支承行星齿轮的构件 H 称为行星架,与行星齿轮相啮合且轴线固定的齿轮 1 和 3 称为中心轮(太阳轮)。单一周转轮系由行星轮、支承行星轮的行星架和中心轮组成构成。行星架与中心轮的几何轴线必须重合,否则不能转动。

周转轮系中,自由度等于 1 的轮系称为行星轮系,自由度等于 2 的轮系称为差动轮系。

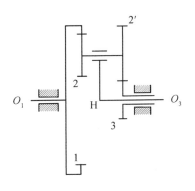

图 3.54　周转轮系

2. 周转轮系传动比的计算

周转轮系和定轴轮系的根本区别就是存在几何轴线不固定的行星轮,所以不能直接用定轴轮系的计算方法,而是要采用转化法,即给整个周转轮系加一个绕轴线 O_H 转动,大小与 n_H 相等但转向相反的公共转速($-n_H$)后,行星架则相对静止,其他构件间的相对运动不变,相当于所有齿轮的轴线都固定不动,周转轮系就转化为定轴轮系了。这一假想的定轴轮系称为原周转轮系的转化轮系,各构件转化前后的转速见表 3.19。

表 3.19　周转轮系转化前后各构件的转速

构件	原周转轮系中的转速	转化轮系中的转速
太阳轮 1	n_1	$n_1^{\mathrm{H}} = n_1 - n_{\mathrm{H}}$
行星轮 2	n_2	$n_2^{\mathrm{H}} = n_2 - n_{\mathrm{H}}$
太阳轮 2	n_3	$n_3^{\mathrm{H}} = n_3 - n_{\mathrm{H}}$
行星架 H	n_{H}	$n_{\mathrm{H}}^{\mathrm{H}} = n_{\mathrm{H}} - n_{\mathrm{H}} = 0$

周转轮系转化成了定轴轮系,那么转化机构的传动比 i_{13}^{H} 就可用定轴轮系的求解方法进行计算,即

$$i_{13}^{\mathrm{H}} = \frac{n_1^{\mathrm{H}}}{n_3^{\mathrm{H}}} = \frac{n_1 - n_{\mathrm{H}}}{n_3 - n_{\mathrm{H}}} = (-1)^1 \frac{z_2 z_3}{z_1 z_2} = -\frac{z_3}{z_1} \tag{3.68}$$

推广至一般情况,其计算公式为

$$i_{1k}^{\mathrm{H}} = \frac{n_1^{\mathrm{H}}}{n_k^{\mathrm{H}}} = \frac{n_1 - n_{\mathrm{H}}}{n_k - n_{\mathrm{H}}} = (-1)^m \frac{1 \text{ 至 } k \text{ 所有从动齿轮齿数的乘积}}{1 \text{ 至 } k \text{ 所有主动齿轮齿数的乘积}} \tag{3.69}$$

利用式(3.69)求解周转轮系的传动比或其他构件的转速时,要注意以下事项。

(1) 只适用于齿轮 1、k 与行星架 H 的轴线重合的场合。

(2) $i_{1k}^{\mathrm{H}} \neq i_{1k}$。$i_{1k}$ 为周转轮系中的传动比;i_{1k}^{H} 表示转化轮系的传动比。

(3) n_1、n_k、n_{H} 的方向须用"$\pm$"来表示,并代入公式中。

(4) 式中的"$\pm$"表示 n_1^{H}、n_k^{H} 的转向关系,只针对转化后轮系中所有齿轮轴线平行,否则只能用画箭头的方法判定转向。

【例 3.1】　图 3.55 中的周转轮系,已知 $z_1 = 80, z_2 = 25, z_2' = 35, z_3 = 20, n_1 = 50$ r/min,$n_3 = 200$ r/min,方向相反,求 n_{H} 的大小和方向。

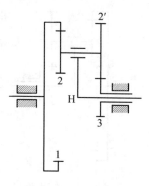

图 3.55　周转轮系

解　转化后的轮系传动比为

$$i_{13}^{\mathrm{H}} = \frac{n_1 - n_{\mathrm{H}}}{n_3 - n_{\mathrm{H}}} = -\frac{z_2 z_3}{z_1 z_2'} \tag{3.70}$$

将已知条件代入式(3.113)中,可得

$$\frac{50 - n_{\mathrm{H}}}{(-200) - n_{\mathrm{H}}} = -\frac{25 \times 20}{80 \times 35} = -\frac{5}{28} \tag{3.71}$$

求解可得 $n_{\mathrm{H}} = 12.12$ r/min,方向与 n_1 相同,即与齿轮 1 转向相同。

3.10.3 复合轮系

1. 复合轮系的概念

实际应用中,轮系既包含定轴轮系,又包含周转轮系,或者由几个单一的周转轮系组成,这种轮系称为复合轮系。图 3.56 所示为由定轴轮系与周转轮系组成的复合轮系。

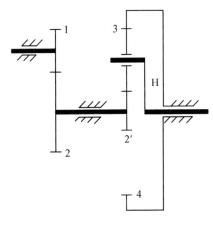

图 3.56   复合轮系

2. 复合轮系传动比的计算

计算复合轮系的传动比,必须将复合轮系拆分为定轴轮系和周转轮系,分别列出它们的传动比计算公式,然后根据构件的转速关系,最后联立求解。

【例 3.2】   如图 3.56 中的复合轮系,已知 $z_1=20, z_2=30, z_2'=21, z_3=24, z_4=75$, $n_1=960$ r/min,试求轮系中输出轴的转速 n_H。

解   (1)划分轮系。

齿轮 2′、齿轮 3 和齿轮 4 组成了周转轮系,齿轮 1 和 2 组成了定轴轮系。

(2)分别列出轮系传动比计算式。

定轴轮系有

$$i_{12}=\frac{n_1}{n_2}=-\frac{z_2}{z_1}=-\frac{30}{20}=-\frac{3}{2} \tag{3.72}$$

周转轮系有

$$i_{2'4}^{H}=\frac{n_{2'}^{H}}{n_4^{H}}=\frac{n_{2'}-n_H}{n_4-n_H}=-\frac{z_3 z_4}{z_{2'} z_3}=-\frac{z_4}{z_{2'}}=-\frac{75}{21}=-\frac{25}{7} \tag{3.73}$$

(3)定轴轮系和周转轮系的转速关系,联立求解。

因为

$$n_2=n_{2'}, \quad n_4=0 \tag{3.74}$$

代入式(3.74)中,可求得

$$n_H=-\frac{960 \times 7}{48}=-140 \text{(r/min)}$$

133

n_H 为负值,表明输出轴转向与输入轴转向相反。

3.10.4 轮系的应用

轮系在机械中应用广泛,其主要应用有以下几个方面。

1. 实现远距离的传动

如图 3.57 中,两轴中心距较大时,如用一对齿轮传动,则两齿轮的结构尺寸必然很大,导致传动机构庞大。若采用图中四个小齿轮,则传动装置的尺寸可减小,从而节约材料、减轻质量。

图 3.57　远距离传动

2. 获得很大的传动比

一对齿轮传动的传动比不能过大(一般 $i_{12}=3\sim5$,$i_{max}\leqslant8$),而采用轮系传动可以获得很大的传动比,可达 10 000,以满足低速工作的要求。比如采用三对蜗轮蜗杆传动,三个蜗杆均为双头蜗杆,三个蜗轮的齿数均为 40,则可得到 8 000 的传动比。

3. 可实现变速和变向传动

如图 3.58 所示,可实现多级变速,图 3.59 中轮系可利用中间轮实现变向。

4. 实现运动的合成与分解

图 3.60 中,当汽车转弯时,它能将发动机传给齿轮 5 的运动以不同转速分别传递给左、右两车轮。

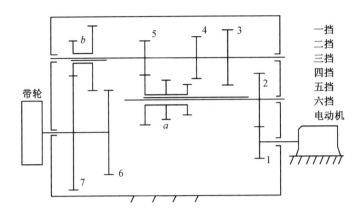

图 3.58　多级变速轮系

(a) 输入输出轮反向　　　　(b) 输入输出轮同向

图 3.59　变向机构

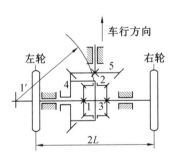

(a) 结构示意图　　　　　　(b) 实体图

图 3.60　汽车后桥差速器

5. 实现分路传动

利用定轴轮系,可通过主动轴上的若干齿轮分别把运动传给多个工作部位,从而实现分路传动。如图 3.61 中滚齿机工作台中的传动机构。

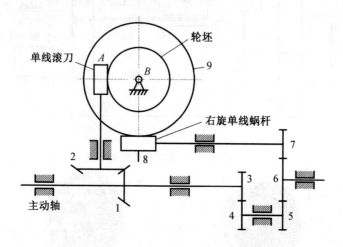

图 3.61   滚齿机范成运动传动简图

任务实施

任务描述中,手摇提升装置传动比的计算过程如下。

解析:根据题意,已知手摇提升装置的各轮齿数,要判断轮系类型,求该轮系的传动比,判断手柄转向等。

解   (1)轮系的类型。

各轮轴线固定不动,为定轴轮系,且轮系中包含圆锥齿轮传动和蜗杆蜗轮传动,故为空间定轴轮系。

(2)轮系的传动比。

因为是空间定轴轮系,故只能用式(3.67)计算该轮系传动比的大小,即

$$i_{15} = \frac{n_1}{n_2} = \frac{z_2 z_3 z_4 z_5}{z_1 z_2' z_3' z_4'} = \frac{50 \times 30 \times 40 \times 52}{20 \times 15 \times 1 \times 18} = 577.78$$

(3)手轮的转向。

可在图中用箭头表示,如图 3.62 所示。

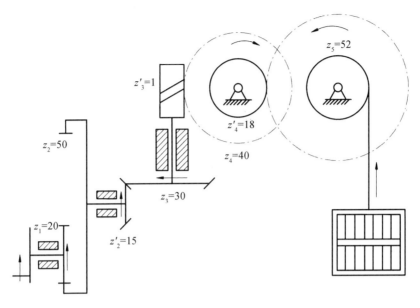

图 3.62   手摇提升装置(手轮的转向)

思考与实践

1. 分度圆与节圆、压力角与啮合角的区别是什么?

2. 一对标准直齿轮,安装中心距比标准值略大,试定性说明下述各对量的变化。

(1) 齿侧间隙和顶隙。

(2) 节圆直径和分度圆。

(3) 合角和压力角。

3. 试分别解释标准齿轮和标准安装。

4. 试述一对标准直齿轮、斜齿轮、锥齿轮的正确啮合条件。

5. 已知一正常齿制的渐开线直齿圆柱齿轮的 $m=2.5$ mm, $z=65$, $\alpha=20°$。试求该齿轮齿廓在分度圆上的曲率半径,以及渐开线齿廓在齿顶圆上的压力角。

6. 有一对正常齿制外啮合标准直齿圆柱齿轮机构,实测两轮轴孔中心距 $a=132$ mm,小齿轮 $z_1=38$,齿顶圆直径 $d_a=120$ mm。现拟配一大齿轮,试确定大齿轮的齿数 z_2、模数 m 及其他主要尺寸(d_2、d_a、d_f、d_b)。

7. 一对正常齿制的标准直齿圆柱齿轮机构,已知 $m=2$ mm, $z_1=17$, $z_2=37$,标准安装,要求:

(1) 绘制两轮的齿顶圆、分度圆、节圆、齿根圆和基圆。

(2) 作出理论啮合线、实际啮合线和啮合角。

(3) 检验是否满足连续传动条件。

8. 一对外啮合标准直齿圆柱齿轮传动,已知 $z_1=30$, $z_2=43$, $m=2$ mm, $\alpha=20°$,正常齿制,当实际中心距 $a'=705$ mm 时,试求啮合角 α'。

9. 一平行轴标准斜齿轮机构,已知两轮齿数 $z_1 = 21$,$z_2 = 27$,模数 $m_n = 2$ mm,压力角 $\alpha_n = 20°$,若实际中心距 $a' = 55$ mm,试求螺旋角 β。

10. 一对标准斜齿圆柱齿轮传动,已知两轮齿数 $z_1 = 22$,$z_2 = 43$,模数 $m_n = 4$ mm,压力角 $\alpha_n = 20°$,螺旋角 $\beta = 12°30'$,正常齿制。试求:

(1) 计算这对斜齿轮的主要几何尺寸。

(2) 计算两斜齿轮的当量齿数 z_{v1}、z_{v2}。

11. 如图 3.63 所示,已知 n 转向。试用箭头表示出图中其他各齿轮的转向。

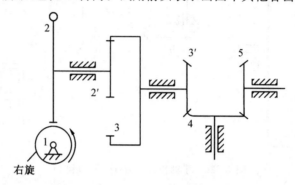

图 3.63　11 题图

12. 图 3.64 所示的分度头机构中,顶针装在蜗轮 6 的轴上,已知各齿轮的齿数 $z_1 = 30$,$z_2 = 18$,$z_3 = 20$,$z_4 = 50$,$z_5 = 1$,$z_6 = 40$,求齿轮 1 按图示箭头方向转动一圈时,顶针的转角和回转方向。

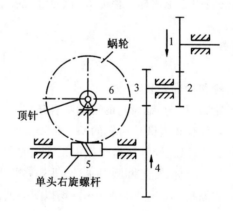

图 3.64　12 题图

13. 图 3.65 所示的复合轮系中,各齿轮均为标准齿轮,标准安装,现已知齿数 $z_1 = z_3' = 40$,$z_3 = z_5 = 100$,试求:

(1) 标准齿轮 2、4 的齿数 z_2、z_4。

(2) 传动比 i_{1H}。

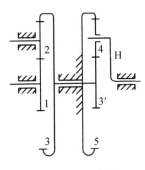

图 3.65　　13 题图

项目 4　带传动的认识与设计

▰ 项目导入

　　带传动是一种常用的机械传动形式,它的主要作用是传递转矩和转速,一般由主动带轮、从动带轮和传动带所组成,如图 4.1 所示。因传动带属于挠性件,故带传动也称为挠性传动,常用于减速传动装置中。大部分带传动是依靠挠性传动带与带轮间的摩擦力来传递运动和动力的。本项目主要学习带传动的类型和应用,受力和应力分析,带轮的结构、普通 V 带传动设计计算,安装与维护等相关知识。

图 4.1　柴油发动机的带传动

▰ 创新设计　笃技强国

　　工业化以现代制造业发展为根本动力和重要标志。中国是世界第一制造业大国,是全世界唯一拥有联合国产业分类中全部工业门类的国家,但与世界工业强国相比,我国科技创新能力和制造业基础能力还不强,一些核心技术仍然受制于人,整体技术水平先进性和产业安全性有待提高。我国要实现新型工业化,关键是推进制造业高质量发展,实现我国从制造大国向制造强国转变。(摘自求是网:《以制造强国建设为重心,加快推进新型工业化》)

知识目标

（1）了解带传动的类型、特点、应用。

（2）掌握带传动的受力分析、应力分析、弹性滑动与打滑。

能力目标

能根据实际工作条件进行带传动的设计、安装与维护。

素养目标

（1）树立严肃认真的设计态度，将标准化理念融入设计中。

（2）鼓励学生勇于创新，在实践中解决技术难题，培养实践动手能力和创新精神。

知识导航

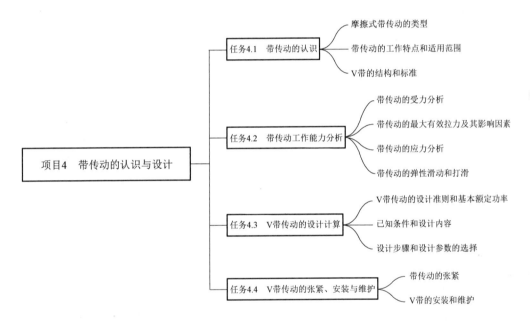

任务 4.1　带传动的认识

带传动的认识

任务描述

带式输送机主要用于石化企业输送煤和焦炭、磷铁矿石及化肥等物料。现要设计其传动装置，其中第一级传动该采用何种传动装置，其类型有哪些，可用于何种场合？

课前预习

1. 摩擦型带传动是依靠（　　）来传递运动和动力的。

A. 带和带轮接触面间的正压力

B. 带与带轮之间的摩擦力

C. 带的紧边拉力

D. 带的松边拉力

2. 与同样传动尺寸的平带传动相比，V 带传动的优点是（　　）。

A. 传动效率高

B. 带的寿命长

C. 带的价格便宜

D. 承载能力大

3. 在一般机械传动中，若需要采用带传动时，应优先选用（　　）。

A. 圆带传动

B. 同步带传动

C. V 带传动

D. 平带传动

任务 4.1 课前预习参考答案

 知识链接

带传动是工程上应用很广的一种机械传动。它是由主动带轮、从动带轮和紧套在两带轮上的环形传动带所组成的，如图 4.2 所示。根据工作原理不同，它可以分为摩擦式带传动和啮合式带传动两种。图 4.2(a) 所示为摩擦式带传动，工作时，它依靠传动带和带轮接触面间产生的摩擦力来传递运动和动力。图 4.2(b) 所示为啮合式带传动，工作时，它依靠传动带内侧凸齿和带轮轮齿间的啮合来传递运动和动力，由于传动带与带轮间没有相对滑动，故又称为同步带传动。本项目仅介绍摩擦式带传动。

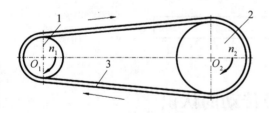　　　　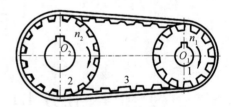

(a) 摩擦式带传动　　　　　　　　　　(b) 啮合式带传动

图 4.2　带传动工作原理

1— 主动带轮；2— 从动带轮；3— 紧套在两带轮上的环形传动带

4.1.1　摩擦式带传动的类型

在摩擦式带传动中，根据带的横截面形状不同，它可分为如下四种类型。

1. 平带传动

如图 4.3（a）所示,平带的横截面形状为矩形,其工作面为内表面,已标准化。平带传动主要用于两带轮轴线平行、转向相同的、较远距离的情况。

2. V 带传动

如图 4.3（b）所示,V 带的横截面形状为梯形,已标准化。V 带分普通 V 带、窄 V 带、宽 V 带等多种类型,其中,普通 V 带应用最广,近年来窄 V 带也得到广泛的应用,V 带传动是把 V 带紧套在 V 带轮上的梯形轮槽内,使 V 带的两个侧面与 V 带轮槽的两侧面楔紧,从而产生摩擦力来传递运动和动力,故 V 带的工作面是两个侧面。由力学知识可知,在相同的预紧力 F_0 的作用下,V 带产生的摩擦力要比平带产生的摩擦力大得多。因此,V 带传递功率大,传动能力强,结构紧凑,用途最广。本项目仅介绍普通 V 带传动。

3. 圆形带传动

如图 4.3（c）所示,圆形带的横截面形状为圆形。工作时,由于圆形带与带轮间的摩擦力较小,故传递功率小,圆形带传动只适用低速、轻载的机械,如缝纫机、磁带盘等传动机构。

4. 多楔带传动

如图 4.3（d）所示,多楔带是在平带基体上由若干根 V 带组成的传动带。它兼有平带和 V 带的优点,柔性好、摩擦力大、能传递较大的功率,并解决了多根 V 带受力不均匀的问题。它主要用于传递功率大,且要求结构紧凑的场合。

  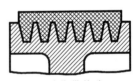

(a) 平带传动　　　　(b) V带传动　　　　(c) 圆形带传动　　　　(d) 多楔带传动

图 4.3　带传动的类型

4.1.2　带传动的工作特点和适用范围

（1）带是挠性件,具有良好的弹性,故能吸振、缓冲,传动平稳,噪声小。

（2）过载时,带会在小带轮上打滑,可以防止机械因过载而损坏,起到安全保护的作用。

（3）结构简单,制造、安装、维护方便,成本低廉,适用于两轴中心距较大的场合。

（4）传动比不够准确,外廓尺寸较大,不适用于高温和有化学腐蚀物质的场合。

综上所述,带传动主要适用于功率 $P \leqslant 50 \text{ kW}$;带速 $v = 5 \sim 25 \text{ m/s}$,特种高速带可达 60 m/s;传动比 $i \leqslant 5$,最大可达10;且要求传动平稳,但传动比不要求准确的机械中。

4.1.3 V 带的结构和标准

V 带的横截面结构如图 4.4 所示,它主要由顶胶、底胶、抗拉体和包布 4 部分组成。包布的材料是帆布,它是 V 带的保护层。顶胶和底胶的材料主要是橡胶,当 V 带在带轮上弯曲时,外侧受拉,内侧受压。抗拉体主要承受带的拉力,其结构有帘布结构和线绳结构两种。帘布结构的 V 带制造方便,抗拉强度高,价格低廉,应用较广。线绳结构的 V 带柔韧性好,抗弯强度高,主要适用于带轮直径小、载荷不大和转速较高的场合。

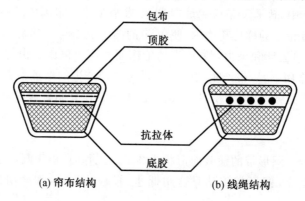

图 4.4 V 带的横截面结构

V 带是标准件,按横截面尺寸由小到大,普通 V 带依次分为 Y、Z、A、B、C、D、E 七种型号,其横截面尺寸见表 4.1。

表 4.1 V 带的横截面尺寸(GB/T 11544—2012)

型号	Y	Z	A	B	C	D	E	
顶宽 b	6	10	13	17	22	32	38	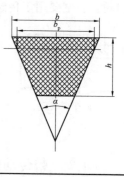
节宽 b_p	5.3	8.5	11	14	19	27	32	
高度 h	4.0	6.0	8.0	11	14	19	23	
楔角 α	40°							
每米质量 q/kg	0.04	0.06	0.10	0.17	0.30	0.60	0.87	

V 带是一根无接头的环形带,安装时,V 带张紧地套在两带轮上,此时顶胶将伸长,底胶将缩短,在二者之间就有一层既不伸长、也不缩短的纤维层,此纤维层称为中性层,其宽度称为节宽,用 b_p 表示;中性层所对应的带的周长称为带的基准长度,用 L_d 表示,其值见表 4.2;V 带节宽处所对应的带轮直径称为 V 带轮的基准直径,用 d_d 表示。V 带的标记由型号、基准长度和标准编号三部分所组成,如标记为 B1 250 GB/T 11544—2012,则表示 B 型 V 带,基准长度为 1 250 mm。

表 4.2　普通 V 带的基准长度系列和带长修正系数 K_L（GB/T 13575.1—2022）

基准长度	K_L					基准长度	K_L				
L_d/mm	Y	Z	A	B	C	L_d/mm	Y	Z	A	B	C
200	0.81					2 000		1.08	1.03	0.98	0.88
224	0.82					2 240		1.10	1.06	1.00	0.91
250	0.84					2 500		1.30	1.09	1.03	0.93
280	0.87					2 800			1.11	1.05	0.95
315	0.89					3 150			1.13	1.07	0.97
355	0.92					3 550			1.17	1.09	0.99
400	0.96	0.79				4 000			1.19	1.13	1.02
450	1.00	0.80				4 500				1.15	1.04
500	1.02	0.81				5 000				1.18	1.07
560		0.82				5 600					1.09
630		0.84	0.81			6 300					1.12
710		0.86	0.83			7 100					1.15
800		0.90	0.85			8 000					1.18
900		0.92	0.87	0.82		9 000					1.21
1 000		0.94	0.89	0.84		10 000					1.23
1 120		0.95	0.91	0.86		11 200					
1 125		0.98	0.93	0.88		12 500					
1 400		1.01	0.96	0.90		14 000					
1 600		1.04	0.99	0.92	0.83	16 000					
1 800		1.06	1.01	0.95	0.85						

145

任务实施

　　任务描述中的带式输送机的第一级传动选用 V 带传动。带传动结构简单,制造、安装和维护方便,传动平稳,噪声小。带传动可分为平带传动、V 带传动、圆形带传动和多楔带传动,其中,V 带传递功率大,传动能力强,结构紧凑,用途最广。故在带式输送机的传动装置中,第一级传动选用 V 带传动,可通过带传动的计算功率和输入转速确定 V 带型号。

任务 4.2 带传动工作能力分析

带传动工作
能力分析

任务描述

若带式运输机中的带传动发生了打滑现象，则该运输机将不能正常工作。试阐述何为打滑，并区分打滑和弹性滑动，辨别带传动的失效形式。

课前预习

1. 带传动在工作时产生弹性滑动，是由于（　　）。

A. 包角太小

B. 初拉力太小

C. 紧边与松边拉力不等

D. 传动过载

2. V 带传动中，带的弯曲应力作用在（　　）处。

A. 带和带轮接触弧段

B. 带的紧边

C. 带的松边

D. 带的中间段

3. 带传动的传动能力与（　　）的包角有关。

A. 小带轮

B. 大带轮

C. 张紧轮

D. 大、小带轮

任务 4.2 课
前预习参考
答案

知识链接

4.2.1 带传动的受力分析

带传动安装时，带张紧地套在两带轮上，使带受到力的作用，这种力称为预紧力，用 F_0 表示。若带传动处于静止时，带上、下两边所受的拉力相等，均等于 F_0，如图 4.5(a) 所示。

带传动工作时，设主动轮 1 以转速 n_1 转动，带与带轮接触面间便产生摩擦力。正由于这种摩擦力的作用，带绕入主动轮 1 的一边被拉紧，称为紧边，其拉力由 F_0 增大到 F_1；带绕入从动轮 2 的一边被放松，称为松边，其拉力由 F_0 减小到 F_2，如图 4.5(b) 所示。

如果近似地认为带工作时的总长度不变，则紧边拉力的增加量应等于松边拉力的减少量，即

$$F_1 - F_0 = F_0 - F_2 \tag{4.1}$$

或

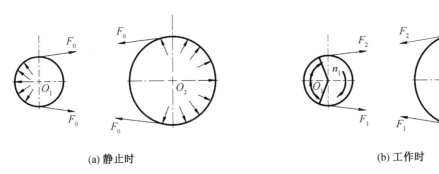

(a) 静止时　　　　　　　　　　　　　　(b) 工作时

图 4.5　带传动的受力分析

$$F_1 + F_2 = 2F_0 \tag{4.2}$$

带传动工作时,紧边与松边的拉力差值是带传动中起着传递功率作用的拉力,此拉力称为带传动的有效拉力,用 F_e 表示,它等于带与带轮接触面上各点摩擦力的总和 F_f,故有

$$F_e = F_f = F_1 - F_2 \tag{4.3}$$

式中　　F_e——带传动的有效拉力(N)。

此时,带所能传递的功率 P 为

$$P = \frac{Fv}{1\,000} \tag{4.4}$$

式中　　v——带速(m/s)。

4.2.2　带传动的最大有效拉力及其影响因素

带在即将打滑时,带与带轮接触面间的摩擦力达到最大,即带传动的有效拉力达到最大值。此时,紧边拉力 F_1 与松边拉力 F_2 之间的关系可用欧拉公式表示,即

$$\frac{F_1}{F_2} = e^{f_v \alpha_1} \tag{4.5}$$

式中　　e——自然对数底,e = 2.718 28…;

　　　　α_1——带在主动轮(一般情况下,主动轮为小带轮,从动轮为大带轮)上的包角(rad)(所谓包角,是指带与带轮接触弧所对应的中心角);

　　　　f_v——当量摩擦因数,有

$$f_v = \frac{f}{\sin \frac{\varphi}{2}} \tag{4.6}$$

式中　　φ——轮槽角。

由式(4.2)~(4.5)可得,带传动的最大有效拉力为

$$F_{emax} = 2F_0 \frac{1 - 1/e^{f_v \alpha_1}}{1 + 1/e^{f_v \alpha_1}} \tag{4.7}$$

由式(4.6)可知,带传动的最大有效拉力 F_{emax} 与下面几个因素有关。

147

1. 预紧力 F_0

带传动的最大有效拉力 F_{emax} 与预紧力 F_0 成正比,即预紧力 F_0 越大,带传动的最大有效拉力 F_{emax} 也越大。但 F_0 过大时,将使带的磨损加剧,以致过快松弛,缩短带的使用寿命。若 F_0 过小时,则带所能传递的功率 P 减小,运转时容易发生跳动和打滑的现象。

2. 主动带轮上的包角 α_1

带传动的最大有效拉力 F_{emax} 与主动带轮上的包角 α_1 也成正比,即随着包角 α_1 的增大而增大。为了保证带具有一定的传动能力,在设计中一般要求主动带轮上的包角 $\alpha_1 \geqslant 120°$。

3. 当量摩擦因数 f_v

同理可知,带传动的最大有效拉力 F_{emax} 随着当量摩擦因数 f_v 的增大而增大。这是因为其他条件不变时,当量摩擦因数 f_v 越大,摩擦力就越大,传动能力也就越强。

4.2.3 带传动的应力分析

带在工作过程中,其横截面上将存在三种应力。

1. 拉应力

带工作时,由于紧边与松边的拉力不同,其横截面上的拉应力也不相同。由材料力学可知,紧边拉应力 σ_1 与松边拉应力 σ_2 分别为

$$\begin{cases} \sigma_1 = \dfrac{F_1}{A} \\ \sigma_2 = \dfrac{F_2}{A} \end{cases} \tag{4.8}$$

式中　A——带的横截面面积(m^2)。

沿着带轮的转动方向,绕在主动带轮上的带横截面拉应力由 σ_1 逐渐降到 σ_2;绕在从动带轮上的带横截面拉应力由 σ_2 逐渐地增大到 σ_1,如图 4.6 所示。

2. 离心拉应力

带工作时,带绕过带轮做圆周运动而产生离心力,离心力将使带受拉,在横截面上产生离心拉应力,其大小为

$$\sigma_c = \frac{qv^2}{A} \tag{4.9}$$

式中　q——带的单位长度的质量(kg/m)(各种普通 V 带的单位长度质量见表 4.1);
　　　　其他符号的意义、单位同前文。

由式(4.9)可知,带速 v 越高,离心拉应力 σ_c 越大,降低了带的使用寿命;反之,由式(4.4)可知,若带的传递功率不变,带速 v 越低,则带的有效拉力越大,使所需的 V 带根数

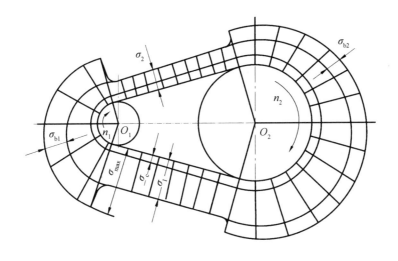

图 4.6   带传动的应力分析

增多。因此,在设计中一般要求带速 v 应控制在 $5 \sim 25$ m/s。

3. 弯曲应力

带绕过带轮时,由于带的弯曲变形而产生弯曲应力,一般主、从带轮的基准直径不同,带在两带轮上产生的弯曲应力也不相同。由材料力学可知,其弯曲应力分别为

$$\sigma_{b1} = \frac{2Eh}{d_{d1}} \tag{4.10}$$

$$\sigma_{b2} = \frac{2Eh}{d_{d2}} \tag{4.11}$$

式中 E——带材料的拉压弹性模量(MPa);

h——带的中性层到最外层的距离(mm);

d_{d1}、d_{d2}——主动带轮(即小带轮)、从动带轮(即大带轮)的基准直径(mm)。

由式(4.10)、式(4.11)可知,带越厚、带轮基准直径越小,带的弯曲应力就越大。所以,在设计时,一般要求小带轮的基准直径 d_{d1} 应大于或等于该型号带所规定的带轮最小基准直径 d_{dmin}(表 4.7),即 $d_{d1} \geqslant d_{dmin}$。

综上所述,带工作时,其横截面上的应力是不同的,其应力分布情况如图 4.6 所示。由图 4.6 可知,带的紧边绕入小带轮处横截面上的应力为最大,其值为

$$\sigma_{max} = \sigma_1 + \sigma_c + \sigma_{b1} \tag{4.12}$$

4.2.4   带传动的弹性滑动和打滑

带是弹性元件,在拉力作用下会产生弹性伸长,其弹性伸长量随拉力大小而变化。工作时,由于 $F_1 > F_2$,因此,紧边产生的弹性伸长量大于松边弹性伸长量。如图 4.7 所示,带绕入主动带轮时,带上的 B 点和轮上的 A 点相重合且速度相等。主动带轮以圆周速度 v_1 由 A 点转到 A_1 点时,带所受到的拉力由 F_1 逐渐降到 F_2,带的弹性伸长量也逐渐减少,从而使带沿带轮表面逐渐向后收缩而产生相对滑动,这种由于拉力差和带的弹性变形而

149

引起的相对滑动称为弹性滑动。正由于存在弹性滑动,带上的 B 点滞后于主动带轮上的 A 点而运动到 B_1 点,使带速 v 小于主动带轮圆周速度 v_1。同理,弹性滑动也发生在从动带轮上,但情况恰恰相反,即从动带轮上的 C 点转到 C_1 点时,由于拉力逐渐增大,带将逐渐伸长,使带沿带轮表面逐渐向前滑动一微小距离 C_1D_1,使带速 v 大于从动带轮圆周速度 v_2。

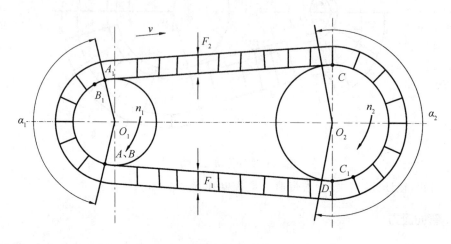

图 4.7　带传动的弹性滑动

通过上述分析可知,弹性滑动是摩擦式带传动中不可避免的现象,它使从动带轮的圆周速度 v_2 小于主动带轮的圆周速度 v_1,从而产生速度损失。从动带轮圆周速度的降低程度可用滑动率 ε 表示,即

$$\varepsilon = \frac{v_1 - v_2}{v_1} = \frac{\pi d_{d1} n_1 - \pi d_{d2} n_2}{\pi d_{d1} n_1} \tag{4.13}$$

因此,从动带轮实际转速为

$$n_2 = \frac{d_{d1}(1 - \varepsilon) n_1}{d_{d2}} \tag{4.14}$$

带传动的实际传动比为

$$i = \frac{n_1}{n_2} = \frac{d_{d2}}{d_{d1}(1 - \varepsilon)} \tag{4.15}$$

在一般传动中,由于带的滑动率 ε 很小,其值为 $1\% \sim 2\%$,故一般计算时可忽略不计而取传动比为

$$i = \frac{n_1}{n_2} \approx \frac{d_{d2}}{d_{d1}} \tag{4.16}$$

当传递的外载荷增大时,所需的有效拉力 F_e 也随着增加,当 F_e 达到一定数值时,带与带轮接触面间的摩擦力总和达到极限值。若外载荷再继续增大,带将在主动带轮上发生全面滑动,这种现象称为打滑。打滑使从动带轮的转速急剧下降,带的磨损严重加剧,是带传动的一种失效形式,在工作中应予以避免。

任务实施

任务描述中的带式运输机的带传动发生了打滑,是因为出现了过载,摩擦力不能克服从动带轮上的阻力矩,带沿带轮面全面滑动,从动带轮的转速急剧降低甚至不动。弹性滑动是带传动正常工作时不可避免的固有特性,只发生在带离开带轮前的那部分接触弧上,对传动影响不大;打滑发生在带和带轮的全部接触弧上,是带传动的主要失效形式之一,设计时必须避免。

任务 4.3   V 带传动的设计计算

V带传动的
设计计算

任务描述

设计某通风机上的普通 V 带传动,已知传递功率 $P=7$ kW,普通异步电动机驱动,主动带轮转速 $n_1=970$ r/min,从动带轮转速 $n_1=420$ r/min,三班制工作,要求中心距为 590 mm 左右。

课前预习

1. V 带轮的最小直径 $d_{\min}$ 取决于(　　)。

A. 带的型号

B. 带的速度

C. 主动轮转速

D. 带轮结构尺寸

2. V 带传动设计中,限制小带轮的最小直径主要是为了(　　)。

A. 使结构紧凑

B. 限制弯曲应力

C. 保证带和带轮接触面间有足够摩擦力

D. 限制小带轮上的包角

151

任务 4.3 课
前预习参考
答案

知识链接

4.3.1　V 带传动的设计准则和基本额定功率

由于带传动的主要失效形式是带在主动带轮上打滑、带的疲劳破坏和过度磨损,因此带传动的设计准则是:在保证带传动不打滑的条件下,使带具有一定的疲劳强度和使用寿命。为了方便设计,将在特定条件下单根 V 带不打滑又具有一定的疲劳强度和寿命时所能传递的功率称为单根 V 带的基本额定功率,用 P_0 表示,常用型号的单根普通 V 带 P_0 值见表 4.3。其中特定条件是指:载荷平稳,两带轮上的包角 $\alpha_1=\alpha_2=180°$,带长为特定基准长度,带为一定材质和结构等。

表 4.3　特定条件时单根普通 V 带基本额定功率 P_0　　kW

型号	小带轮基准直径 /mm	小带轮转速 $n_1/(\text{r} \cdot \text{min}^{-1})$										
		200	400	800	950	1 200	1 450	1 600	1 800	2 000	2 400	2 800
Z 型	50	0.04	0.06	0.10	0.12	0.14	0.16	0.17	0.19	0.20	0.22	0.26
	56	0.04	0.06	0.12	0.14	0.17	0.19	0.20	0.23	0.25	0.30	0.33
	63	0.05	0.08	0.15	0.18	0.22	0.25	0.27	0.30	0.32	0.37	0.41
	71	0.06	0.09	0.20	0.23	0.27	0.30	0.33	0.36	0.39	0.46	0.50
	80	0.10	0.14	0.22	0.26	0.30	0.35	0.39	0.42	0.44	0.50	0.56
	90	0.10	0.14	0.24	0.28	0.33	0.36	0.40	0.44	0.48	0.54	0.60
A 型	75	0.15	0.26	0.45	0.51	0.60	0.68	0.73	0.79	0.84	0.92	1.00
	90	0.22	0.39	0.68	0.77	0.93	1.07	1.15	1.25	1.34	1.50	1.64
	100	0.26	0.47	0.83	0.95	1.14	1.32	1.42	1.58	1.66	1.87	2.05
	112	0.31	0.56	1.00	1.15	1.39	1.61	1.74	1.89	2.04	2.30	2.51
	125	0.37	0.67	1.19	1.37	1.66	1.92	2.07	2.26	2.44	2.74	2.98
	140	0.43	0.78	1.41	1.62	1.96	2.28	2.45	2.66	2.87	3.22	3.48
	160	0.51	0.94	1.69	1.95	2.36	2.73	2.54	2.98	3.42	3.80	4.06
	180	0.59	1.09	1.97	2.27	2.74	3.16	3.40	3.67	3.93	4.32	4.54
B 型	125	0.48	0.84	1.44	1.64	1.93	2.19	2.33	2.50	2.64	2.85	2.92
	140	0.59	1.05	1.82	2.08	2.47	2.82	3.00	3.23	3.42	3.70	3.85
	160	0.74	1.32	2.32	2.66	3.17	3.62	3.86	4.15	4.40	4.75	4.89
	180	0.88	1.59	2.81	3.22	3.85	4.39	4.68	5.02	5.30	5.67	5.76
	200	1.02	1.85	3.30	3.77	4.50	5.13	5.46	5.83	6.13	6.47	6.43
	224	1.19	2.17	3.86	4.42	5.26	5.97	6.33	6.73	7.02	7.25	6.95
	250	1.37	2.50	4.46	5.10	6.04	6.82	7.20	7.63	7.87	7.89	7.14
	280	1.58	2.89	5.13	5.85	6.90	7.76	8.13	8.48	8.60	8.22	6.80
C 型	200	1.39	2.41	4.07	4.58	5.29	5.84	6.07	6.28	6.34	6.02	5.01
	224	1.70	2.99	5.12	5.78	6.71	7.45	7.75	8.00	8.06	7.57	6.08
	250	2.03	3.62	6.23	7.04	8.21	9.08	9.35	9.63	9.62	8.75	6.56
	280	2.42	4.32	7.52	8.49	9.81	10.72	11.06	11.22	11.04	9.50	6.13
	315	2.84	5.14	8.92	10.05	11.53	12.46	12.72	12.67	12.14	9.43	4.16
	355	3.36	6.05	10.46	11.73	13.31	14.12	14.19	13.73	12.59	7.98	—
	400	3.91	7.06	12.10	13.48	15.04	15.53	15.24	14.08	11.95	4.34	—
	450	4.51	8.20	13.80	15.23	16.59	16.47	15.57	13.29	9.64	—	—

实际上,大多数 V 带的工作条件与上述特定条件不同,故需要对 P_0 值进行修正。将

单根 V 带在实际工作条件下所能传递的功率称为许用功率,记为$[P_0]$。其计算式为

$$[P_0]=(P_0+\Delta P_0)K_\alpha K_L \tag{4.17}$$

式中　ΔP_0——单根 V 带的基本额定功率增量,考虑 P_0 是按 $\alpha_1=\alpha_2=180°$,即 $d_{d1}=d_{d2}$ 的条件计算的,而当传动比不等于 1 时,V 带在大带轮上的弯曲应力较小,在相同寿命条件下,可增大传递的功率,其值见表 4.4;

K_α——包角系数,考虑包角 $\alpha_1\neq180°$ 时对传动能力的影响,其 K_α 值见表 4.5;

K_L——长度修正系数,考虑到实际带长不等于特定基准长度时对传动能力的影响,K_L 值参见表 4.2。

表 4.4　单根普通 V 带的基本额定功率增量 ΔP_0　　　　　　　　kW

型号	小带轮转速 / $(r \cdot min^{-1})$	传动比 i									
		$1.00 \sim 1.01$	$1.02 \sim 1.04$	$1.05 \sim 1.08$	$1.09 \sim 1.12$	$1.13 \sim 1.18$	$1.19 \sim 1.24$	$1.25 \sim 1.34$	$1.35 \sim 1.51$	$1.52 \sim 1.99$	$\geqslant 2.0$
Z 型	400	0.00	0.00	0.00	0.00	0.00	0.00	0.00	0.00	0.01	0.01
	730	0.00	0.00	0.00	0.00	0.00	0.00	0.01	0.01	0.01	0.02
	800	0.00	0.00	0.00	0.00	0.01	0.01	0.01	0.01	0.02	0.02
	980	0.00	0.00	0.00	0.01	0.01	0.01	0.02	0.02	0.02	0.02
	1 200	0.00	0.00	0.01	0.01	0.01	0.01	0.02	0.02	0.02	0.03
	1 460	0.00	0.00	0.01	0.01	0.01	0.02	0.02	0.02	0.02	0.03
	2 800	0.00	0.01	0.02	0.02	0.03	0.03	0.03	0.04	0.04	0.04
A 型	400	0.00	0.01	0.01	0.02	0.02	0.03	0.03	0.04	0.04	0.05
	730	0.00	0.01	0.02	0.03	0.04	0.05	0.06	0.07	0.08	0.09
	800	0.00	0.01	0.02	0.03	0.04	0.05	0.06	0.08	0.09	0.10
	980	0.00	0.01	0.03	0.04	0.05	0.06	0.07	0.08	0.10	0.11
	1 200	0.00	0.02	0.03	0.05	0.07	0.08	0.10	0.11	0.13	0.15
	1 460	0.00	0.02	0.04	0.06	0.08	0.09	0.11	0.13	0.15	0.17
	2 800	0.00	0.04	0.08	0.11	0.15	0.19	0.23	0.26	0.30	0.34
B 型	400	0.00	0.01	0.03	0.04	0.06	0.07	0.08	0.10	0.11	0.13
	730	0.00	0.02	0.05	0.07	0.10	0.12	0.15	0.17	0.20	0.22
	800	0.00	0.03	0.06	0.08	0.11	0.14	0.17	0.20	0.23	0.25
	980	0.00	0.03	0.07	0.10	0.13	0.17	0.20	0.23	0.26	0.30
	1 200	0.00	0.04	0.08	0.13	0.17	0.21	0.25	0.30	0.34	0.38
	1 460	0.00	0.05	0.10	0.15	0.20	0.25	0.31	0.35	0.40	0.46
	2 800	0.00	0.10	0.20	0.29	0.39	0.49	0.59	0.69	0.79	0.89

续表4.4

型号	小带轮转速 / (r·min⁻¹)	传动比 i									
		1.00~1.01	1.02~1.04	1.05~1.08	1.09~1.12	1.13~1.18	1.19~1.24	1.25~1.34	1.35~1.51	1.52~1.99	≥2.0
C型	400	0.00	0.04	0.08	0.12	0.16	0.20	0.23	0.27	0.31	0.35
	730	0.00	0.07	0.14	0.21	0.27	0.34	0.41	0.48	0.55	0.62
	800	0.00	0.08	0.16	0.23	0.31	0.39	0.47	0.55	0.63	0.71
	980	0.00	0.09	0.19	0.27	0.37	0.47	0.56	0.65	0.74	0.83
	1 200	0.00	0.12	0.24	0.35	0.47	0.59	0.70	0.82	0.94	1.06
	1 460	0.00	0.14	0.28	0.42	0.58	0.71	0.85	0.99	1.14	1.27
	2 800	0.00	0.27	0.55	0.82	1.10	1.37	1.61	1.92	2.19	2.47

表 4.5　包角系数 K_α

包角 α_1/(°)	180	170	160	150	140	130	120	110	100	90
K_α	1.00	0.98	0.95	0.92	0.89	0.86	0.82	0.78	0.74	0.69

4.3.2　已知条件和设计内容

在 V 带传动设计时,已知条件一般为:V 带传动用途和工作条件,载荷性质,传递的功率 P,带轮的转速 n_1、n_2 或 n_1 和传动比 i 及对传动外廓尺寸的要求等。设计计算的主要内容为:确定 V 带的型号、基准长度和根数,确定带传动的中心距,带轮基准直径及结构尺寸,计算带的预紧力 F_0 及对轴的压力等。

4.3.3　设计步骤和设计参数的选择

1. 确定计算功率 P_c

计算功率 P_c 是根据传递的功率 P,并考虑到载荷性质和每天工作时间等因素的影响而确定的,即

$$P_c = K_A P \tag{4.18}$$

式中　P—— 所需传递的额定功率(如电动机的额定功率)(kW);

　　　K_A—— 工作情况系数,见表4.6。

表 4.6　工作情况系数 K_A

载荷性质	工作机	原动机					
		电动机(交流启动、三角启动、直流并励)、四缸以上的内燃机			电动机(联机交流启动、直流复励或串励)、四缸以下的内燃机		
		每天工作时间 /h					
		< 10	10～16	> 16	< 10	10～16	> 16
载荷变动较小	液体搅拌机、通风机和鼓风机(≤ 7.5 kW)、离心式水泵和压缩机、轻负荷输送机	1.0	1.1	1.2	1.1	1.2	1.3
载荷变动小	带式输送机(不均匀载荷)、通风机(> 7.5 kW)、旋转式水泵和压缩机(非离心式)、发动机、金属切削机床、印刷机、旋转筛、锯木机和木工机械	1.1	1.2	1.3	1.2	1.3	1.4
载荷变动较大	制砖机、斗式提升机、往复式水泵和压缩机、起重机、磨粉机、冲剪机床、橡胶机械、振动筛、织布机械、重载输送机	1.2	1.3	1.4	1.4	1.5	1.6
载荷变动很大	破碎机(旋转式、颚式)、磨碎机(球磨、棒磨、管磨)	1.3	1.4	1.5	1.5	1.6	1.8

注:① 软启动的动力机如电动机(交流启动、三角启动、直流并励),四缸以上的内燃机,装有离心式离合器、液力联轴器的动力机;负载启动的动力机如电动机(联机交流启动、直流复励或串励),四缸以下的内燃机。

② 反复启动、正反转频繁、工作条件恶劣的场合,K_A 应乘 1.2。

③ 增速传动时,K_A 应乘下列系数。a.增速比:1.25～1.74,1.75～2.49,2.5～3.49,≥ 3.5 。b.系数:1.05,1.11,1.18,1.28。

2. 选择 V 带型号

根据计算功率 P_c 和小带轮的转速 n_1,由图 4.8 选定 V 带型号。

3. 确定大、小带轮基准直径,并验算带速

(1) 初选小带轮基准直径 d_{d1}。

小带轮基准见表 4.7。直径越小,V 带的弯曲应力越大,会降低带的使用寿命;反之,若小带轮基准直径过大,则带传动的整体外廓尺寸增大,使结构不紧凑,故设计时小带轮基准直径 d_{d1} 应根据图 4.8 中的推荐值 d_{d1},并参考表 4.7 中的基准直径系列来选取,并使

$d_{d1} \geqslant d_{dmin}$,其中 d_{dmin} 值见表 4.7。

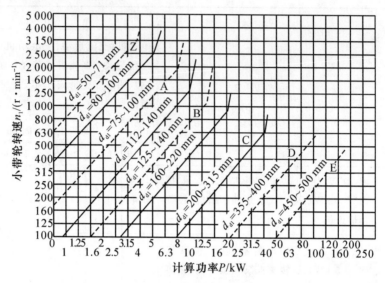

图 4.8　普通 V 带选型图

表 4.7　V 带轮最小基准直径 d_{dmin} 及基准直径系列　　　　　mm

型号	Y	Z	A	B	C	D	E
d_{dmin}	20	50	75	125	200	355	500
基准直径系列	20,22.4,25,28,31.5,35.5,40,45,50,56,63,71,80,85,90,95,100,106,112,118,125, 132,140,150,160,170,180,200,212,224,236,250,265,280,315,355,375,400,425, 450,475,500,530,560,630,719,800,900,1 000,1 120,1 250,1 600,2 000,2 500						

（2）验算带速 v。

$$v = \frac{d_{d1} n_1 \pi}{60 \times 1\,000} = \frac{d_{d2} n_2 \pi}{60 \times 1\,000}(\text{m/s}) \tag{4.19}$$

一般应使带速 v 控制在 $5 \sim 25$ m/s 的范围内,若 v 过大,则离心力大,降低带的使用寿命;反之,若 v 过小,传递功率不变时,则所需的 V 带的根数增多。

（3）计算并确定大带轮基准直径 d_{d2}。

$$d_{d2} = d_{d1} \times i = \frac{d_{d1} n_1}{n_2} \tag{4.20}$$

由式(4.20)计算出来的 d_{d2} 值,最后应取整为表 4.7 中的基准直径系列值。

4. 确定中心距和带长

（1）若中心距未给定,可先根据结构需要初定中心距 a_0。

中心距过大,则传动结构尺寸大,且 V 带易颤动;中心距过小,小带轮包角 α_1 减小,降低传动能力,且带的绕转次数增多,降低带的使用寿命。因此,中心距通常按下式初选,即

$$0.7 d_{d2}(d_{d1} + d_{d2}) \leqslant a_0 \leqslant 2 d_{d2}(d_{d1} + d_{d2}) \tag{4.21}$$

(2) 计算带长 L_0。

a_0 取定后,根据带传动的几何关系,按下式计算带长 L_0,即

$$L_0 = 2a_0 + \frac{\pi(d_{d1} + d_{d2})}{2} + \frac{(d_{d2} - d_{d1})^2}{4a_0} \tag{4.22}$$

(3) 确定带的基准长度 L_d。

根据 L_0 和 V 带型号,由表 4.2 选取相应带的基准长度 L_d。

(4) 确定实际中心距 a_0。

根据选取的基准长度 L_d,按下式近似计算,即

$$a \approx a_0 + \frac{L_d + L_0}{2} \tag{4.23}$$

为了便于带的安装与张紧,中心距 a 应留有调整的余量,中心距的变动范围为

$$a_{min} = a - 0.015L_d \tag{4.24}$$
$$a_{max} = a - 0.03L_d \tag{4.25}$$

5. 验算小带轮(即主动带轮)上的包角 α_1

$$\alpha_1 = 180° - \frac{d_{d2} - d_{d1}}{a} \times 57.3° \tag{4.26}$$

一般要求 $\alpha_1 \geqslant 120°$,否则应采用加大中心距或减小传动比及加张紧轮等方式来增大 α_1 值。

6. 确定 V 带根数 Z

V 带的根数 Z 可按下式计算,即

$$Z = \frac{P_c}{[P_0]} = \frac{P_c}{(P_0 + \Delta P_0)K_a K_L} \tag{4.27}$$

计算出的 Z 值最后应圆整为整数,为了使每根 V 带所受的载荷比较均匀,V 带的根数不能过多,一般取 $Z = 3 \sim 6$ 根为宜,最多不超过 8 根,否则应改选带的型号并重新计算。

7. 确定带的预紧力 F_0

在 V 带传动中,若预紧力 F_0 过小,则产生的摩擦力小,易出现打滑;反之,预紧力 F_0 过大,则降低带的使用寿命,增大对轴的压力。单根 V 带的预紧力可按下式计算,即

$$F_0 = \frac{500P_c}{vZ} \left(\frac{2.5}{K_a} - 1 \right) + qv^2 \tag{4.28}$$

式中　各符号的意义、单位同前文。

8. 计算 V 带对轴的压力 Q

带对轴的压力 Q 是设计带轮所在的轴与轴承的依据。为了简化计算,可近似按两边的预紧力 F_0 的合力来计算,如图 4.9 所示,有

$$Q = 2ZF_0 \sin\frac{\alpha_1}{2} \tag{4.29}$$

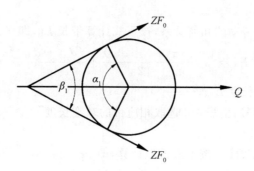

图 4.9　V 带对轴的压力 Q

任务实施

任务描述中,通风机的普通 V 带传动的设计过程如下。

解析:根据题意,已知原动机、工作机及有关条件,要求设计合适的带传动装置,具体设计内容为:带的型号、长度、根数、传动中心距、带轮直径及结构尺寸等。

解　(1)确定计算功率 P_c。

由表 4.6 查得 $K_A = 1.2$。由式(4.18)得

$$P_c = K_A P = 1.2 \times 7 = 8.4 (\text{kW})$$

(2)选择 V 带型号。

根据 $P_c = 8.4$ kW,$n_1 = 970$ r/min,由图 4.8 可选取普通 B 型的 V 带。

(3)确定带轮基准直径,并验算带速。

由图 4.8 可知,小带轮基准直径的推荐值为 $112 \sim 140$ mm,由表 4.7,则取 $d_{d1} = 125(\text{mm})$,有

$$d_{d2} = d_{d1} = \frac{n_1}{n_2} = 125 \times \frac{970}{420} = 288.7(\text{mm})$$

由表 4.7,取 $d_{d2} = 280$ (mm),实际传动比 i 为

$$i = \frac{d_{d2}}{d_{d1}} = \frac{280}{125} = 2.24$$

由式(4.19)得

$$v = \frac{3.14 d_{d1} n_1}{60 \times 1\,000} = \frac{3.14 \times 125 \times 970}{60 \times 1\,000} = 6.3(\text{m/s})$$

v 值在 $5 \sim 25$ m/s 范围内,带速合格。

(4)确定带长 L_d 和中心距 a_0。

由式(4.21)得

$$0.7(d_{d1} + d_{d2}) \leqslant a_0 \leqslant 2(d_{d1} + d_{d2})$$
$$283.5 \text{ mm} \leqslant a_0 \leqslant 810 \text{ mm}$$

初取中心距 $a_0 = 550$ mm(因题意要求,中心距为 590 mm 左右)。

由式(4.22)得

$$L_0 = 2a_0 + \frac{\pi}{2}(d_{d1} + d_{d2}) + \frac{(d_{d2} - d_{d1})^2}{4a_0}$$

$$= 2 \times 550 + 3.14 \times (125 + 280) + \frac{(280 - 125)^2}{4 \times 550}$$

$$\approx 1\,725 \text{(mm)}$$

由表 4.2，取 $L_d = 1\,800$ mm。

由式(4.22)得，实际中心距 a 为

$$a \approx a_0 + \frac{L_d - L_0}{2} = 550 + \frac{1\,800 - 1\,725}{2}$$

$$\approx 588 \text{(mm)}（满足题意要求，中心距为 590 mm 左右）$$

验算小带轮上的包角 α_1 由式(4.26)得

$$\alpha_1 = 180° - \frac{d_{d2} - d_{d1}}{a} \times 57.3°$$

$$= 180° - \frac{280 - 125}{588} \times 57.3°$$

$$= 164.9° > 120°（符合小带轮包角 \alpha_1 的要求）$$

（5）确定 V 带根数 Z。

查表 4.3，由线性插值法可得

$$P_0 = 1.64 + \frac{1.93 - 1.64}{1\,200 - 950} \times (970 - 950) = 1.66 \text{(kW)}$$

查表 4.4，由线性插值法可得

$$\Delta P_0 = 0.25 + \frac{0.3 - 0.25}{980 - 800} \times (970 - 800) = 0.297 \text{ (kW)}$$

查表 4.5，由线性插值法可得

$$K_\alpha = 0.95 + \frac{0.98 - 0.95}{170 - 160} \times (164.9 - 160) = 0.965$$

查表 4.2，可得 $K_L = 0.95$。

由式(4.27)得，V 带根数 Z 为

$$Z = \frac{P_c}{[P_0]} = \frac{P_c}{(P_0 + \Delta P_0)K_\alpha K_L}$$

$$= \frac{8.4}{(1.66 + 0.297) \times 0.965 \times 0.95}$$

$$= 4.7 \text{(根)}$$

取整数，故 $Z = 5$ 根。

（6）计算单根 V 带的预紧力 F_0。

查表 4.1 得 $q = 0.17$ kg/m，由式(4.28)得单根 V 带的预紧力 F_0 为

$$F_0 = \frac{500P_c}{Zv}\left(\frac{2.5}{K_\alpha} - 1\right) + qv^2$$

$$= \frac{500 \times 8.4}{5 \times 6.3} \times \left(\frac{2.5}{0.965} - 1\right) + 0.17 \times 6.3^2$$

$$= 218.8(\text{N})$$

（7）计算 V 带对轴的压力 Q。

由式（4.29）得 V 带对轴的压力 Q 为

$$Q = 2ZF_0 \sin \frac{\alpha_1}{2} = 2 \times 5 \times 218.8 \times \sin \frac{164.9°}{2} = 2\ 169.03(\text{N})$$

（8）V 带轮的结构设计，并绘制 V 带轮的零件工作图（略）。

任务 4.4　带传动的张紧、安装与维护

任务描述

水泥搅拌机传动装置用 4 根并用的普通 V 带传动减速，使用一段时间以后，发现其中一根 V 带损坏，应如何处理？V 带的安装、维护有何要求？

课前预习

1. 一组 V 带中，有一根不能使用了，应（　　　）。

A. 将不能用的更换掉

B. 更换掉快要不能用的

C. 全组更换

D. 继续使用

知识链接

4.4.1　带传动的张紧

带工作一段时间后，就会变得松弛，为了保证带传动能正常工作，就必须对其重新张紧。目前常见的张紧方法和装置如下。

1. 定期张紧

如图 4.10（a）所示，通常用调节螺钉来改变电动机在滑道上的位置，增大了中心距，从而达到张紧的目的。此方法常用于水平布置的带传动。如图 4.10（b）所示，把装有带轮的电动机安装在摆动机座上，转运调整螺母就可达到张紧目的。

2. 自动张紧

如图 4.10（c）所示，靠电动机和机座的自重使带轮绕固定轴摆动，以自动调整中心距达到张紧的目的。此方法常用于小功率近似垂直布置的带传动。

3. 采用张紧轮张紧

如图 4.10（d）所示是利用张紧轮张紧，张紧轮一般安装在带的松边内侧，尽量靠近大

V带传动的张紧、安装、维护

任务4.4课前预习参考答案

160

带轮,以避免使带受到双向弯曲及小带轮包角 α_1 减小太多。此方法常用于中心距不可调节的场合。

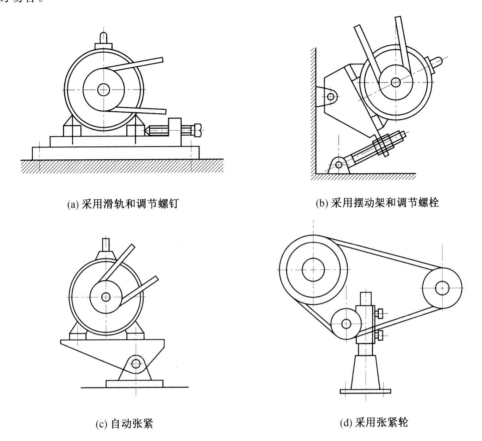

(a) 采用滑轨和调节螺钉　　　　　　　　(b) 采用摆动架和调节螺栓

(c) 自动张紧　　　　　　　　　　　　(d) 采用张紧轮

图 4.10　　常见的张紧方法和装置

4.4.2　V 带的安装和维护

为了保证带传动的正常工作,延长 V 带的使用寿命,必须正确地安装、使用和维护 V带。在 V 带安装和使用时,应注意如下几点。

(1) 安装时,两带轮轴线应平行,轮槽应对齐;对于水平安装的带传动,应尽可能使紧边在下、松边在上,以增大小带轮的包角。

(2) 安装时,应先缩小中心距。将带套入带轮槽中后,再增大中心距并张紧,严禁硬撬,以免损坏带的工作表面和降低带的弹性。

(3) 定期检查 V 带,当发现其中一根需要更换时,必须全部同时更换;另外,为了使每根 V 带受力均匀,同组 V 带的型号、基准长度、公差等级及生产厂家应相同。

(4)V 带传动需要有防护罩,以免发生意外事故。

(5) 安装 V 带时,应保证和控制适当的预紧力 F_0,一般可凭经验来确定,即在 V 带与两带轮切点的跨度中点,以大拇指能按下 15 mm 为宜。

(6)V 带一般不宜与酸、碱、油等化学物质接触,工作温度不宜超过 60 ℃,以免损坏

V 带。

任务实施

任务描述中的水泥搅拌机传动装置中有 4 根并用的普通 V 带，使用一段时间以后，如果发现其中一根 V 带损坏，应该全部更换，避免新旧混用时因带长不等加速新带磨损。另外，安装新 V 带时，V 带的外边缘应与带轮的轮缘平齐，方能保证 V 带截面和轮槽的正确位置；两带轮轴线应平行，两轮轮槽的对称平面应重合，其偏角在误差范围内；安装时，需调小中心距或松开张紧轮套带，然后调整到合适的张紧程度，若能用大拇指按下 15 mm 左右，则张紧程度合适。严禁将带强行撬入带轮。

思考与实践

1. 带传动的弹性滑动现象是怎样产生的？它对带传动有什么影响？能否避免？

2. 带传动的主要失效形式有哪些？带传动的设计准则是什么？

3. 带传动不产生打滑的条件是什么？为什么打滑常发生在小带轮上？

4. V 带传动的设计步骤有哪些？在设计中应注意哪些事项？

5. V 带传动的传递功率 $P = 10$ kW，带的速度 $v = 12$ m/s，紧边拉力 F_1 是松边拉力 F_2 的 2 倍，即 $F_1 = 2F_2$，试求紧边拉力 F_1、松边拉力 F_2、有效拉力 F_e 和预紧力 F_0。

项目 5　链传动的认识与设计

链传动是另一种常见的机械传动形式,由链轮、链条、链轴和链轮轴等组成。它的主要作用是通过链条将动力从一个轴传递到另一个轴。由于它的结构相对简单,其传动效率高且承载能力强,所以链传动广泛应用于生活中,如自行车上的链传动(图 5.1)。本项目主要介绍链传动的类型与结构、滚子链的结构,链传动的工作能力分析,链传动的计算与链传动的维护。

图 5.1　自行车上的链传动

世界各国之间的竞争,说到底是生产力的竞争。加快形成新质生产力,增强发展新动能,对提升产业链、供应链韧性和安全性,实现高质量发展,进而夯实社会主义现代化强国建设的物质技术基础具有重大意义。在加快形成新质生产力过程中,要牢牢依靠科技创新和产业创新,加强科技创新和产业创新深度融合,促进科技自立自强和产业结构转型升级协调同步。(摘自《光明日报》:《【光明论坛】科技创新和产业创新深度融合》)

(1)了解链传动的组成、工作原理、类型和应用。
(2)掌握链传动的工作能力分析与计算链传动的平均传动比。
(3)掌握链传动的布置与维护。

（1）瞬时链速与传动比的计算。

（2）滚子链各零件间的配合关系。

（1）通过小组合作增强团队合作精神和语言表达能力，提升自信心。

（2）感受在实践中学习知识乐趣，喜欢到实践中去学习。

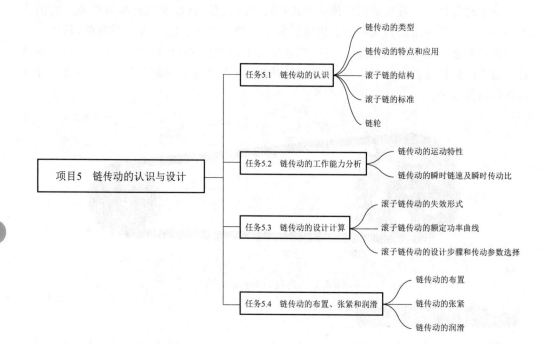

164

任务 5.1　链传动的认识

链传动的认识

任务描述

链传动在我们生活中随处可见,如图 5.2 中的自行车就是采用了链传动,通过链传动将运动和动力传递到后轮。自行车运行过程中,链条有可能脱落,那为什么不采用齿轮传动或带传动? 链传动和带传动、齿轮传动有什么区别?

图 5.2　自行车

课前预习

1. 链传动是借助链和链轮间的(　　　)来传递动力和运动的。

A. 摩擦

B. 粘接

C. 啮合

2. 为避免使用过渡链节,设计链传动时应使链条长度为(　　　)。

A. 链节数为偶数

B. 链节数为小链轮齿数的整数倍

C. 链节数为奇数

D. 链节数为大链轮齿的整数倍

任务 5.1 课前预习参考答案

知识链接

链式传动广泛应用于我们的生活生产中,兼具了齿轮传动和带传动的特点。如图 5.3 所示,链传动由主动链轮、从动链轮和绕在两个链轮的链条这三个部分构成,通过链轮齿与链条链节之间的相互啮合传递动力,链条是挠性件,故链传动与带传动同属于挠性传动。链传动的种类繁多,本任务主要介绍滚子链和链轮的结构及其特性。

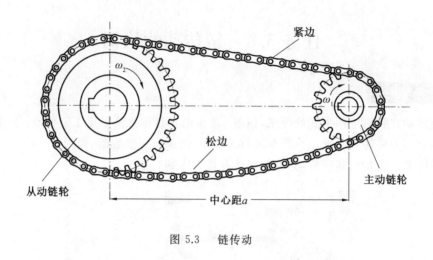

图 5.3　链传动

5.1.1　链传动的类型

根据链传动的用途不同,可分为起重链、运输链及传动链;其中,用于提升大型货物的,称为起重链;用于各类运输、自动化装卸和承载货物的,称为运输链;用于一般机械传递运动和动力的,称为传动链。

根据结构不同,可分为滚子链和齿形链。其中,滚子链结构简单,制造成本低,应用最为广泛,因此本项目主要是介绍滚子链的结构和设计。

5.1.2　链传动的特点和应用

相较于其他的传动方式,链传动主要具备以下特性。

(1)链传动是一种具有挠性件的啮合传动,没有带传动的弹性滑动和打滑,能够保证准确的平均传动比。这种传动方式通常适用于两个中心距离较大的轴间的传动。

(2)链传动所需预紧力小,故压轴力也比较小,传动效率高。

(3)能够在不良的环境中工作,如多灰尘、油污、湿气和高热等,链传动对链轮的加工精度及链条形状的要求并不高。

(4)链的瞬时速度是可变的,且其瞬时传动比并非恒定的,其传动稳定性也相对较差,容易引发冲击、噪声和振动,因此它不适合在高速环境中使用。

链传动通常应用在传动比 $i \leqslant 8$;中心距 $a \leqslant 6$ mm;圆周速度 $v \leqslant 15$ m/s;传递功率 $P \leqslant 100$ kW 的场合,传递效率 $\eta = 0.92 \sim 0.98$。

在日常生活生产中,链传动广泛应用于矿山设备、金属冶炼设备、运输设备及机械传动等机械设备中。

5.1.3　滚子链的结构

由图 5.4 可知,滚子链是由内链板、外链板、销轴、套筒和滚子构成。其中,内链板与套筒、内链节与外链节是过盈配合,套筒与销轴之间是一种间隙配合,它们形成了动连接。此外,为了降低摩擦并延长使用寿命,一般在销钉与套筒之间加入润滑剂。而在链条与链轮相互接触的过程中,滚子按照链轮齿的形状滑动,以避免链条与链轮齿部的过度磨损。另外,内外链板将都设计成"8"字形,可保证各个横截面受力均匀,同时有效地减轻链条自身的质量和惯性力。

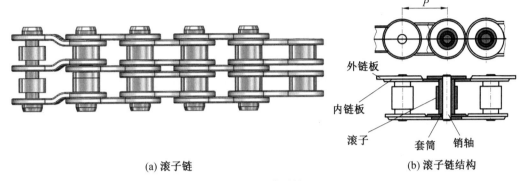

(a) 滚子链　　　　　　　　　　　　(b) 滚子链结构

图 5.4　　滚子链

两个相邻销轴之间的距离,称为节距 p,这是链的主要参数。p 值越高,说明链各零部件的尺寸也更大,承载力更强,但同时它们的质量也会增大,冲击和振动也会更大。因此,在传递功率较大的时候,为减轻冲击与振动,可以取用图 5.5 所示的小节距的多排链滚子链。

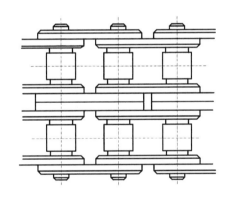

图 5.5　　多排链滚子链

常见的连接链节可分为以下三类,如图 5.6 所示,当链节数为偶数,内、外链板正好相连,可用开口销或弹簧卡片固定;若为奇数,采用过渡链节。但过渡链节的链板要承受附加弯矩的作用,因此尽量避免使用,最好使用偶数链节。

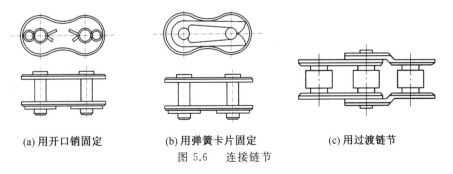

(a) 用开口销固定　　　　　(b) 用弹簧卡片固定　　　　　(c) 用过渡链节

图 5.6　　连接链节

5.1.4 滚子链的标准

滚子链已标准化,主要有分 A、B 两系列,表5.1列出了 A 系列几种常用滚子链的基本参数和尺寸。

滚子链的标记规定为"链号－排数×链节数 国家标准号"。

例如,A 系列滚子链的节距为 12.70 mm,排列成双行,链节数量达到 88 个,可标记为 08A－2×88 GB/T 1243—2006。

表 5.1 常用滚子链的基本参数和尺寸(GB/T 1243—2006)

链号	节距 p	排距 p_t	滚外径 d_{1max}	内链节内宽 b_1	销轴直径 d_2	链板高度 h_2	极限拉伸载(单排)Q	每米质量(单排)q
	mm	mm	mm	mm	mm	mm	N	kg/m
08A	12.70	14.38	7.95	7.85	3.96	12.07	13 800	0.60
10A	15.875	18.11	10.16	9.40	5.08	15.09	21 800	1.00
12A	19.05	22.78	11.91	12.57	5.95	18.08	31 100	1.50
16A	25.40	29.29	15.88	15.75	7.94	24.13	55 600	2.60
20A	31.75	35.76	19.05	18.90	9.54	30.18	86 700	3.80
24A	38.10	45.44	22.23	25.22	11.10	36.20	124 600	5.60
28A	44.45	48.87	25.40	25.22	12.70	42.24	169 000	7.50
32A	50.80	58.55	28.53	31.55	14.29	48.26	222 400	10.10
40A	63.50	71.55	39.68	37.85	19.34	60.33	347 000	16.10

5.1.5 链轮

1. 链轮的齿形

为了确保链轮与链条之间有良好的啮合条件,且能使链节自由地进出啮合,需要选择具有高强度和耐磨性的链轮材质,同时尽量采用简单的结构设计以便于制造加工。如图 5.7 是根据我国的标准 GB/T 1243—2006 制定出的滚子链链轮的齿形规范。

2. 链轮的几何参数与尺寸

假设已知链轮节距 p、链轮齿数 z 和滚子直径 d_1,可以计算出链轮主要尺寸如下。

(1) 分度圆直径 d。

$$d = \frac{p}{\sin \frac{180°}{z}} \tag{5.1}$$

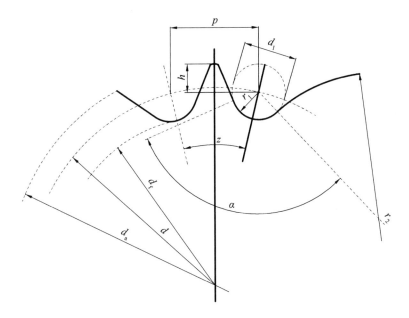

图 5.7　滚子链链轮齿形

（2）齿顶圆直径 d_a。

$$d_{a\max} = d + 1.25p - d'_r \tag{5.2}$$

$$d_{a\min} = d + \left(1 - \frac{1.6}{z}\right)p - d'_r \tag{5.3}$$

（3）分度圆弦齿高 h_a。

$$h_{a\max} = \left(0.625 + \frac{0.8}{z}\right)p - 0.5d'_r \tag{5.4}$$

$$h_{a\min} = 0.5(p - d'_r) \tag{5.5}$$

（4）齿根圆直径 d_f。

$$d_f = d - d'_r \tag{5.6}$$

（5）齿侧凸缘或排间槽直径 d_g。

$$d_g \leqslant p\cot\frac{180°}{z} - 1.04h_2 - 0.76 \tag{5.7}$$

式中　h_2——内链板高度。

注意：d_a 和 d_g 的数值应为整数，而其余尺寸需要精确到 0.01 mm。

（6）其链轮齿槽形状尺寸计算如下。

齿面圆弧半径 r_e 为

$$最大齿槽形状\ r_{e\min} = 0.008d'_r(z^2 + 180) \tag{5.8}$$

$$最小齿槽形状\ r_{e\max} = 0.12d'_r(z + 2) \tag{5.9}$$

齿沟圆弧半径 r_i 为

$$最大齿槽形状\ r_{i\max} = 0.505d'_r + 0.069\sqrt[3]{d'_r} \tag{5.10}$$

$$最小齿槽形状\ r_{i\min} = 0.505d'_r \tag{5.11}$$

齿沟角 α 为

$$最大齿槽形状\ \alpha_{min} = 120° - \frac{90°}{z} \tag{5.12}$$

$$最小齿槽形状\ \alpha_{max} = 140° - \frac{90°}{z} \tag{5.13}$$

3. 链轮的材料

链轮同齿轮一样,需要足够的接触强度和耐磨性,故需要对齿面进行热处理。小链轮单位时间内啮合次数比大链轮多,故所选材料须优于大链轮。常用的链轮材料及其热处理见表 5.2。

表 5.2　常见的链轮材料及其热处理

材料	热处理	热处理后硬度	应用范围
15、20	渗碳、淬火、回火	$50 \sim 60$ HRC	$z \leqslant 25$,有冲击载荷的主、从动链轮
35	正火	$160 \sim 200$ HBS	在正常工作条件下,齿数较多 ($z < 25$) 的链轮
40、50、ZG310-570	淬火、回火	$40 \sim 50$ HRC	无剧烈振动及冲击的链轮
15Cr、20Cr	渗碳、淬火、回火	$50 \sim 60$ HRC	有动载荷及传递较大功率的重要链轮 ($z > 25$)
35SiMn、40Cr、35CrMo	淬火、回火	$40 \sim 50$ HRC	使用优质链条,重要的链轮
Q235、Q275	焊接后退火	140 HBS	中等速度、传递中等功率的较大链轮
普通灰铸铁 (不低于 HT150)	淬火、回火	$260 \sim 280$ HBS	$z_2 > 50$ 的从动链轮
夹布胶木	—	—	功率小于 6 kW、速度较高、要求传动平稳和噪声小的链轮

170

▉ 任务实施

任务描述中的自行车采用了链传动,在设计自行车时,其传动装置一般采用滚子链。自行车的链传动环境比我们想象的要恶劣得多,比如,骑车带人、还上坡;多少年也不一定保养一回。

V 带传动适用于高速场合,吸振,需一定的预紧力,所以摩擦力很大,也就是骑起来会很吃力,而且对整个传动系统的要求也比较高;齿轮传动对中心距的要求比较高,结构比较紧凑,传动距离较短,传动比瞬时恒定,传动效率高,需润滑。链传动与带传动相比,无弹性滑动和打滑现象,平均传动比准确,工作可靠,效率高;传递功率大,过载能力强,相同工况下的传动尺寸小;所需张紧力小,作用于轴上的压力小;能在高温、潮湿、多尘、有污染等恶劣环境中工作。

比较这几种传动装置可知,链传动是最适合自行车的传动类型,其主要结构是由脚踏、曲柄、中轴、前链轮、后链轮、链条、变速张紧机构构成。前链轮和后链轮为钢质材料,且齿数为奇数,链条为偶数,这样能避免链轮与链节产生周期性啮合,使链轮和链条磨损均匀,防止单个齿过度磨损而损坏。

任务 5.2 链传动的工作能力分析

▶ 任务描述

链传动广泛应用于农业、矿山、冶金、运输机械及机床和轻工机械中,都是低速传动。那为什么链传动多用于低速传动呢?

▶ 课前预习

1. 滚子链传动中,链条节距越大,链轮转速越高、齿数越少,则传动的动载荷( )。

A. 越大
B. 越小
C. 趋于零
D. 无变化

任务 5.2 课前预习参考答案

171

▶ 知识链接

当链条与链轮啮合并形成正多边形的组成部分时,销轴中点的速度会可分解为两个:一个是沿着链条前进方向的分速度,另一个是垂直于链条的分速度,这两种分速度都具有周期性的特性,因此,链传动的瞬间速度和瞬时传动比都不是恒定的,这就是常说的链传动的不稳定性。基于此,这一任务的主要目标就是阐述链传动的不均匀性、瞬时链速及瞬时传动比。

5.2.1 链传动的运动特性

当链条进入链轮后,链传动的运动情况与绕在正多边形轮子上的带传动是类似的,如图 5.8 所示,p 和 z 分别表示链节距(边长)和链轮齿数(边数)。z_p 表示链轮转过一周时链移动的距离,假设 z_1 和 z_2 是两链轮的齿数,节距为 p,两链轮的转速为 n_1 和 n_2,则链条的平均速度 v(m/s) 为

$$v = \frac{z_1 n_1 p}{60 \times 1\,000} = \frac{z_2 n_2 p}{60 \times 1\,000} \tag{5.14}$$

由此可知,链传动的传动比为

$$i_{12} = \frac{n_1}{n_2} = \frac{z_2}{z_1} \tag{5.15}$$

根据图 5.8 可以看出,链条在传动过程中,其紧边始终保持在水平状态。设想主动链轮按照等角速度 ω_1 转动,且其分度圆周速度为 $R_1\omega_1$。链节进入到主动链轮中,由于链轮的转动,销轴的位置也会持续变化。当销轴在 β 角处,销轴的圆周速度的水平分速度就等于链节此时水平移动的瞬时速度。因此,链速 v 可表示为

$$v = R_1\omega_1\cos\beta \tag{5.16}$$

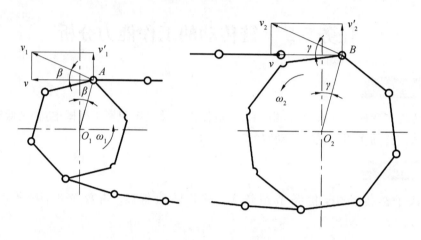

图 5.8 链传动的运动特性

5.2.2 链传动的瞬时链速及瞬时传动比

1. 链传动的瞬时链速

如图 5.8 所示,圆周速度和水平方向的夹角 β 的范围是在 $\pm\Phi_1/2$ 之间($\Phi_1 = 360°/z_1$)。

当 $\beta = 0$ 时,链速最大,即

$$v_{\max} = R_1\omega_1 \tag{5.17}$$

当 $\beta = \pm\Phi_1/2$ 时,链速最小,即

$$v_{\min} = R_1\omega_1\cos 180°/z_1 \tag{5.18}$$

因此,即使主动链轮以 ω_1 等速转动,其链速 v 也不会是恒定的速度。每转过一个链节距,它就会有周期性的变化。同理,链条在垂直方向上运行时的瞬时速度 $v' = R_1\omega_1\sin\beta$ 也会呈现出周期性的波动,进而导致链条产生上下抖动。

由于链速 v 并非固定不变的常数,随着 γ 角持续变化,因此从动链轮的角速度也会有所波动。那么,链传动比的瞬时传动比可以表述为

$$i' = \omega_1/\omega_2 = R_2\cos\gamma/R_1\cos\beta \tag{5.19}$$

2. 链传动的动载荷

在实际工程中,链传动的链条和从动链轮的速度呈现出周期性变化,因此与从动链轮相关的部件也会有同样的速度波动,进而引起了动载荷。引起动载荷的原因主要有以下

几个。

(1) 由于链条速度周期性的变化和从动链轮角速度的变化,引起了额外的动载荷。

(2) 链条在垂直于方向上的速度也会周期性地变动,造成了其发生横向振动。这同样也是链传动产生动载荷的一个因素。

(3) 在链节接触到链轮的瞬间,它与链轮的齿轮会以相对的速度进行啮合,这将导致链与链轮之间产生冲击,并产生额外的动载荷。

(4) 如果链条松弛,则在实际工作时,会有惯性冲击,使链传动产生很大的动载荷。

任务实施

任务描述中,链传动多用于低速传动是因为链传动存在多边形效应,当链速越大时,链的多边形效应越明显,又因链传动在工作过程中,其运动不均匀性将引起动载荷,产生振动、冲击与噪声,这都会影响链传动的性能和使用寿命,因此,为了获得平稳的链传动,一般将其应用于低速传动。

任务 5.3   链传动的设计计算

链传动的设计计算

任务描述

设计一个螺旋输送机的链传动。已知电动机功率、转速 n 和传动比 i 分别为 10 kW、960 r/min、3,单班工作,水平方式布局,中心距是可以调节的。

课前预习

1. 当载荷较大时,采用节距较小的多排链传动,但一般不多于 4 排,其原因是(　　)。

A. 安装困难

B. 套筒或滚子会产生疲劳点蚀

C. 各排受力不均匀

D. 链板会产生疲劳断裂

2. 链传动设计计算中,若计算出链节数为 126.8 节,应取(　　)为宜。

A. 126

B. 127

C. 125

任务 5.3 课前预习参考答案

知识链接

5.3.1   滚子链传动的失效形式

因为链条的强度不如链轮高,所以通常情况下链传动主要是链条失效。常见的失效类型有以下几种。

1. 链条疲劳破坏

链传动时，由于松边和紧边的拉力有所差异，所以链条承受的拉力是变应力。一旦应力达到某个临界值并且经过多次循环之后，链板、滚子、套筒等部件就会出现疲劳破坏。这种疲劳破坏通常是闭式链传动中最主要的失效形式。

2. 铰链磨损

在链节环绕链轮时，套筒和销轴会产生摩擦，将引起铰链的损坏，最终导致链条节距的增大，同时链与链轮的接触点也会向外移动，最终可能出现跳齿情况，从而使传动系统失效。铰链磨损是开式链传动中比较常见的失效形式之一。

3. 滚子和套筒的冲击疲劳破坏

因为链传动的运动特性，链传动的工作过程中，滚子、套筒及销轴承受着极大的冲击负荷，经历多次冲击后可能导致冲击疲劳损坏。

4. 链条铰链的胶合

当链轮的转速升高，润滑状况会变差，这时候套筒和销轴之间就会发生金属直接碰撞，从而产生巨大的摩擦力，摩擦产生的高热量会使套筒与销轴胶合在一起。

5. 静力拉断

低速、重载或严重过载时，如果链条突然承受了过量的载荷，就会被静力拉断。这种拉断的强度会受到链元件的静拉力的限制。

5.3.2 滚子链传动的额定功率曲线

1. 极限传动功率曲线

图 5.9 展示了在理想的使用寿命及润滑条件下，链传动可能出现不同类型的失效形式的极限功率曲线。其中，曲线 1、2、3、4 分别表示在正常润滑状态下，铰链磨损限定的、链板疲劳强度限定的、套筒和滚子冲击疲劳强度限定的和铰链胶合限定的极限功率。而图中的阴影部分则标明了实际适用范围。当润滑不足或工作环境恶化时，由于严重的磨损，极限功率会显著降低，这正如图中虚线的表现。

2. 许用传动功率曲线

为防止发生前述的各类失效情况，图 5.10 展示了滚子链在特殊试验条件下的许用功率曲线。

特定条件如下：z_1 值设为 19，链节长度 L_p 设为 100，以单排链平行放置，并确保载荷稳定且工作环境良好，润滑方式采用建议推荐的润滑，使用寿命是 15 000 h。如果实际情况和特定条件有出入，则链传动所需的计算功率可按下式进行修正。

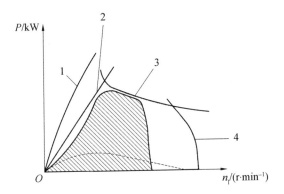

图 5.9　　极限功率曲线

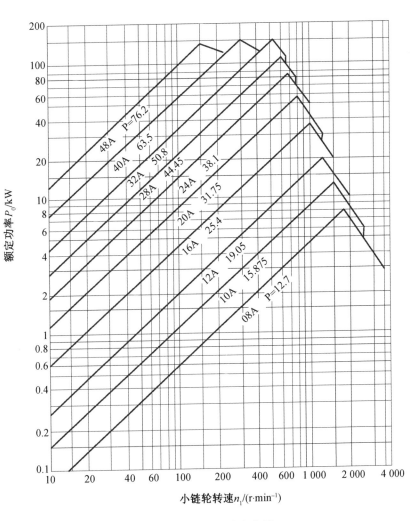

图 5.10　　许用功率曲线

$$P_c = \frac{K_A P}{K_z K_L K_p} \leqslant P_0 \tag{5.20}$$

式中　　P_0——许用传递功率(kW)；

　　　　P——名义传递功率(kW)；

　　　　K_A——工作情况系数，见表5.3；

　　　　K_z——小链轮齿数系数，见表5.4；

　　　　K_L——链条长度系数，见表5.5；

　　　　K_p——多排链系数，见表5.6。

表 5.3　工作情况系数 K_A

载荷种类	原动机	
	电动机或汽轮机	内燃机
载荷平稳	1.0	1.2
中等冲击	1.3	1.4
较大冲击	1.5	1.7

表 5.4　小链轮数系数 K_z

Z_1	9	11	13	15	17	19	21	25	27	29	31	33	35
K_z	0.446	0.554	0.664	0.775	0.887	1	1.11	1.34	1.46	1.58	1.70	1.82	1.93
K_z'	0.326	0.441	0.566	0.701	0.846	1	1.16	1.51	1.69	1.89	2.08	2.29	2.50

表 5.5　链条长度系数 K_L

P_0 与 n_1 的交点在许用功率曲线图中的位置	位于功率曲线顶点左侧时（链板疲劳）	位于功率曲线顶点右侧时（滚子套筒冲击疲劳）
K_L	$\left(\dfrac{L_p}{100}\right)^{0.26}$	$\left(\dfrac{L_p}{100}\right)^{0.5}$

表 5.6　多排链系数 K_p

排数 Z_p	1	2	3	4	5
K_p	1	1.7	2.5	3.3	4.1

5.3.3　滚子链传动的设计步骤和传动参数选择

1. 传动比 i 的选择范围

对于链传动而言，传动比 i 应保持在一个较小的范围内(一般不超过8)，但在低速与外轮廓尺寸没有限定的场合中可适当扩大到10；若传动比比较大，则可能会导致小链轮包角减小、啮合的齿数减少等现象发生，从而使链轮齿和其他元件的使用寿命缩短，并可能引发跳齿等问题。因此，建议最小包角为120°。一般来说，倾向于选择 $i=2\sim3.5$ 来设定参数。

2. 链轮齿数 z_1 和 z_2 选择范围

首先需要合理选择小链轮齿数 z_1。齿数过少可能导致传动的不稳定,动载荷与链条的磨损程度加重。同时,摩擦消耗的功率会增多,铰链的压力也相应增加,影响到链条的工作拉力。然而,z_1 也不能过大,否则会导致 z_2 变大,增大传动的尺寸,还易引发铰链过度磨损而导致脱链,从而缩短使用寿命。可根据表 5.7 来确定滚子链的小链轮齿数。

表 5.7   滚子链的小链轮齿数表

传动比 i	$1 \sim 2$	$2 \sim 3$	$3 \sim 4$	$4 \sim 5$	$5 \sim 6$	> 6
小链轮齿数 z_1	$31 \sim 27$	$27 \sim 25$	$25 \sim 23$	$23 \sim 21$	$21 \sim 17$	17

大链轮齿数 z_2 通过 $z_2 = iz_1$ 确定,一般大链轮的齿数应不大于120。

在实际应用中,链轮齿数的选择应兼顾平均磨损的情况。由于最佳的链节数是偶数,所以链轮齿数一般为与链节数互为质数的奇数,才能使链条与链轮齿磨损均匀。

3. 链速

动载荷会影响链速的增加,因此,在大多数情况下,链速最好不要超过 12 m/s。

4. 链节距和排数

链条与链轮齿的尺寸会随着节距的增大而变大,这使得它们的拉曳能力也增强,但同时将会引发传动速度的不均衡性、动载荷及噪声等问题。所以,在实际应用中,应该在保证足够承载能力的前提下,采用较小的节距来设计单排链;而在高速且负荷较大的情况下,则考虑使用小节距多排链。

5. 链的长度和中心距

如果链传动的中心距偏短,则小链轮所产生的包角也将变小,并且会使得与之啮合的齿数少;反之,中心距太大将会加剧链条的抖动。通常情况下可以采用中心距 $a_0 = (30 \sim 50)p$,最大也不能大于 $80p$。根据已知带传动求带长的计算方法,可推算出链节数 L_p 的计算公式为

$$L_p = \frac{2a_0}{p} + \frac{z_1 + z_2}{2} + \frac{p}{a_0}\left(\frac{z_2 - z_1}{2\pi}\right)^2 \tag{5.21}$$

式中 a——链传动的中心矩。

通过式(5.21)计算得出的链节数,应圆整为整数且是偶数。根据圆整后的链节数,可用下述公式来计算实际中心矩,即

$$a = \frac{p}{4}\left[\left(L_p - \frac{z_1 + z_2}{2}\right) + \sqrt{\left(L_p - \frac{z_1 + z_2}{2}\right)^2 - 8\left(\frac{z_1 - z_2}{2\pi}\right)^2}\right] \tag{5.22}$$

为了便于链条的安装和调整,中心距一般设计成可调节的。但是,如果中心距无法调整,并且缺乏张紧装置,那么计算出的中心距要减少 $2 \sim 5$ mm。这样做能够使链条保持较小的初始垂直度,从而使链张紧在链轮上。

任务实施

任务描述中,螺旋输送机的链传动的设计过程如下。

解 根据题意,已知电动机功率、转速 n、传动比 i 及有关条件,要求设计合适的链传动装置,具体设计内容为:链轮齿数、链节数、链节距、链速及结构尺寸等。

(1)假定链速 v 为 $3 \sim 8$ m/s,根据表 5.7,采用小链轮的齿数 z_1 为 23,则大链轮齿数

$$z_2 = iz_1 = 3 \times 23 = 69$$

(2)通常情况下初取链的中心距 $a_0 = (30 \sim 50)p$,取 $a_0 = 40p$。

根据式(5.21)求解链节数为

$$L_p = \frac{z_1 + z_2}{2} + 2\frac{a_0}{p} + \left(\frac{z_1 + z_2}{2\pi}\right)^2 \frac{p}{a_0}$$

$$= \frac{23 + 69}{2} + \frac{2 \times 40p}{p} + \left(\frac{69 + 23}{2\pi}\right)^2 \frac{p}{40p}$$

$$= 127.3(节)$$

而链节数 L_p 需取圆整,所以 $L_p = 128$ 节。

(3)由查表 5.3 可得 $K_A = 1.0$,估算链的失效形式是链板疲劳,查表 5.4 得小链轮齿数系数 $K_z = 1.23$,查表 5.5 得链长系数 K_L 为 $\left(\frac{L_p}{100}\right)^{0.26} = 1.07$。采用单排链,查表 5.6 得 K_p 为 1.0。因此,链条所需传递的额定功率为

$$P_0 \geqslant \frac{K_A P}{K_z K_L K_p} = \frac{1.0 \times 10}{1.23 \times 1.07 \times 1.0} = 7.6 \text{ (kW)}$$

$P_0 = 7.6$ kW 及小链轮的转速 $n_1 = 960$ r/min,查图 5.10,选用 10A 的滚子链,而它的链节距 p 为 15.875 mm。链传动的工作点落在额定功率曲线顶点的左侧,与原假定相符合。

(4)将其链速进行验算。

$$v = \frac{z_1 p n_1}{60 \times 1\ 000} = \frac{23 \times 15.875 \times 960}{60 \times 1\ 000} = 5.8 \text{ (m/s)}$$

(5)由式(5.22)可得

$$a = \frac{p}{4}\left[\left(L_p - \frac{z_1 + z_2}{2}\right) + \sqrt{\left(L_p - \frac{z_1 + z_2}{2}\right)^2 - 8\left(\frac{z_1 + z_2}{2\pi}\right)^2}\right]$$

$$= \frac{15.879}{4}\left[\left(128 - \frac{23 + 69}{2}\right) + \sqrt{\left(128 - \frac{23 + 69}{2}\right)^2 - 8\left(\frac{23 + 69}{2\pi}\right)^2}\right]$$

$$= 606.4(\text{mm})$$

取 a 为 605 mm。

中心距减少量为

$$\Delta a = (0.002 \sim 0.004)a$$

$$= (0.002 \sim 0.004) \times 605$$

$$= 1.21 \sim 2.42 \text{ (mm)}$$

实际中心距 a' 为 $a - \Delta a$,即

$$a' = 605 - (1.21 \sim 2.42) \text{mm} = 603.79 \sim 602.58 \text{ mm}$$

取 $a'=603$ mm。

根据上述计算结果可知链速

$$v=\frac{z_1 n_1 p}{60\times 1\,000}=\frac{23\times 960\times 15.875}{60\times 1\,000}=5.842(\text{m/s})$$

链节距 $p=15.875$ mm。

（6）绘制链轮工作零件图（略）。

任务 5.4   链传动的布置、张紧和润滑

任务描述

当汽车、摩托车等机械设备中的链传动使用了一段时间后变松了,该怎么解决,采用何种装置,其结构是什么结构? 有何优点?

课前预习

1. 链传动是否需要像带传动那样需要张紧?（   ）。

A. 是

B. 否

C. 不确定

任务 5.4 课前预习参考答案

知识链接

正确布置与维护链传动可以显著延长链条及链轮的使用寿命。

5.4.1   链传动的布置

为了保证链传动能正常工作,需要根据以下原则进行布置。

（1）两个链轮的回转面应该在同一个垂直面上,否则可能导致链条脱落和不正常的磨损。

（2）最好让两个链轮的中心线保持在同一水平面,或者与水平面形成一定角度,如表5.8 所示,尽可能降低垂直传动的可能性,避免链轮与链条出现不正常的啮合。

表 5.8   链传动的布置

传动参数	正确位置	不正确位置	说明
$i>2$ $a=(30\sim 50)p$			两轮轴线在同一水平面,紧边在上、在下均不影响工作

续表5.8

传动参数	正确位置	不正确位置	说明
$i > 2$ $a < 30p$	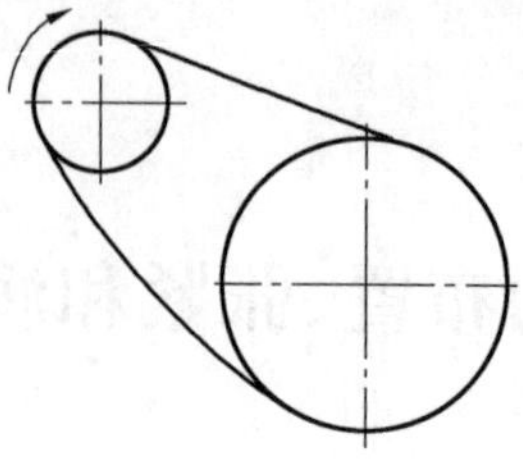	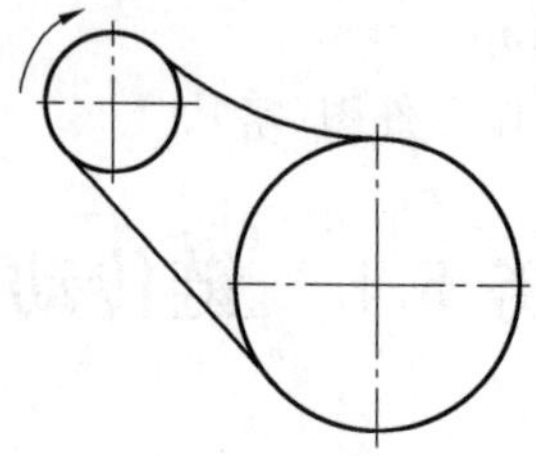	两轮轴线不在同一水平面,松边应在下面,否则松边下垂量增大后,链条易与链轮卡死
$i < 1.5$ $a > 60p$	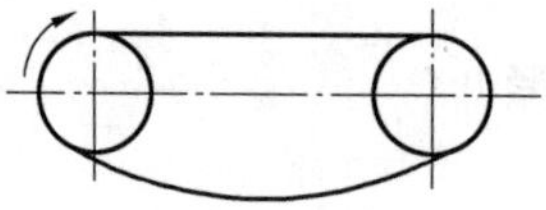	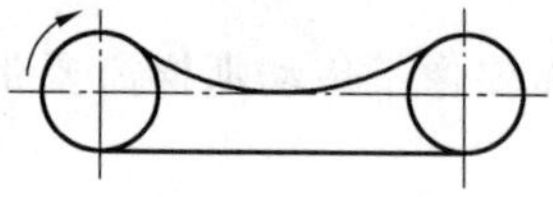	两轮轴线在同一水平面,松边应在下面,否则下垂量增大后,松边会与紧边相碰,需经常调整中心距
i,a 任意值	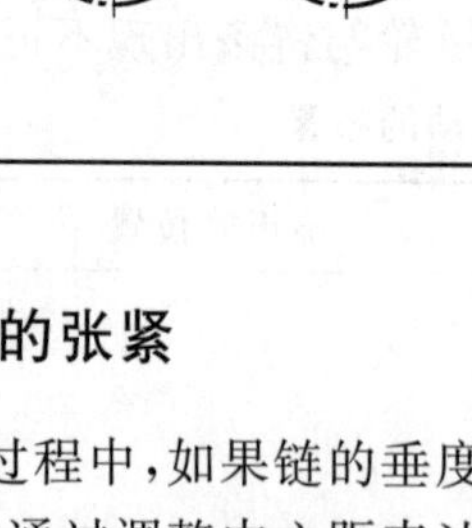	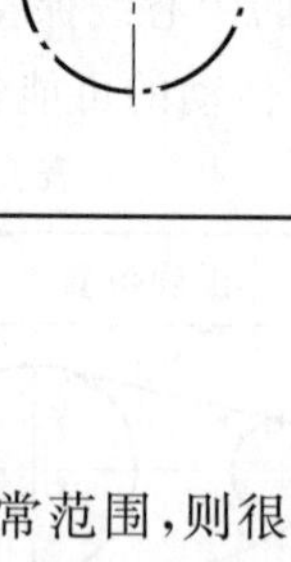	两轮轴线在同一铅垂面内,下垂量增大会减少下链轮有效啮合齿数,降低传动能力,为此应: ① 中心距可调; ② 设张紧装置; ③ 上下两轮错开,使两轮轴线不在同一铅垂面内

5.4.2 链传动的张紧

在链传动的运转过程中,如果链的垂度超出正常范围,则很可能引发啮合不良和链条振动。通常情况下,会通过调整中心距来达到张紧的目的。若无法调整中心距,则也可以选择采用张紧轮的方式进行张紧,如图 5.11(a)、(b) 所示,主要是将张紧轮安在主动链轮的松边上。张紧轮主要有带齿和无齿两个类型,无论采用哪种类型,张紧轮的直径都应与小链轮直径相近。另外,还有一些其他的张紧方式,比如通过压板或者托板实现如图

180

5.11(c)、(d) 所示。尤其是对于那些较大中心距的链传动来说,利用托板来调节垂度会更加合适。

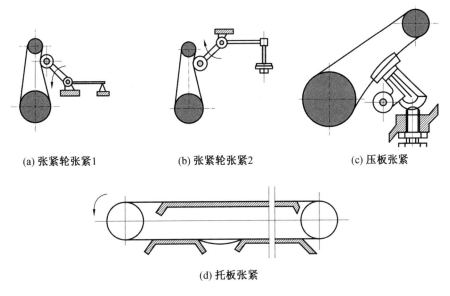

(a) 张紧轮张紧1　　　　(b) 张紧轮张紧2　　　　(c) 压板张紧

(d) 托板张紧

图 5.11　链传动的张紧

5.4.3　链传动的润滑

适当的润滑能有效减少链条和铰链的磨损,从而延长其使用寿命。润滑方式可以参考图 5.12 来选择链传动的润滑方式。常见的润滑方式有以下四种。

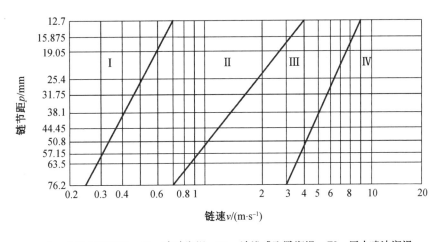

Ⅰ—人工定期润滑；Ⅱ—滴油润滑；Ⅲ—油浴或飞溅润滑；Ⅳ—压力喷油润滑

图 5.12　链传动的润滑

Ⅰ—人工定期用油刷给油。

Ⅱ—采用油管将润滑油滴入松边内外链板的缝隙中。

Ⅲ—使用油浴或飞溅润滑方法。用密闭的传动箱体,前者将链条和链轮部分浸入油中,而后者则利用直径较大的甩油盘进行溅油处理。

Ⅳ—通过油泵进行压力喷射以达到润滑效果。利用油泵将这些油连续供应给链条。循环使用的油可以实现润滑和冷却的功能。

在运转温度范围内,链传动所用的润滑油黏度为 20 ~ 40 mm²/s。只有当旋转速度较慢且无法提供足够的润滑油时,才能使用油脂来替代。

任务实施

任务描述中的汽车、摩托车等机械设备中的链传动变松后,通常可采用张紧轮进行张紧。张紧轮是由一个轮体和一个张紧装置组成,轮体通常由金属或塑料制成,张紧装置可以是弹簧、气缸或手动螺旋调节器。

张紧轮的作用是保持传动链的张紧度,确保它们在传动系统中的正常运行。不考虑传动效率的话,如果链传动不能适当张紧,则会很容易出现"错位"现象,链条的凹洞不能和链齿轮一一对应。最终,要么链条断裂,要么链条与齿轮脱离配合。链传动张紧的目的为避免链条垂度过大产生啮合不良和链条振动现象,同时也增加了链条的包角,并且不影响工作能力。

思考与实践

1. 链传动的特性是什么?其传输范围又如何呢?链传动存在哪些优点和不足之处呢?

2. 链传动所涉及的主要参数有哪些?为何对于链条的节数最好选择偶数?而链轮的齿数最好选择奇数?

3. 链传动的布置原则如何?

4. 哪些因素会导致链传动的不稳定性?

5. 有哪几种主要的失效形式是与链传动相关的?

6. 对于高速、大功率的滚子链传动,是否应选择具有较长节距的链条呢?

7. 链传动的目标是提升正压力和拉力吗?

8. 为什么链传动时小链轮的齿数 z_1 应该尽量不少?而大链轮的齿数 z_2 又不应该过多?

9. 确定链传动的润滑方法是什么?

项目 6　支承零部件的认识与设计

项目导入

日常生活生产中的很多机械设备都会用到轴,可以说有转动的仪器设备都会有轴,有轴的部分就会用到轴系部件。轴作为一种常见的支承件,主要用于支承回旋零部件,并与其共同回转,以实现传递运动、扭矩与弯矩。而轴又需要通过轴承支承起来。图 6.1 所示为汽车传动系统中的重要组成部分——传动轴,它负责把发动机的动力传递到车轮,从而推动车辆前进。

图 6.1　汽车传动系统中的传动轴

如图 6.2 所示为单级直齿圆柱齿轮减速器,该减速器主要有齿轮、轴、轴承、轴承端盖及箱体等部件,其中,轴和齿轮以键连接的方式连接并被轴承支承于箱体的顶部。而它的运作原理则是在利用齿轮传递的过程中,实现从高速轴到低速轴转动的转变。一般情况下,高速轴会与电动机连接,而低速轴则会与工作机器连接,这样就可以借助减速器来完成电动机的恒定高速转动向工作机所需的转动速度的转化。

作为支承旋转部件并传递动力及扭矩的主要部分,轴承担着关键性的作用,同时,轴承也是机器设备中的核心支承组件,通常只要存在轴旋转部位,就必然会配备相应的轴承。而键和花键被视为实现轴毂连接的关键构件,它们能够方便地把轴与轴上的部件紧密地连接在一起,从而有效地实现了动力和转矩的传递。

轴类零件的设计是非常重要的,它直接影响着设备的性能和可靠性。本项目将重点介绍轴类支承部件的相关知识。

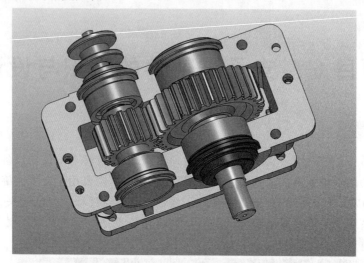

图 6.2　单级直齿圆柱齿轮减速器

创新设计　笃技强国

炼强制造业筋骨,锻造"国之重器",破解"卡脖子"难题,为加快建设制造强国不断谋势、蓄势、聚势,新征程上,神州大地气象万千,亿万人民奋勇争先。

习近平总书记强调:"制造业是我国的立国之本、强国之基""任何时候中国都不能缺少制造业""中国式现代化不能走脱实向虚的路子"。(摘自人民网－《人民日报》:《推动制造业高端化、智能化、绿色化发展(强国建设 砥砺前行)》)

知识目标

(1)掌握轴的概念和作用,以及轴的类型。

(2)掌握常用滚动轴承的类型、型号、结构和特点。

(3)了解滑动轴承的类型及其结构特点。

(4)了解轴系部件的组合设计。

能力目标

(1)能进行轴的结构设计和强度计算。

(2)能进行滚动轴承的寿命计算、动载荷与静载荷的计算。

(3)能正确安装与拆卸轴承。

素养目标

(1)将严谨细致的工匠精神融入轴的结构设计中。

(2)将标准意识融入滚动轴承的选用中。

知识导航

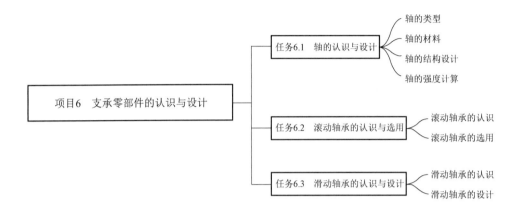

任务 6.1   轴的认识与设计

任务描述

某带式运输机中的单级直齿圆柱齿轮减速器,如图 6.3 所示。已知高速轴的传递功率为 3.7 kW,转速 $n_1 = 305.6$ r/min,低速轴的传递功率为 3.5 kW,转速 $n_2 = 76.4$ r/min,传动比 $i = 4$,小齿轮齿数为 $z_1 = 23$,宽度为 65 mm,大齿轮齿数 $z_2 = 69$,宽度为 60 mm,模数 $m = 3$ mm,试设计该减速器中的低速轴。

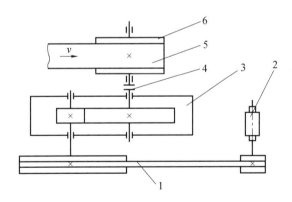

图 6.3   带式运输机

1—V 带传动;2— 电动机;3— 圆柱齿轮减速器;4— 联轴器;5— 输送带;6— 滚筒

课前预习

1. 下列各轴中,( )为传动轴。

A. 带轮轴

B. 蜗杆轴

C. 链轮

D. 汽车下部变速器与后桥间的轴

2. 轴通常用( )制造。

A. 碳素钢

B. 球墨铸铁

C. 铸铁

D. 铝合金

3. 通常使用( )使滚动轴承在轴上做轴向固定。

A. 轴端挡圈

B. 轴肩

C. 螺钉

D. 键连接

4. 为便于拆卸滚动轴承,轴肩处的直径 D(或轴环直径)与滚动轴承内圈的外径 D_1 应保持( )的关系。

A. $D > D_1$

B. $D < D_1$

C. $D = D_1$

D. 两者无关

5. 用强度计算或经验估算可确定阶梯轴的( )直径。

A. 平均

B. 重要

C. 最小

D. 最大

知识链接

6.1.1 轴的类型

轴作为一种用于承载和传送动力及扭矩的重要部件。其分类形式主要有以下几种:

1. 根据承受的载荷进行分类

根据承受的载荷进行分类,轴可以被分类为心轴、传动轴和转轴。

(1)心轴。

心轴只能承受弯矩,而不能承受扭矩。如果工作时心轴转动,那么就称之为转动心轴,如图 6.4 中的机车轮轴。反之,若运行时心轴没有转动,那么它被视为固定心轴,如图 6.5 所示的自行车前轮轴。

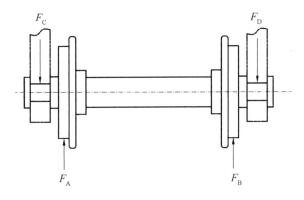

图 6.4　转动心轴

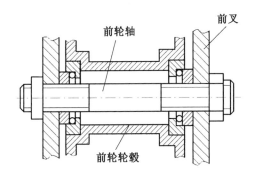

图 6.5　固定心轴

（2）传动轴。

传动轴是指只能承载扭矩而不能承载弯矩的轴。在日常生活中,有很多使用传动轴的机器,如图 6.6 所示的汽车变速箱和后桥间的传动轴。

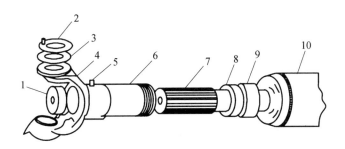

图 6.6　汽车变速箱和后桥间的传动轴

1—盖子;2—盖板;3—盖垫;4—万向节叉;5—加油嘴;6—伸缩套;

7—滑动花键槽;8—油封;9—油封盖;10—传动轴管

（3）转轴。

转轴是指既承受弯矩又承受转矩的轴。如图 6.7 所示的单级圆柱齿轮减速器中所使用的转轴,两个轴承间的轴段承受弯矩,而联轴器和齿轮间的轴段则需要承受扭矩。

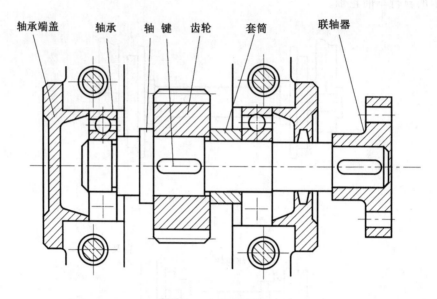

轴承端盖　　　　轴承　　轴 键　齿轮　　　　套筒　　　　　　联轴器

图 6.7　转轴

2. 按照轴线的形式进行分类

按照轴线的形式进行分类,可将其区分为曲轴、挠性轴及直轴。

(1)曲轴。

曲轴常用于往复式机械中,用来实现直线运动和回转运动的转换,以及动力的传递。如图 6.8 所示的曲轴,可用于实际生产中的曲柄压力机与内燃机。

(2)挠性轴。

挠性轴是由多层紧贴的钢丝层构成,并且能灵活地将旋转运动和不大的转矩传到任何位置,但挠性轴不能承受弯矩,通常适用于转矩不大且以传递运动为主的简单传动装置。如图 6.9 所示为摩托车的前轮与速度表之间的挠性轴。

图 6.8　曲轴

图 6.9　挠性轴

（3）直轴。

直轴按形状来分，又可分为光轴、阶梯轴与空心轴。

① 光轴。

图 6.10 所示的光轴各截面直径相同。虽然光轴加工方便，但不容易实现轴上零件的定位。

图 6.10　光轴

② 阶梯轴。

图 6.11 所示的阶梯轴，各段轴径不等，容易装卸轴上零件，并可实现轴上零件定位，广泛应用于各机械设备中。

图 6.11　阶梯轴

③ 空心轴。

图 6.12 所示的空心轴可以减轻质量并提高刚性，或者也能实现传输润滑油、切削液、存放待加工的棒料等工作要求。比如车床主轴采用的就是空心轴。

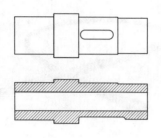

图 6.12　空心轴

6.1.2　轴的材料

轴作为机器中的一个重要零件,要求轴的材料不仅需要强度足够,还要求具备足够的塑性、冲击韧性、耐磨性和抗腐蚀能力。除此之外,工艺性和经济性要好,还能进行热处理,以提高其力学性能。

常用材料为碳钢和合金钢。其中碳钢又以 30、40、45、50 等综合力学性能较高的优质碳素结构钢为常用材料,尤以 45 钢应用最为广泛,为改善其力学性能,通常采用正火或调质热处理。载荷不高或不太重要的轴,可选用 Q235A、Q275 等碳素钢。

合金钢常用 20Cr 和 40Cr 等中低碳合金结构钢,其力学性能相对较高,但价格也更高,通常采用渗碳、渗碳淬火、渗氮等热处理提高硬度及耐磨性,因此常用于传递功率较大的场合或需提升轴颈耐磨性的情况下。

轴的毛坯可选用锻件或圆钢,有时也可采用铸钢、球墨铸铁等。轴的常用材料及其部分机械性能见表 6.1。

表 6.1　轴的常用材料及其部分机械性能

材料牌号	热处理方法	毛坯直径 d/mm	硬度 (HBS)	抗拉强度极限 σ_B/MPa	屈服极限 σ_S/MPa	弯曲疲劳极限 σ_{-1}/MPa	应用说明
Q235A				440	240	200	用于不重要或载荷不大的轴
Q275			190	520	280	220	用于不很重要的轴
35	正火		143 ~ 187	520	270	250	用于一般轴
45	正火	≤100	170 ~ 217	600	300	275	用于较重要的轴,应用最为广泛
	调质	≤200	217 ~ 255	650	360	300	

续表6.1

材料牌号	热处理方法	毛坯直径 d/mm	硬度（HBS）	抗拉强度极限 σ_B/MPa	屈服极限 σ_S/MPa	弯曲疲劳极限 σ_{-1}/MPa	应用说明
40Cr	调质	≤100	241～286	750	550	350	用于载荷较大，而无很大冲击的轴
35SiMn 45SiMn	调质	≤100	229～286	800	520	400	性能接近40Cr，用于中、小型轴

6.1.3　轴的结构设计

轴的结构设计

轴的结构设计就是要根据轴上零件来确定各个轴段的轴径和轴长，使其具有合理的形状和尺寸。具体要求有：① 要有良好的结构工艺性和装配工艺性；② 能够对轴上零件进行定位和固定；③ 轴的结构能减小应力集中和提高疲劳强度；④ 若与轴配合的是标准零件，则轴径要符合标准及规范。

轴不是标准件，没有标准的结构形式，设计时须考虑全面，从实际出发，方能设计出合理可行的结构。下面介绍轴的结构设计中的几个要求。

1. 轴上零件的轴向定位和固定

轴向定位和固定的目的是使轴上零件不会沿轴向窜动。常用轴向固定的方式有以下几种。

（1）轴肩和轴环。

图6.7中，齿轮的左侧采用轴环固定，半联轴器的左侧采用轴肩固定。轴肩和轴环结构简单、定位可靠，可承受较大的轴向力，但是过渡处容易有应力集中。

（2）套筒。

图6.7中，齿轮的右侧、轴承的左侧采用套筒固定。套筒常用于轴的中间段，对两边的零件都可起固定作用。其特点是结构简单、装拆方便，固定可靠，常与轴肩或轴环配套使用，实现零件的双向固定。

（3）圆螺母。

圆螺母常用于轴上两零件相距较远处，也可用于轴端。其特点是固定可靠，可承受较大的轴向力，须用双螺母或加止动垫圈以防松，如图6.13所示。

（4）轴端挡圈。

轴端挡圈只用于轴端，如图6.14所示。其特点是工作可靠，可承受较大的轴向力，应采用止动垫片等其他措施防松。

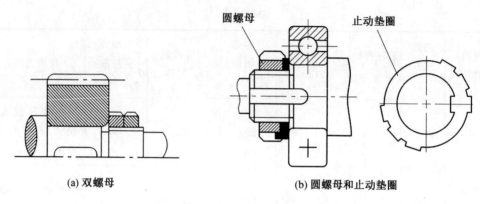

(a) 双螺母　　　　　　　　(b) 圆螺母和止动垫圈

图 6.13　圆螺母

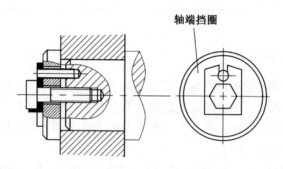

图 6.14　轴端挡圈

（5）圆锥面。

圆锥面只用于轴端，常与轴端挡圈联合使用，使零件双向固定，如图 6.15 所示。其特点是装卸方便，对中性好，也可实现周向固定，可用于高速、具有冲击的场合。

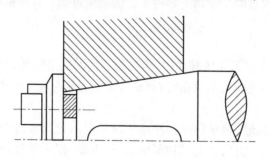

图 6.15　圆锥面

（6）弹性挡圈。

弹性挡圈多与轴肩联合使用，多用于轴承的固定，如图 6.16 所示。其特点是结构简单、紧凑，装拆方便，但可承受的轴向力较小，且须在轴上切槽，有应力集中。

（7）紧定螺钉。

紧定螺钉受力较小，常用于承受轴向力较小或不需承受轴向力的场合，不适合用于高速场合，如图 6.17 所示。

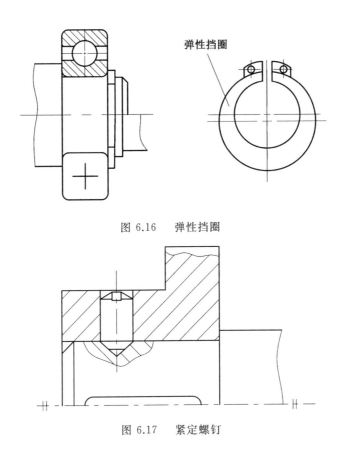

图 6.16　弹性挡圈

图 6.17　紧定螺钉

2. 轴上零件的周向定位和固定

周向固定的目的是使轴上零件随轴一起转动,并传递转矩。常用的周向固定方法为平键连接,如图 6.7 中齿轮和轴、半联轴器和轴的周向固定采用的就是键连接,其特点是制造简单、装卸方便,但对中性一般。如果对中性要求高,则可采用花键连接,其特点是可承受较大载荷、定心性好、导向性好,但制造困难,成本较高,如图 6.18(a) 所示。图 6.18(b) 中的过盈配合对中性也好,但装配困难,且对配合件的尺寸精度要求较高。一些不太重要、受力较小的场合,可用销连接,可同时兼顾轴向固定,如图 6.18(c) 所示。

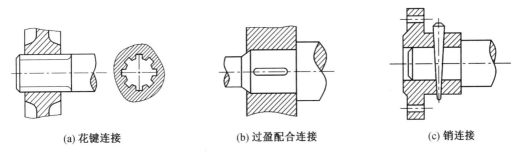

(a) 花键连接　　　　　　(b) 过盈配合连接　　　　　　(c) 销连接

图 6.18　轴上零件的周向固定

3. 轴的结构工艺性和装配工艺性

轴的结构设计应尽可能使其结构形状简单,便于加工、检验和装配,以提高生产率、降低成本。

(1) 为便于轴上零件的定位和固定,实际应用中采用阶梯轴,为了减少应力集中和少切削,各轴段轴径相差不要太大,相邻轴段相差 5 ~ 10 mm。

(2) 为提高生产率,相似的结构要素规格要相同。如一根轴上的圆角半径、倒角尺寸尽量相同,退刀槽宽度相同,键槽位于轴的同一母线上。

(3) 为便于加工,有螺纹的轴端须留有螺纹退刀槽,需要磨削的轴端须留有砂轮越程槽。

(4) 为便于装配,轴端应有倒角,若轴上开孔了,则孔端也应有倒角。

(5) 为便于检验,轴径通常取整数。另外,与滚动轴承或联轴器配合的轴颈直径、有螺纹的轴段直径应符合国家设计标准和有关规定。

4. 最小轴径的初步估算

最小轴径可由轴上所受的转矩,通过工程力学中圆轴受扭转变形的强度条件来确定,其计算公式为

$$d \geqslant \sqrt[3]{\frac{9.55 \times 10^6 P}{0.2n[\tau]}} = C\sqrt[3]{\frac{P}{n}} \tag{6.1}$$

式中　　P——轴所传递的功率(kW);

　　　　n——轴的转速(r/min);

　　　　$[\tau]$——轴的许用切应力(MPa);

　　　　C——由轴的材料和承载情况确定的常数,常用值见表 6.2。

表 6.2　轴常用材料的 $[\tau]$ 和 C 值

轴的材料	Q235、20	Q275、35	45	40Cr、35SiMn、42SiMnMo、20CrMnTi
$[\tau]$/MPa	12 ~ 20	20 ~ 30	30 ~ 40	40 ~ 52
C	134 ~ 158	117 ~ 134	106 ~ 117	97 ~ 106

注:① 表中 $[\tau]$ 已考虑了弯矩对轴的影响。

　　② 当弯矩较小时,C 取较小值;弯矩较大时,反之。

　　③ 当用 Q235、Q275 及 35SiMn 时,C 取较大值。

轴上若有键槽,需适当增大轴径以保证轴的强度,如果是单键,则将式(6.1)的计算值增大约 5%;若为双键,则将式(6.1)的计算值增大约 10%。并结合轴上零件,确定其轴径,之后再进行轴的结构设计。

6.1.4　轴的强度计算

受载不同,轴的强度计算方法有所不同。传动轴只受转矩作用,按扭转强度校核;心轴只受弯矩作用,按弯曲强度校核;转轴既受弯矩作用又受转矩作用,一般按弯扭组合强度计算。下面仅介绍弯扭组合强度计算方法,传动轴和心轴可看成转轴的特例。

轴的强度计算

完成轴的结构设计和轴上零件的受力分析后,就可以确定轴的受载情况,根据支点位置求出支承反力,画出弯矩图和扭矩图,按当量弯矩校核轴径。

对于一般钢制的圆轴,可用第三强度理论求出危险截面的当量应力,其强度条件为

$$\sigma_e = \sqrt{\sigma_b^2 + 4\tau^2} = \sqrt{\left(\frac{M}{W}\right)^2 + 4\left(\frac{T}{2W}\right)^2} = \frac{1}{W}\sqrt{M^2 + T^2} \leqslant [\sigma_b] \qquad (6.2)$$

式中 σ_b—— 危险截面上弯矩 M 产生的弯曲应力(MPa);

        τ—— 转矩 T 产生的扭切应力(MPa);

       W—— 轴的抗弯截面系数。

对于一般的转轴,就算载荷大小与方向不变,其弯曲应力 σ_b 也是对称循环变应力,而 τ 的循环特性却与 σ_b 不同,所以应对式(6.2)中的转矩 T 乘以校正系数 α,以考虑两者循环特性不同的影响,即

$$\sigma_e = \frac{M_e}{W} = \frac{1}{0.1d^3}\sqrt{M^2 + (\alpha T)^2} \leqslant [\sigma_{-1b}] \qquad (6.3)$$

式中 M_e—— 当量弯矩,$M_e = \sqrt{M^2 + (\alpha T)^2}$(N·mm);

       d—— 轴径(mm);

      α—— 为转矩特性而设的校正系数。转矩不变时,$\alpha = [\sigma_{-1b}]/[\sigma_{+1b}] \approx 0.3$;当转矩脉动变化时,$\alpha = [\sigma_{-1b}]/[\sigma_{0b}] \approx 0.6$;当轴频繁正反转动时,$\alpha = 1$。若不清楚转矩的变化规律,则一般按脉动循环处理。$[\sigma_{-1b}]$、$[\sigma_{0b}]$、$[\sigma_{+1b}]$ 分别为对称循环、脉动循环和静应力状态下的许用弯曲应力,见表6.3。载荷方向及大小均不变的转轴,许用弯曲应力一般取 $[\sigma_{-1b}]$。

表 6.3   轴的许用弯曲应力   MPa

材料	σ_b	$[\sigma_{-1b}]$	$[\sigma_{0b}]$	$[\sigma_{+1b}]$
碳钢	400	40	70	130
	500	45	75	170
	600	55	95	200
	700	65	110	230
合金钢	800	75	130	270
	900	80	140	300
	1 000	90	150	330
铸钢	400	30	50	100
	500	40	70	120

轴径的设计式为

$$d \geqslant \sqrt[3]{\frac{M_e}{0.1[\sigma_{-1b}]}} \qquad (6.4)$$

按弯扭组合强度校核轴的强度的步骤如下。

① 画出轴的空间受力图,计算出水平面内支反力和垂直面内支反力。

② 根据水平面受力图画出水平面弯矩图。

③ 根据垂直面受力图画出垂直面弯矩图。

④ 进行矢量合成,画出合成弯矩图。

⑤ 画出轴的扭矩图。

⑥ 计算危险截面的当量弯矩。

⑦ 进行危险截面的强度计算。当轴的校核强度不够时,应重新进行设计。

◤ 任务实施

任务描述中,某带式运输机中的单级直齿圆柱齿轮减速器的低速轴的设计过程如下。

解析:根据题意,已知低速轴的传递功率、转速、轴上零件宽度等,要求设计低速轴的结构,低速轴为阶梯轴,具体设计内容为:各轴段的轴径和轴长,并校核轴的强度。

解 (1)选择轴的材料。

轴的功率和转速较低,选用 45 钢,采用正火热处理。

(2)最小轴径的确定。

查表 6.2,取 $C=110$,由式(6.1),可得最小轴径为

$$d \geqslant C\sqrt[3]{\frac{P}{n}} = 110\sqrt[3]{\frac{3.5}{76.4}} = 39.36 \text{(mm)}$$

对于低速轴来说,最小轴端上安装了联轴器,轴上需开键槽,故该段轴径要增大 5%,增大后的轴径为 41.328 mm。因联轴器为标准件,故取对应标准系列的直径,取 $d = 42$ mm。

(3)轴的结构设计。

由于设计的是单级齿轮减速器,因此将齿轮布置在箱体内部的中央,轴承对称安装在齿轮的两侧,高速轴的外伸段安装皮带轮,低速轴的外伸段安装半联轴器。

为便于安装和定位,低速轴采用阶梯轴,两端小中间大的结构,即安装联轴器的轴径最小,安装齿轮的轴段最大,各段轴径相差 $5 \sim 10$ mm,如图 6.19 所示。

确定各段的轴径和轴长。

① 从安装联轴器的轴段开始右起第一段,联轴器为标准件,为压紧联轴器,轴长需比轴上零件短 $2 \sim 3$ mm,由此求得第一段轴径 $d_1 = 42$ mm,轴长 $L_1 = 82$ mm。

② 右起第二段,考虑联轴器的轴向定位要求,该段的直径取 $d_2 = 50$ mm,根据轴承端盖的装拆及便于对轴承添加润滑脂的要求,取端盖的外端面与半联轴器左端面的距离为 20 mm,故取该段长 $L_2 = 55$ mm。

③ 右起第三段,该段装有滚动轴承,因为齿轮为直齿轮,选用 6311 型轴承(轴承宽度为 29 mm),根据轴承结构尺寸,还有安装调整隔套与挡油环,该段的直径 $d_3 = 55$ mm,轴长 $L_3 = 51$ mm。

④ 右起第四段安装大齿轮,为压紧大齿轮,该段轴长需比齿轮宽度短 $2 \sim 3$ mm,故取轴径 $d_4 = 60$ mm,长度取 $L_4 = 58$ mm。

⑤ 右起第五段,大齿轮定位轴肩,为使大齿轮安装在箱体中间,与小齿轮对中啮合,该段的直径 $d_5 = 65$ mm,长度 $L_5 = 20$ mm。

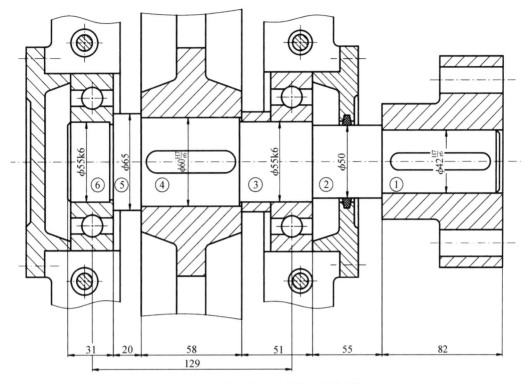

图 6.19　单级齿轮减速器中的低速轴

⑥ 右起第六段，该段装有滚动轴承和挡油环，选用 6311 型轴承，该段的直径和第三段相同，取 $d_6 = 55$ mm，长度取 $L_6 = 31$ mm。

（4）按弯扭组合强度校核轴的强度。

两轴承之间的跨距 $l = 64.5$ mm。

① 计算轴上零件对轴的作用力。

低速轴上的转矩为

$$T = \frac{9.55 \times 10^6 P}{n} = \frac{9.55 \times 10^6 \times 3.5}{76.4} = 437\ 500\ (\text{N} \cdot \text{mm})$$

小齿轮分度圆直径为

$$d_2 = mz_2 = 3 \times 69 = 207 (\text{mm})$$

大齿轮的圆周力为

$$F_{t2} = \frac{2T}{d_2} = \frac{2 \times 437\ 500}{207} = 4\ 227 (\text{N})$$

大齿轮的径向力为

$$F_{r2} = F_{t2} \tan \alpha = 4\ 227 \times \tan 20° = 1\ 538.5 (\text{N})$$

② 画出轴的空间受力图，计算支反力。

作出轴的受力计算简图，如图 6.20(a) 所示，假定载荷集中作用在齿轮及轴承的中点。

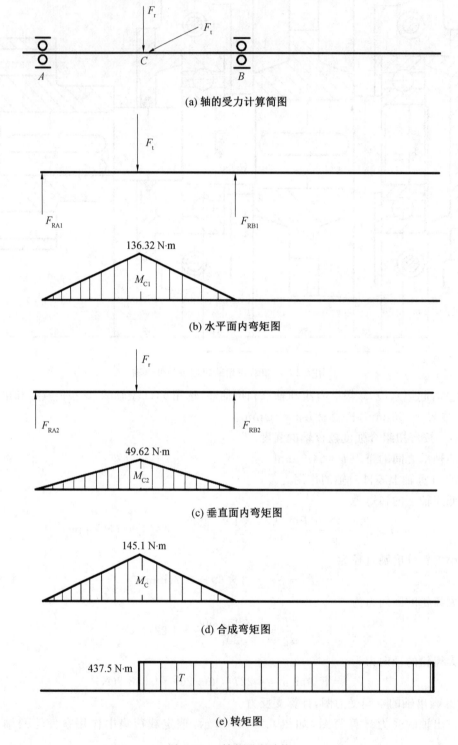

(a) 轴的受力计算简图

136.32 N·m

(b) 水平面内弯矩图

49.62 N·m

(c) 垂直面内弯矩图

145.1 N·m

(d) 合成弯矩图

437.5 N·m

(e) 转矩图

图 6.20　轴的强度计算

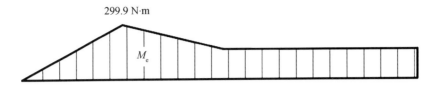

299.9 N·m

M_e

(f) 当量弯矩图

续图 6.20

确定轴承的支反力。

水平面上支反力为
$$F_{RA1} = F_{RB1} = F_{t2}/2 = 4\ 227/2 = 2\ 113.5(\mathrm{N})$$

垂直面上支反力为
$$F_{RA2} = F_{RB2} = F_{r2}/2 = 1\ 538.5/2 = 769.25(\mathrm{N})$$

③ 确定弯矩并作出弯矩图,如图 6.20(b)、(c)、(d) 所示。

齿轮中点 C 处的弯矩计算如下。

水平面的弯矩为
$$M_{C1} = F_{RA1} \times 64.5 \times 10^{-3} = 2\ 113.5 \times 64.5 \times 10^{-3} = 136.32\ (\mathrm{N \cdot m})$$

垂直面的弯矩为
$$M_{C2} = F_{RA2} \times 64.5 \times 10^{-3} = 769.25 \times 64.5 \times 10^{-3} = 49.62\ (\mathrm{N \cdot m})$$

合成弯矩为
$$M_C = \sqrt{M_{C1}^2 + M_{C2}^2} = \sqrt{136.32^2 + 49.62^2} = 145.1\ (\mathrm{N \cdot m})$$

④ 确定转矩并作出转矩图,如图 6.20(e) 所示。
$$T = 437.5\ \mathrm{N \cdot m}$$

⑤ 确定当量弯矩并作出当量弯矩图,如图 6.20(f) 所示。

⑥ 判断危险截面并校核强度。

截面 C 的当量弯矩最大,故该截面为危险截面。
$$M_e = \sqrt{M_C^2 + (\alpha T)^2} = 299.9\ \mathrm{N \cdot m},查表 6.3 知,[\sigma_{-1b}] = 45\ \mathrm{MPa}$$

因此有
$$\sigma_e = M_e/W = M_e/0.1d^3 = 299.9 \times 10^3/0.1 \times 60^3 = 13.88(\mathrm{MPa}) \leqslant [\sigma_{-1b}]$$

故轴的强度满足要求,轴的结构设计合理。

任务 6.2　滚动轴承的认识与选用

任务描述

已知某水泵轴选用深沟球轴承,安装轴承的轴径 $d = 35\ \mathrm{mm}$、转速 $n = 2\ 900\ \mathrm{r/min}$、轴承所受径向载荷 $F_r = 2\ 300\ \mathrm{N}$、轴向载荷 $F_a = 540\ \mathrm{N}$,使用寿命 $L_h = 5\ 000\ \mathrm{h}$,轴承工作温度为 125 ℃,试确定该深沟球轴承的型号。

课前预习

1. 滚动轴承的代号由前置代号、基本代号和后置代号组成,其中基本代号表示( )。

A. 轴承的类型、结构和代号

B. 轴承组件

C. 轴承内部结构变化和轴承公差等级

D. 轴承游隙和配置

2. 滚动轴承的类型代号由( )表示。

A. 数字

B. 数字或字母

C. 字母

D. 数字加字母

3. 在有较大冲击且需同时承受较大的径向力和轴向力场合,轴承类型应选用( )。

A. N 型

B. 3000 型

C. 7000 型

D. 8000 型

4. 当滚动轴承的润滑和密封良好,且连续运转时,其主要的失效形式是( )。

A. 滚动体破碎

B. 疲劳点蚀

C. 永久变形

D. 磨损

5. 代号为 30310 的单列圆锥滚子轴承的内径为( )。

A. 10 mm

B. 100 mm

C. 50 mm

D. 10 mm

任务 6.2 课前预习参考答案

知识链接

轴承主要是用来支承轴和轴上零件的,有滚动轴承和滑动轴承两种类型。滚动轴承是通过其主要元件之间的滚动接触为轴提供支承,其特点为摩擦阻力较小、易于启动、高效和尺寸较小。此外,因为采用了大量的标准化制造工艺,所以成本较低。因此,滚动轴承广泛应用于各种不同类型的机械设备中。

滚动轴承已经标准化,并由特定的制造厂大规模生产。在机械设计过程中,需要依据实际工作情况确定轴承类型和型号,并且进行轴承安装、调节、润滑及密封等设计。

6.2.1　滚动轴承的认识

1. 滚动轴承的基本结构

滚动轴承是一种标准部件,一般由内圈、外圈、滚动体和保持架组成,如图 6.21 所示。一般情况下,其内圈与轴颈装配,而外圈与轴承座或机架孔装配。大多数情况下,内圈转动,外圈固定不动。当然,也存在内圈固定不动,外圈转动的情形。

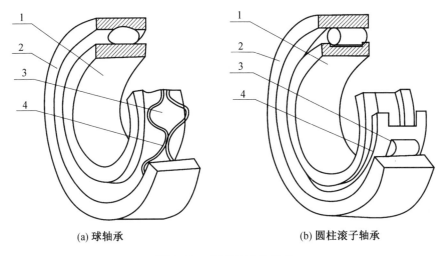

(a) 球轴承　　　　　　　　　　(b) 圆柱滚子轴承

图 6.21　滚动轴承的组成

1— 内圈;2— 外圈;3— 滚动体;4— 保持架

滚动体是滚动轴承不可缺少的元件,其形状、数量、大小不一样会影响滚动轴承的承载能力,常见的滚动体有球、圆柱滚子、滚针、圆锥滚子、球面滚子与非对称球面滚子,如图 6.22 所示。当内圈与外圈相对转动的时候,滚动体在内外圈间的滚道中滚动。保持架可使滚动体均匀分布,并避免相邻滚动体直接接触产生磨损。

201

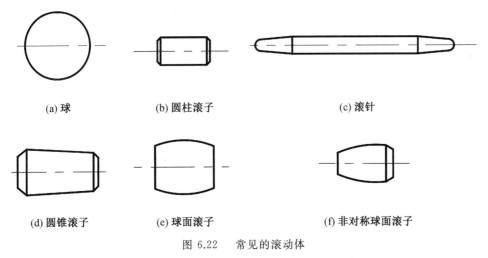

(a) 球　　　　　　(b) 圆柱滚子　　　　　　(c) 滚针

(d) 圆锥滚子　　(e) 球面滚子　　　　　(f) 非对称球面滚子

图 6.22　常见的滚动体

有时考虑经济性,也会让其结构简单化,比如无内圈或无外圈。这时,滚动体直接与轴颈和座孔滚动接触,如自行车上的滚动轴承。

通常使用如 GCr9、GCr15、GCr15SiMn 等轴承铬钢制作滚动轴承的内外圈和滚动体,经过淬火热处理后,其硬度可达到 60 HRC 或者更高。

保持架有两类,一种是由低碳钢冲压而成的冲压式保持架,另一种则是采用铜合金、铝合金或工程塑料制作的实体式保持架。它们都具备良好的定心精度,可满足高速轴承的需求。

2. 滚动轴承的主要类型及性能

滚动轴承的关键参数之一是公称接触角,如图 6.23 所示。公称接触角指的是滚动体与套圈相交处的法线和轴承径向平面间的夹角 α。α 值越大,表明轴承所能承受轴向载荷的能力就越强。

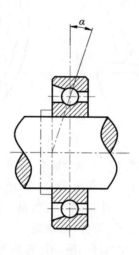

图 6.23　接触角

滚动轴承可根据其所承受的载荷方向(或公称接触角)及滚动体的种类进行分类。

(1) 向心轴承。

向心轴承是一种主要承受径向载荷的滚动轴承,根据公称接触角的不同,向心轴承可分为径向接触轴承和向心角接触轴承。其中,径向接触轴承的公称接触角为 0°;而向心角接触轴承的公称接触角介于 0° 和 45° 之间,如图 6.24 所示。

(2) 推力轴承。

推力轴承主要承受轴向载荷,公称接触角度范围为 45°～90°。根据公称接触角的不同,推力轴承可以划分为两种类型:一种是公称接触角为 90° 的轴向接触轴承;另一种为公称接触角介于 45° 和 90° 之间的推力角接触轴承。

能够同时承受径向载荷和较大的轴向载荷的轴承,称为向心推力轴承。

工程上常用的滚动轴承及性能见表 6.4。

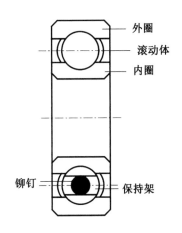

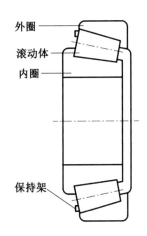

(a) 径向接触轴承　　　　　　　　　　　(b) 向心角接触轴承

图 6.24　向心轴承

表 6.4　常用轴承的承载性能

序号	类型名称	类型代号	性能和特点
1	单列向心球轴承	0000	主要承受径向载荷,也可同时承受小的轴向载荷。当量摩擦系数最小。在高转速时,可用来承受纯轴向载荷。工作中允许内、外圈轴线偏斜 $\not> 0.25° \sim 0.5°$,大量生产价格最低
2	双列向心球面球轴承(自动调心型)	1000	因为外圆滚道表面是以轴承中心为中心的球面,故能自动调心,允许内圈(轴)对外圈(外壳)轴线偏斜 $\not> 2° \sim 3°$。一般不宜承受向载荷
3	外圈无挡边的单列向心短圆柱滚子轴承	2000	外圈(或内圈)可以分离,故不能承受轴向载荷,滚子由内圈(或外圈)的挡边轴向定位,工作时允许内、外圈有少量的轴向错动。有较大的径向承载能力,但内、外圈轴线的允许偏斜很小($2' \sim 4'$)。这一类轴承还可以不带外圈或一半内圈
4	内圈无挡边的单列向心短圆柱滚子轴承	32000	
5	双列向心球面(鼓形)滚子轴承(自动调心型)	3000	同 2,但具有较大的径向承载能力
6	滚针轴承	74000	在同样内径条件下,与其他类型轴承相比,其外径最小,内圈或外圈可以分离,工作时允许内、外圈有少量的轴向错动。有较大的径向承载能力。一般不带保持架。摩擦系数大

续表6.4

序号	类型名称	类型代号	性能和特点
7	螺旋滚子轴承	5000	用窄钢带卷成的空心滚子,有弹性,可承受径向冲击载荷,并允许内、外圈轴线偏斜 $\not> 0.5°$。可以不带内圈或内、外圈
8	单列向心推力球轴承 $\alpha = 12°$	36000	可以同时承受径向载荷及轴向载荷,也可以单独承受轴向载荷。能在较高转速下正常工作。由于一个轴承只能承受单方向的轴向力,因此,一般成对使用。承受轴向载荷的能力由接触角 α 决定。接触角大的,承受轴向载荷的能力也高
9	单列向心推力球轴承 $\alpha = 26°$	46000	
10	单列向心推力球轴承 $\alpha = 36°$	66000	
11	单列圆锥滚子轴承 $\alpha = 11° \sim 16°$	7000	可以同时承受径向载荷及轴向载荷(7000 型以径向载荷为主,27000 型以轴向载荷为主)。外圈可以分离,安装时可调整轴承的游隙。一般成对使用
12	大锥角单列 圆锥滚子轴承 $\alpha = 25° \sim 29°$	27000	
13	单向推力球轴承	8000	为了防止钢球与滚道之间的滑动,工作时必须加有一定的轴向载荷。高速时离心力大,钢球与保持架产生磨损,发热严重,寿命降低,故极限转速很低。轴线必须与轴承座底面垂直,载荷必须与轴线重合,以保证钢球载荷的均匀分配
14	双向推力球轴承	38000	
15	推力向心对称球面 (鼓型)滚子轴承	69000	较推力球轴承的承载能力大,转速高,且可自动调心。能限制轴(外壳)的径向位移

3. 滚动轴承的代号

滚动轴承种类繁多,各类型的结构、尺寸和精度等级等都不一样。为方便对这些轴承的分类、制造、管理和选用,国家标准规定了轴承代号的表示方法,该代号主要由数字和字母构成,见表 6.5。

表 6.5　滚动轴承的代号

基本代号					后置代号							
5	4	3	2	1								
前置代号	类型代号	尺寸系列代号		轴承内径代号	内部结构	密封防尘套圈变型代号	保持架（材料）代号	轴承材料代号	公差等级代号	游隙代号	配置代号	其他代号
		宽度系列代号	直径系列代号									

（1）基本代号。

轴承的基本代号是用来表示其主要特性的,例如类型、尺寸系列和内径等。

通常,类型代号会用阿拉伯数字或大写字母来表达。尺寸系列代号是由宽度系列和轴承直径系列代号组成的,并以二位数字进行标识。

宽度系列对于径向轴承或是向心推力轴承来说,其结构、内径及外径一致,但宽度不同,形成了一系列不同尺寸,从 8、0、1、…、6 依次增加;而在高度方面,推力轴承则是以 7、9、1、2 这样的顺序逐步上升。如果宽度系列代号为 0,则大多数情况下,可省略。

轴承的直径系列代表了同一类型轴承,相同内径下,其外径和宽度的变化系列,并且由基本代号右起第三位数字标识。也就是说,外径尺寸会按照 7、8、9、0、1、…、5 的顺序逐渐增大,如图 6.25 所示。

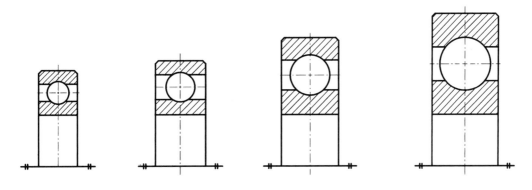

图 6.25　直径系列

轴承内径代号以基本代号右起第1和第2位数字来表示。常用内径 $d = 20 \sim 480$ mm 的轴承,内径代号为轴承内径尺寸被 5 除得的商,如 07 表示 $d = 35$ mm;13 表示 $d = 65$ mm 等。内径为 10 mm、12 mm、15 mm 和 17 mm 的轴承,内径代号依次为 00、01、02 和 03。$d < 10$ mm 和 $d > 500$ mm 的轴承内径代号,在标准中另有规定。

（2）前置代号、后置代号。

当轴承的结构、大小、精度或技术要求发生变化时,会采用前置代号、后置代号分别置于基本代号左、右侧。前置代号由字母构成,用于表示整个轴承的特点,一般情况下,不需要对此做出解释,那么就可以忽略前置代号。而后置代号则是通过字母或字母－数字的组合方式表达,根据不同的需求可以在基本代号后面直接使用,也可以利用"－"或"/"分割出来,具体含义参阅轴承代号表中列出的内容。

① 内部结构代号。

常见的轴承内部结构代号见表 6.6。

表 6.6　常见的轴承内部结构代号

代号	含义	示例
C	角接触球轴承 调心滚子轴承	公称接触角 $\alpha = 15°$　7210C C 型 23122C
AC	角接触球轴承	公称接触角 $\alpha = 25°$　7210AC
B	角接触球轴承 圆锥滚子轴承	公称接触角 $\alpha = 45°$　7210B 接触角加大　32310B
E	加强型(即内部结构设计改进, 增大轴承承载能力)	N207E

② 轴承公差代号。

表 6.7 是部分公差代号的含义,其他符号的含义可以查阅 GB/T 272—2017。

表 6.7　常见的轴承公差代号

代号 新标准 GB/T 272—2017	含义	示例
/P0	公差等级符合标准规定的 0 级	6203
/P6	公差等级符合标准中的 6 级	6203/P6
/P6X	公差等级符合标准中的 6X 级	6203/P6X
P5	公差等级符合标准中的 5 级	6203/P5
P4	公差等级符合标准中的 4 级	6203/P4
P2	公差等级符合标准中的 2 级	6203/P2

滚动轴承的
选用

6.2.2　滚动轴承的选用

滚动轴承的设计课解决两大问题:一是已知轴承类型,需计算出特定载荷条件下的无点蚀使用寿命;二是基于指定的使用寿命及载荷情况,需选用合适的轴承类型及其型号。

1. 滚动轴承的失效形式

(1) 疲劳点蚀。

在装配、润滑和维护状况良好的条件下,由于承受大量变化的接触应力,因此滚动轴承的滚动体或内外圈滚道上会出现疲劳点蚀损坏,如图 6.26 所示。

图 6.26　　疲劳点蚀

(2)塑性变形。

当受到较大程度的静载荷或者冲击载荷时,会引发套圈滚道与滚动体的接触区域出现过大的局部应力,如果这个局部应力超过了材料所能承载的能力,那么就可能引起显著的塑性变形,进而造成轴承失效。所以,为尽可能避免轴承出现此类情况,必须对轴承进行静强度的计算。

2. 滚动轴承的设计准则

一般而言,疲劳点蚀破坏被视为滚动轴承的主要失效形式,因此对转速正常的轴承来说,为了预防疲劳点蚀损坏带来的过早失效,必须进行疲劳点蚀计算,以确保它们的正常使用寿命。如果轴承是不转动或者转速很低的话,那么就应该考虑到材料可能出现塑性变形的问题了,必须进行静强度计算。而以磨损、胶合为主要失效形式的轴承,由于影响因素复杂,目前还没有相应的计算方法,因此只能采取适当的预防措施。

3. 滚动轴承的寿命计算公式

轴承的工作环境会不断变化的。在前文中提到,在最初设计时会遇到两个问题:第一个是已给定轴承型号,并已知其受载情况,要计算轴承的使用寿命是多少年? 第二个则是已经知道了轴承需要承受的载荷 P,并且轴承的使用寿命须达到 L,那该如何选用合适的轴承呢?

如图 6.27 所示的轴承载荷寿命曲线,在某一特定的载荷 $\neq$ 额定动载荷条件下运行时,其寿命 L 将与基本额定寿命有所差异。

图 6.27 是轴承在不同载荷下与寿命关系,这些关系在大量试验中得出,其公式为

$$P_1^{\varepsilon} = P_1^{\varepsilon}L = C^{\varepsilon} \tag{6.5}$$

即

$$L = \left(\frac{C}{P}\right)^{\varepsilon} \tag{6.6}$$

207

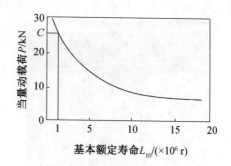

图 6.27 轴承载荷寿命曲线

其中,球轴承 $\varepsilon = 3$,滚子轴承 $\varepsilon = 10/3$。

在实际工程应用中,常以小时数来代表其寿命。假如转速是 n,则有

$$L_h = \frac{10^6}{60n}\left(\frac{C}{P}\right)^\varepsilon \tag{6.7}$$

换句话说,当已知轴承承受的载荷为 P,转速为 n,并且期望寿命为 L_h 时,根据式 (6.4),可以计算出所需要的基本额定动载荷为

$$C = P^\varepsilon\sqrt{\frac{60n\,L_h'}{10^6}} \tag{6.8}$$

从轴承标准和手册中查得的基本额定动载荷是工作温度不大于 120 ℃ 时的值,但如果温度大于 120 ℃,这个基本额定动载荷就需要进行修正,从而计算出在高温条件下轴承的基本额定动载荷,通过温度系数 f_t 来修正,即

$$C_t = f_t C \tag{6.9}$$

其中,f_t 见表 6.8。经修正后的式 (6.4)、式 (6.5) 为

$$L_h = \frac{10^6}{60n}\left(\frac{f_t C}{P}\right)^\varepsilon \tag{6.10}$$

$$C = \frac{P}{f_t}\sqrt[\varepsilon]{\frac{60n\,L_h'}{10^6}} \tag{6.11}$$

表 6.8 温度系数 f_t

轴承工作温度 /℃	125	150	175	200	225	250	300	350
温度系数 f_t	0.95	0.90	0.85	0.80	0.75	0.70	0.60	0.50

4. 滚动轴承的当量动载荷

通常试验结果无法完全与轴承的受载情况一致,因此有必要对其换算。这就需要引入"当量动载荷"这一概念。也就是说,如果轴承承受的载荷与其预设的条件不同时,那么就需要将其真实的载荷换算成与前述条件等效的载荷,这样才能够用它来对比基本额定动载荷 C。这种经过换算得出的载荷被视为假定的载荷,称为当量动载荷,用 P 表示。在此载荷下,轴承的使用寿命会与真实载荷下的使用寿命保持一致。

所以,在计算轴承寿命的公式里,所有的载荷 P 指的都是当量动载荷。

对于只能承受轴向力 A 的推力轴承,$P=A$;

对于只能承受径向力 R 的向心轴承,$P=R$;

对于能够同时承受 A 和 R 的轴承,其当量动载荷 P 应与实际作用的复合外载荷具有相等的作用,即

$$P = X \cdot R + Y \cdot A \tag{6.12}$$

式中　X—— 径向载荷系数;

$\quad\quad$ Y—— 轴向载荷系数,可按表 6.9 查取。

表 6.9　径向载荷系数 X 和轴向载荷系数 Y

轴承类型	相对轴向载荷 A/C_{or}	$A/R \leqslant e$		$A/R > e$		判别系数 e
		X	Y	X	Y	
深沟球轴承 (60000)	0.014	1	0	0.56	2.30	0.19
	0.028				1.99	0.22
	0.056				1.71	0.26
	0.084				1.55	0.28
	0.11				1.45	0.30
	0.17				1.31	0.34
	0.28				1.15	0.38
	0.42				1.04	0.42
	0.56				1.00	0.44
角接触球轴承 (70000C) $\alpha = 15°$	0.015	1	0	0.44	1.47	0.38
	0.029				1.40	0.40
	0.056				1.30	0.43
	0.087				1.23	0.46
	0.12				1.19	0.47
	0.17				1.12	0.50
	0.29				1.02	0.55
	0.44				1.00	0.56
	0.58				1.00	0.56
角接触球轴承 (70000AC) $\alpha = 25°$	—	1	0	0.41	0.87	0.68
角接触球轴承 (70000B) $\alpha = 40°$	—	1	0	0.35	0.57	1.14

轴承类型	相对轴向载荷 A/C_{or}	$A/R \leqslant e$		$A/R > e$		判别系数 e
		X	Y	X	Y	
圆锥滚子轴承（单列）	—	1	0	0.4	$0.4\cot\alpha$	$1.5\tan\alpha$
调心球轴承（双列）	—	1	$0.42\tan\alpha$	0.65	$0.65\cot\alpha$	$1.5\tan\alpha$

注:① C_{or} 是轴承径向基本额定静载荷,α 是接触角。

② 具体数值按不同型号轴承由产品目录或有关手册查得。

③ e 为判别轴向载荷 A 对当量动载荷 P 影响程度的参数。

由式(6.10)计算出的当量动载荷只是理论值,实际上,由于机器设备的惯性、零件的不精确及其他因素的影响,有时需要进行修正。考虑上面的因素,引入载荷系数 f_P,见表6.10。因此,修正后的当量动载荷计算公式为

$$P = f_P A \tag{6.13}$$

$$P = f_P R \tag{6.14}$$

$$P = f_P(X \cdot R + Y \cdot A) \tag{6.15}$$

表 6.10　载荷系数 f_P

载荷性质	无冲击或轻微冲击	中等冲击	强烈冲击
载荷系数 f_P	$1.0 \sim 1.2$	$1.2 \sim 1.8$	$1.8 \sim 3.0$

5. 滚动轴承的静载荷

对于滚动轴承而言,许多情况下它们并非处于理想状态,有可能是在慢速且载荷较大的环境中转动,有时甚至是完全不转动。这种状况下的损坏主要表现为滚动体接触面应力过高导致出现持久性的凹陷,即材料产生了塑性变形,此时,必须根据轴承的静强度来选用合适的轴承。

一般来说,只要轴承的滚动件与滚道接触中心形成的接触应力不超过某定值,大多数轴承都能正常运转。因此,称该应力达到某定值时的载荷为基本额定静载荷,用 C_{or} 表示。

按静载荷选择轴承的公式为

$$C_{or} \geqslant S_0 P_0 \tag{6.16}$$

在式(6.16)中,S_0 代表轴承的静载荷强度安全系数;P_0 则是当量的静载荷,即

$$P_0 = X_0 R + Y_0 A \tag{6.17}$$

式中　X_0、Y_0——当量静载荷的径向和轴向载荷系数。

S_0、X_0 和 Y_0 可以通过查取轴承手册获得。

任务实施

任务描述中,水泵轴的深沟球轴承的选择计算过程如下。

解析:根据题意,已知轴承内径、转速、所受载荷及使用寿命,要求确定深沟球轴承的型号,具体计算内容为先选择轴承型号,再计算当量动载荷,最后校核轴承的寿命。

解　(1)根据轴颈直径 $d=35$ mm,选择型号为6207的深沟球轴承,查轴承手册,可知基本额定静载荷 $C_{or}=15.2$ kN,基本额定动载荷 $C_r=25.5$ kN。

(2)确定轴向和径向载荷系数。

根据 $\dfrac{A}{C_{or}}=\dfrac{540}{15.2\times10^3}=0.036$,查表6.9,可得 $e=0.23$。

因 $\dfrac{F_a}{F_{or}}<e$,则 $X=1,Y=0$。

(3)确定当量动载荷。

查表6.10得,$f_P=1.0$,由式(6.15)可得

$$P=f_P(X\cdot R+Y\cdot A)=1\times2\,300+0\times540=2\,300(\text{N})$$

(4)根据式(6.10)计算轴承的寿命。

$$L_h=\frac{10^6}{60n}\left(\frac{f_tC}{P}\right)^\varepsilon=\frac{10^6}{60\times2\,900}\left(\frac{0.95\times25.5\times10^3}{2\,300}\right)^3=6\,715\ (\text{h})>5\,000\ (\text{h})$$

所以水泵轴中选用型号为6207的深沟球轴承满足寿命要求,因此轴承的选择是合适的。

任务6.3　滑动轴承的认识与设计

任务描述

已知起重机卷筒采用了滑动轴承,其所承受的径向负荷 $F_R=100\,000$ N,轴颈的直径 $d=90$ mm,轴的转速 $n=10$ r/min,试设计该滑动轴承。

课前预习

1.与滚动轴承相比较,下述各点中,(　　)不能作为滑动轴承的优点。

A.径向尺寸小

B.摩擦阻力小,启动灵敏

C.运转平稳,噪声低

D.可用于高速情况下

2.剖分式滑动轴承的性能特点是(　　)。

A.能自动调正

B.装拆方便,轴瓦磨损后间隙可调整

C.结构简单,制造方便,价格低廉

D.装拆不方便,装拆时必须做轴向移动

3. 在计算非液体摩擦滑动轴承时，要限制 P_v 值的原因是为了（　　　　）。

A. 保证油膜的形成

B. 使轴承不会过早磨损

C. 限制轴承的温升，保持油膜，防止胶合

D. 防止轴承因发热而产生塑性变形

任务 6.3 课前预习参考答案

知识链接

6.3.1　滑动轴承的认识

滑动轴承的认识

1. 滑动轴承的类型

滑动轴承的摩擦性质为滑动摩擦。因各类滑动轴承的润滑条件不同，则摩擦状态就会不同。其摩擦状态可分为四类，即干摩擦状态、边界摩擦状态、液体摩擦状态和混合摩擦状态，如图 6.28 所示。

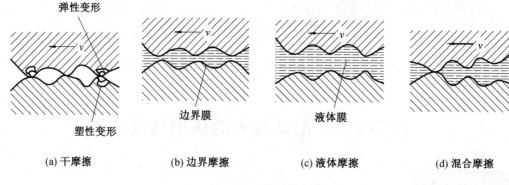

（a）干摩擦　　　　（b）边界摩擦　　　　（c）液体摩擦　　　　（d）混合摩擦

图 6.28　摩擦状态

干摩擦是指两个摩擦面直接接触并且相互滑动，但不添加任何润滑剂。

边界摩擦状态是指两个摩擦面被界限膜分隔开来，其摩擦作用主要取决于这些界限膜和表面之间的吸附特性。

液体摩擦是指两个摩擦面被液体层完全分离，其摩擦作用主要由液体内部的分子间黏性阻力决定。

所谓的混合摩擦，就是在轴承的实际运转过程中，有时候会出现边界摩擦和液体摩擦共存的混合现象。而边界摩擦和混合摩擦又被称为非液态摩擦。

因此，依据其摩擦属性，滑动摩擦轴承可分成两大类：液态滑动摩擦轴承和非液态滑动摩擦轴承。

由于滑动摩擦轴承的阻力主要源自润滑油分子间的作用，因此其摩擦系数较低。虽然液体滑动摩擦轴承具有长使用寿命和高效率的优点，但其制造精度极高，并且在适当条件下才能达到液体摩擦的效果。

非液态滑动摩擦轴承的表面的部分凸起会与金属产生直接接触，因此其摩擦系数较

高。这种轴承的特点是易于磨损且结构简单,但对制造精度和工作环境的需求不大,所以在机械设备中得到了广泛应用。

根据轴承所承受的载荷,可以将其划分为径向滑动轴承和推力滑动轴承两类,如图6.29所示。径向滑动轴承主要承受径向载荷,推力滑动轴承主要承受轴向载荷。

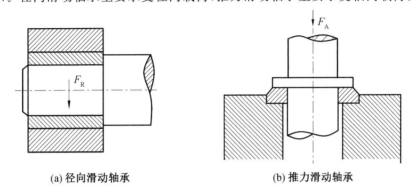

(a) 径向滑动轴承　　　　　　　(b) 推力滑动轴承

图 6.29　按照轴承承受的载荷分类

虽然滚动轴承的摩擦较小,但因滑动轴承的结构简单、使用寿命长,抗冲击和吸振能力强,运作稳定,旋转精度高,故在工程实际应用中,有一些情况也常采用滑动轴承。

2. 滑动轴承的结构

(1)径向滑动轴承。

在制造过程中,我们经常使用径向滑动轴承。国内早已建立了相关标准,一般都可以按照实际需求加以选择。径向滑动轴承主要分为整体式和剖分式两种。

① 整体式径向滑动轴承。

如图6.30所示的整体式滑动轴承,其重要构成元素是轴承座和轴套。轴套被压入轴承座孔内,通过螺栓与机座相连接以形成轴承座,顶端则配有安装油杯的螺纹孔。轴套上设有油孔,并在其内侧开出油沟来传输润滑油。

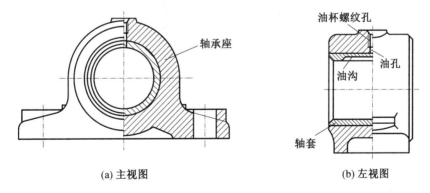

(a) 主视图　　　　　　　(b) 左视图

图 6.30　整体式滑动轴承

整体式滑动轴承的结构简单且制造成本较低,但是滑动轴承表面磨损后,修复起来十分困难。此外,装卸轴承时只能轴向移动,操作不便。因此,它更适合低速且轻载工作环

213

境,比如农业机械等设备。

②剖分式径向滑动轴承。

轴承盖、轴承座、剖分轴瓦及螺栓构成了剖分式滑动轴承,这种轴承可以被划分为两大类:对开式二(四)螺栓正滑动轴承和对开式四螺栓斜滑动轴承。

对开式的二(四)螺栓正滑动轴承(图6.31)的轴承底座水平部分为两个部件:底部是轴承座,顶部则是轴承盖,两者通过两个或者四个螺钉连接在一起。为了便于定位,且避免轴承盖与轴承座之间的横向位移,因此选择把轴承盖和轴承座的剖分面设计成阶梯形状。当需要更换轴的时候,无须调整轴的位置,这样可以大大提高操作效率。

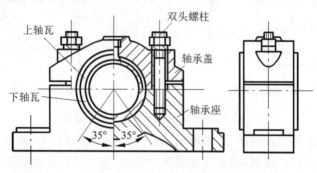

图 6.31　对开式二(四)螺栓正滑动轴承

图6.32所示为对开式四螺栓斜滑动轴承,其特性与对开式正滑动轴承相似。

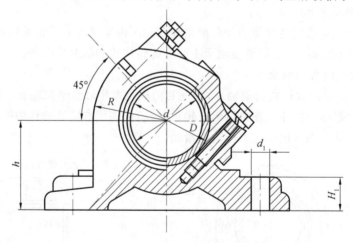

图 6.32　对开式四螺栓斜滑动轴承

当轴颈的长度较长时,其刚性就会相对降低。如果两个轴承并未在同一个刚性机架上使用,或者难以保证同轴度时,那么轴瓦的局部将磨损严重。

因此,我们可以使用自回滑动轴承,它能根据轴线的位置自动调整轴瓦的位置,如图6.33所示。这样,轴颈和轴瓦就能始终保持球面接触。

(2)推力滑动轴承。

推力滑动轴承主要承受轴向载荷。它是由轴承座、套筒、径向轴瓦和止推轴瓦构成,如图6.34所示。

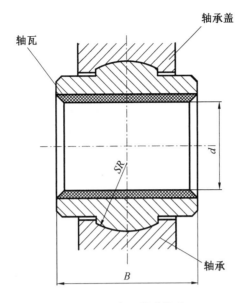

图 6.33　自回滑动轴承

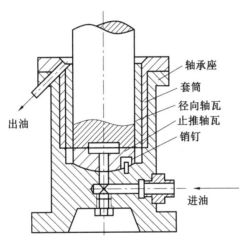

图 6.34　推力滑动轴承

　　为使止推轴瓦的底面易于对中,将其设计成球面形式,并利用销钉来阻止它随着轴颈旋转。润滑油会从下部流入,然后在上部排出,如图 6.35 所示。

　　(3)轴套与轴瓦结构。

　　轴套是指在整体式轴承中与轴颈相配合的部分,如图 6.36 所示,其构造形态有两种:无挡边和带挡边。

　　图 6.37 所示是对开式轴瓦的两个半部分,为了保证轴瓦具有良好的强度和耐磨性,通常会在其内侧表面涂一层耐磨材料,这就是所说的轴承衬,如图 6.38 所示。

　　通常在轴承的底座上设置供油孔和油槽,可方便地将润滑油引入并均匀分布在工作表面。并且应该确保供油孔和油槽位于轴瓦的非载荷区域,否则会降低油膜的承载能力,

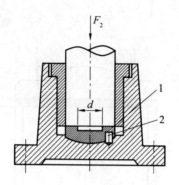

图 6.35　推力滑动轴承

1— 球面轴瓦;2— 销钉

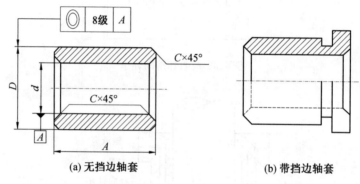

(a) 无挡边轴套　　　　　(b) 带挡边轴套

图 6.36　轴套

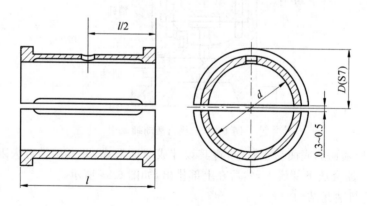

图 6.37　对开式轴瓦

如图 6.39 所示。

　　对于大型设备的轴承和轴瓦,我们应该建立油室,如图 6.40 所示。这样不仅可以储存大量润滑油,而且还能保证其润滑的稳定性。

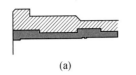 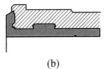

(a)　　　　　　　　(b)　　　　　　　　(c)　　　　　　　　(d)

图 6.38　　轴承衬

(a),(b)— 对钢与铸铁;(c),(d)— 对青铜

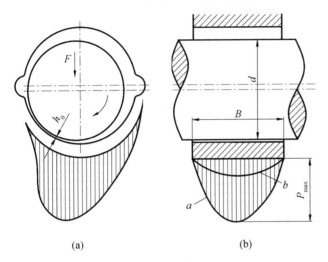 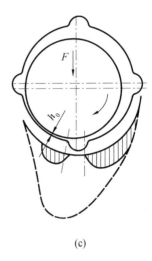

(a)　　　　　　　　　(b)　　　　　　　　　(c)

图 6.39　　油沟布置对油膜承载能力的影响

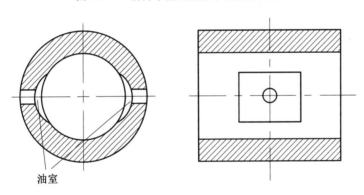

油室

图 6.40　　油室

6.3.2　滑动轴承的设计

1. 滑动轴承的失效形式及轴承材料

（1）滑动轴承的失效形式。

滑动轴承的失效通常是由多种因素导致的,失效形式有很多,有时候几种失效形式并存,互相影响,如图 6.41 所示。

217

① 磨粒磨损。

当灰尘或沙砾这样的坚硬物质侵入轴承的空隙并在轴承表层附着,或随着轴转动时,将会引起轴颈及轴承摩擦损伤。而在设备启动和停止过程中,若出现与轴承触碰的情况,则会对轴承造成更严重的损害,缩短轴承使用寿命。

② 刮伤。

硬颗粒流入轴承缝隙和粗糙的轮廓峰顶,有可能引发轴承因为刮伤而损坏。

③ 胶合。

轴承温度过高且重载荷时,或者润滑条件无法达到要求时,轴颈与轴承之间的相对运动会使表面材料产生黏附和撕扯,从而造成轴承磨损。

④ 疲劳剥落。

当轴承在不断受到载荷的影响后,其表层会产生相对应的疲劳断裂。这些裂缝如果扩散至轴承衬和衬背结合面,就可能导致轴承衬材料的剥落。

(a) 磨粒磨损

(b) 刮伤

(c) 胶合

(d) 疲劳剥落

图 6.41　滑动轴承的失效形式

（2）轴承材料。

轴承材料常选用轴承合金、铜合金、铝基合金等。然而,没有一种是能够避免失效并且成本较低的轴承材料,因此需要根据具体情况进行分析后,再做出适当的选择。

2. 非液体摩擦滑动轴承设计

非液体摩擦滑动轴承最常见的失效形式是表面磨损和胶合,因此保持边缘润滑层不会破坏是设计的核心原则。然而,影响非液体摩擦滑动轴承承载能力的因素很多,目前对不完全油膜滑动轴承的设计计算主要是进行轴承压强、轴承压强与速度的乘积 Pv 值和轴承滑动速度 v 的验算,使其不超过轴承材料的许用值。

3. 径向滑动轴承的设计计算

当进行径向滑动轴承的设计和计算时,通常会把已知的轴颈直径 d、转速 n 及轴承所受到的径向载荷 F_R 代入下述步骤中进行计算。

(1) 根据工作条件和使用场合要求,确定轴承的结构型式和选定轴承材料。

(2) 确定轴承宽度 B。

通常根据宽径比例与轴颈尺寸来明确它们的宽度,如图 6.42 所示。当宽径比增加时,轴承的承载力会增强,然而这有可能会导致散热性能变弱并使油温上升;相反地,如果宽径比减小,则可能导致两侧泄漏,从而降低摩擦产生的功耗及降低轴承的温度,但是这也意味着承载力变差。

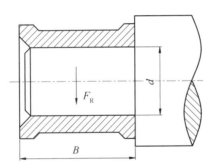

图 6.42   确定轴承的宽度

(3) 验算轴承的工作能力。

对于低速或间歇运行的轴承,为了避免润滑油从工作表面挤压出来,并确保良好的润滑性能而不会过度磨损,需要校核压强,即

$$P = \frac{F_R}{dB} \leqslant [P] \tag{6.18}$$

式中 F_R—— 轴承的轴向载荷(N);

           $[P]$—— 许用压力(MPa);

           d—— 轴颈直径(mm);

           B—— 轴承宽度(mm)。

轴承温度的上升是由 Pv 值间接引起的。对于承载较大且运转速度快的轴承来说,为了防止轴承在工作过程中过热导致胶合失效,需要校核 Pv 值,即

$$Pv = \frac{F_R}{dB} \frac{\pi dn}{60 \times 1\,000} \leqslant [Pv] \tag{6.19}$$

式中　n—— 轴的转速(r/min)；

　　　$[Pv]$—— 轴承材料压强速度的许可值(MPa·m/s)。

对于压强 P 较低的轴承，即便其 P 和 Pv 值已经验算合格，滑动速度过快也会加剧磨损并最终导致轴承报废。因此，还需要校核速度，即

$$v = \frac{\pi d n}{60 \times 1\,000} \leqslant [v] \tag{6.20}$$

在非液体滑动摩擦轴承的选择上，为了满足各种使用需求并确保旋转精度，必须恰当地挑选合适的轴承，以维持一定的间距。

4. 止推滑动轴承的设计计算

设计止推滑动轴承的过程与径向滑动轴承类似，下面主要介绍如何验算轴承的工作能力。

(1) 校核压强 P。

$$P = \frac{F_A}{Z\,\dfrac{\pi}{4}(d_2^2 - d_1^2)\,K} \leqslant [P] \tag{6.21}$$

式中　F_A—— 轴向载荷(N)；

　　　Z—— 止推轴环数；

　　　d_1—— 止推轴颈直径(mm)；

　　　d_2—— 轴环外径(mm)；

　　　K—— 考虑到油槽导致支撑面积减少的系数；

　　　$[P]$—— 止推轴承的许用压强(MPa)，见表 6.11。

表 6.11　止推轴承材料及 $[P]$、$[Pv]$ 值

轴材料	未淬火钢			淬火钢		
轴承材料	铸铁	青铜	轴承合金	青铜	轴承合金	淬火钢
$[P]$/MPa	2～2.5	4～5	5～6	7.5～8	8～9	12～15
$[Pv]$/(MPa·m·s^{-1})	1～2.5					

(2) 校核 Pv_m 值。

$$Pv_m \leqslant [Pv] \tag{6.22}$$

式中　v_m—— 轴环的平均速度 (m/s)，$v_m = \dfrac{\pi d_m n}{60 \times 1\,000}$，轴环的平均直径

$$d_m = \frac{1}{2}(d_1 + d_2)；$$

　　　$[Pv]$—— 止推轴承的 Pv 许用值(MPa·m/s)，见表 6.11。

任务实施

任务描述中，起重机卷筒轴的滑动轴承的设计过程如下。

解析：根据题意，已知轴颈直径、轴承所受径向载荷、轴的转速，要求选用合适的滑动

轴,具体设计内容为确定滑动轴承的类型、轴承材料、验算工作能力等。

解　(1)滑动轴承的类型及轴承材料。

为了装拆操作方便,选择了对开式结构的轴承,选用铝青铜作为轴承材料,以满足轴承所需的大载荷和低速条件,其许用压强 $[P]=15\ \mathrm{MPa}$,$[Pv]=12\ \mathrm{MPa\cdot m/s}$,$[v]=4\mathrm{m/s}$。

(2)确定轴承宽度。

选定 $B/d=1.2$ 的轴承宽径比,则轴承宽度为

$$B=1.2\times90=108(\mathrm{mm})$$

取 $B=110\ \mathrm{mm}$。

(3)验算轴承工作能力。

根据式(6.18)验算工作压强 P,有

$$P=\frac{F_{\mathrm{R}}}{dB}=\frac{100\ 000}{110\times90}=10.1(\mathrm{MPa})\leqslant[P]$$

由式(6.19)验算轴承压强速度值 Pv,有

$$Pv=\frac{F_{\mathrm{R}}}{dB}\frac{\pi dn}{60\times1\ 000}=\frac{100\ 000}{110\times90}\frac{\pi\cdot90\times10}{60\ 000}=0.476(\mathrm{MPa\cdot m/s})\leqslant[Pv]$$

由此可知,轴承 P 和 Pv 都在允许的范围内。由于轴颈的工作转速非常低,因此无须进行 v 的计算。

显然,所选择的轴承能够满足工作要求。

(4)根据机械设计手册,选择轴承与轴颈的配合公差为 H8/f7,在轴瓦滑动表面上,粗糙程度为 $3.2\ \mu\mathrm{m}$,而在轴颈表面上,粗糙度为 $1.6\ \mu\mathrm{m}$。

思考与实践

1. 轴的功用是什么?

2. 什么是心轴、传动轴和转轴? 请解析自行车的后轴和中轴分别属于哪种类型的轴?

3. 选择轴的常用材料有哪些方法呢? 在工程项目中,最常使用的材料是什么?

4. 对于想要增强轴的刚度,将轴材料从 45 钢更换为 40Cr 等合金钢是否适宜? 这是因为什么呢?

5. 在选择滚动轴承类型时,应该考虑哪些因素呢? 在高速轻载的工作环境中,应当选用何种类型的轴承? 而在高速重载的情况下,又应当选择哪一种类型的轴承呢?

6. 滚动轴承的主要失效形式有哪些?

7. 滚动轴承的寿命是指什么? 基本额定寿命和修正额定寿命是什么意思?

8. 为了确保滑动轴承能够达到较高的负载性能,应该在何种位置安装油沟呢?

9. 哪些是滑动轴承的摩擦状态? 它们有什么主要差异呢?

项目 7　连接零部件的认识与选用

▸ 项目导入

机械连接在各个行业中起着至关重要的作用,它将不同部件或组件连接在一起以实现预定功能。在设计和选择机械连接方式的时候,需要考虑多个因素,如连接的可靠性、易安装性、成本,以及适应不同应力和环境条件的能力等。本项目将介绍几种常见的机械连接方式,并对其特点和应用情况进行分析。

▸ 创新设计　笃技强国

随着数字化、网络化、智能化进程不断加快,数据逐渐成为经济活动中不可或缺的生产要素。基于数据的研发方式能够大幅缩短新技术产品从研发、小试、中试到量产的周期。《行动计划》也提出,要创新研发模式,支持工业制造类企业融合设计、仿真、实验验证数据,培育数据驱动型产品研发新模式,提升企业创新能力。(摘自人民网—《人民日报海外版》:《发挥数据要素乘数效应 助力工业制造创新发展》)

▸ 知识目标

(1) 掌握键连接和花键连接的类型、特点和应用。
(2) 了解联轴器与离合器的类型、特点和应用。
(3) 掌握螺纹连接的类型、特点和应用。

▸ 能力目标

(1) 能正确选用键,并校核其强度。
(2) 能正确选用联轴器。
(3) 能对螺纹连接进行预紧和防松。

▸ 素养目标

(1) 通过键和联轴器的选用,培养标准意识。
(2) 通过螺纹连接的学习,传承螺丝钉精神,争做新时代"五有"青年。

知识导航

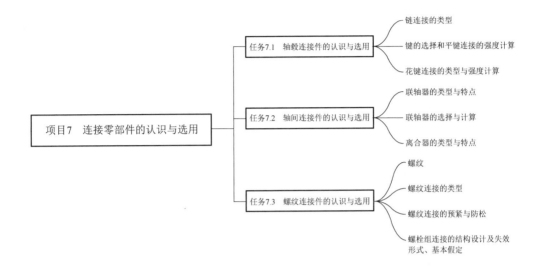

项目7　连接零部件的认识与选用

任务7.1　轴毂连接件的认识与选用
- 链连接的类型
- 键的选择和平键连接的强度计算
- 花键连接的类型与强度计算

任务7.2　轴间连接件的认识与选用
- 联轴器的类型与特点
- 联轴器的选择与计算
- 离合器的类型与特点

任务7.3　螺纹连接件的认识与选用
- 螺纹
- 螺纹连接的类型
- 螺纹连接的预紧与防松
- 螺栓组连接的结构设计及失效形式、基本假定

任务 7.1　轴毂连接件的认识与选用

轴毂连接件
的认识与选用

任务描述

　　某减速器中的齿轮和轴的连接采用平键连接,已知轴径 $d = 80$ mm,选用的平键的具体参数为:宽度 b、高度 h 和长度 l 分别为 24 mm、14 mm、120 mm,需要传递的转矩 $T = 3$ kN·m,许用剪切应力 $[\tau] = 80$ MPa,许用挤压应力 $[\sigma_P] = 180$ MPa,试问所选平键是否满足强度要求?

课前预习

1. 当轴做单向回转时,平键的工作面为(　　　)。

A. 上、下两面

B. 上面或下面

C. 两侧面

D. 一侧面

2. 某滑动齿轮与轴相连接,要求轴向移动量不大时,宜采用的键连接为(　　　)。

A. 普通平键连接

B. 导向平键连接

C. 花键连接

D. 切向键连接

223

3. 键的长度主要根据（　　）从标准中选定。

A. 传递功率的大小

B. 传递转矩的大小

C. 轮毂的长度

D. 轴的直径

4. 平键连接中，材料强度较弱的零件的主要失效形式是（　　）。

A. 工作面的疲劳点蚀

B. 工作面的挤压压溃

C. 压缩破裂

D. 弯曲折断

5. 轻载荷时，某薄壁套筒零件与轴采用花键静连接，宜选用（　　）。

A. 矩形齿

B. 渐开线齿

C. 三角形齿

D. 矩形齿和渐开线齿均可以

任务 7.1 课前预习参考答案

知识链接

轴毂连接的主要作用是实现轴和轴上零部件的周向固定以传递运动和转矩，有些还可以实现轴上部件的轴向稳定或移动。轴毂连接的主要形式有键连接、花键连接、销连接、过盈配合连接、型面连接等，本任务主要介绍键连接和花键连接。

7.1.1　键连接的类型

键是标准件，它能够连接轴和轴上零件并实现周向固定，同时传递转矩。键连接的主要类型有：平键连接、半圆键连接、楔键连接及切向键连接。

1. 平键连接

平键两边的侧面为工作表面，通过键侧面和键槽相互挤压以传递转矩；而在键的顶部和轮毂槽底之间的则保持空隙，这被称为非工作表面，如图 7.1 所示。由于其结构简单、定位准确、易安装和拆卸等优势，故应用广泛。根据用途不同，可将其划分为普通平键、导向平键和滑键三种类型。

（1）普通平键。

普通平键的作用是在轴和轮毂间无相应移动的静连接。按键的端部外形可分成 A 型、B 型及 C 型三类。

①A 型键。两端部为圆头，如图 7.1(b) 所示，键槽采用指状铣刀加工，键在键槽中固定良好，应用最为广泛，但槽两端容易引起应力集中。

②B 型键。两端部为方头，如图 7.1(c) 所示，采用盘状铣刀加工，应力集中较小，但是键在键槽中固定不良，多用螺钉固定。

③C 型键。一端方头，一端圆头，如图 7.1(d) 所示，通常用于轴端。

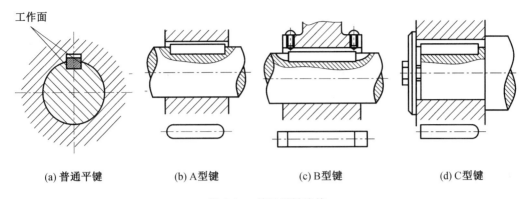

(a) 普通平键　　　　　　(b) A型键　　　　　　(c) B型键　　　　　　(d) C型键

图 7.1　　普通平键连接

（2）导向平键。

导向平键是一种长度较长的平键,能够实现轴与轮毂之间的动连接,如图 7.2 所示。平键通过螺钉紧固在键槽中,轴上零件可以沿着键进行轴向移动,适合轴上零部件移动距离较小的场合。

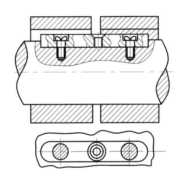

图 7.2　　导向平键

（3）滑键。

当轴上零件移动距离较大时,采用滑键,如图 7.3 所示。滑键是固定在轮毂上,能够与轮毂一起在键槽中沿着轴向移动,并且在轴上可铣较大的键槽。

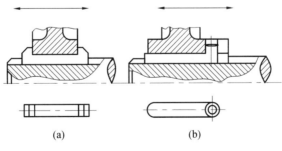

(a)　　　　　　　　　　　　(b)

图 7.3　　滑键

2. 半圆键连接

如图 7.4 所示,半圆键用于静连接,键槽为半圆形,工作面为两个侧面,能够在键槽内自由摆动。由于半圆键的定位效果好,易装配,因此适合于锥形轴和轮毂之间的连接。然而,不足之处是键槽过深且会削弱轴的强度。因此,半圆键连接通常应用于受载较小的锥形轴端的连接。

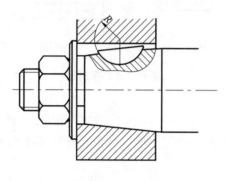

图 7.4　半圆键

3. 楔键连接

如图 7.5 所示,楔键仅适用于静连接,其上下两侧为工作面。键的顶部和底部毂槽均呈现出 1∶100 的倾斜度。

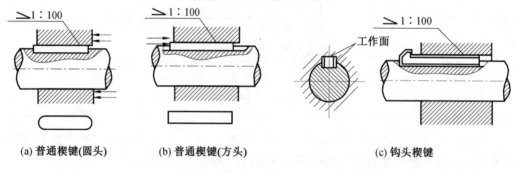

(a) 普通楔键(圆头)　　(b) 普通楔键(方头)　　(c) 钩头楔键

图 7.5　楔键

楔键可分为普通楔键和钩头楔键,其中普通楔键又可分为圆头和方头楔键。装配过程中,首先需插入的是圆头楔键,接着将其压进轮毂内;而对于方头或者钩头的楔键来说,则需要先将轮毂置于合适的位置之后再压入楔键,从而通过楔紧的作用来传递转矩。楔键连接的主要优势在于能够实现轴向定位,并承受单向的轴向载荷。但当楔紧时,可能会影响到轴与轮毂之间的对中,进而降低对中效果。所以,这种方式更适用于那些对中性要求较低、载荷平稳且低速的场合。

4. 切向键连接

如图 7.6 所示是两个倾斜度为 1∶100 的楔形组成的切向键。其结构的上下平面为工作表面,其中一个面通过轴心线的平面内。装配过程中,需要把轮毂两侧分别插进这两个键以实现楔紧,并在工作时产生足够的挤压力和摩擦力来传递较大转矩。如果要传递双向转矩,则需要用到两组切向键,如图 7.6(b) 所示,并且两个键槽间隔为 $120° \sim 130°$。切向键主要用于轴径大于 $100\ \text{mm}$,对中性要求不高且载荷很大的重型机械中。

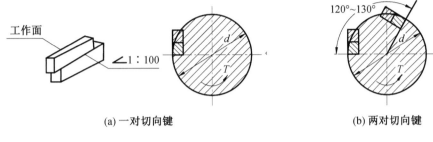

(a) 一对切向键　　　　　　　　　(b) 两对切向键

图 7.6　切向键

7.1.2　键的选择和平键连接的强度计算

1. 键的选择

键已经标准化,那么设计的主要任务是根据其结构特性、使用需求和工作环境选择适当的键,以确保它既能满足使用结构的需求,又能达到强度要求。

键的选择主要是确定其类型和尺寸大小。类型主要是根据所需传递的转矩的大小,轴上部件是否需要沿着轴向移动,以及移动距离的长度来确定;此外,还要考虑对中性的要求,键在轴的中部或端部等。

键的尺寸包括其剖面尺寸(键宽 $b \times$ 键高 h)和长度 L。按照国家标准,键的剖面尺寸 $b \times h$ 及轴段直径 d 是有明确规定的。键的长度 L 则取决于轮毂的宽度。通常情况下,键的长度略短于轮毂的宽度并且应符合标准长度系列,见表 7.1。

表 7.1　普通平键和键槽的尺寸(摘自 GB/T 1095—2003、GB/T 1096—2003)　　　　　mm

轴的直径 d	键的尺寸			键槽		轴的直径 d	键的尺寸			键槽	
	b	h	L	t	t_1		b	h	L	t	t_1
$>8 \sim 10$	3	3	$6 \sim 36$	1.8	1.4	$>38 \sim 44$	12	8	$28 \sim 140$	5.0	3.3
$>10 \sim 12$	4	4	$8 \sim 45$	2.5	1.8	$>44 \sim 50$	14	9	$36 \sim 160$	5.5	3.8
$>12 \sim 17$	5	5	$10 \sim 56$	3.0	2.3	$>50 \sim 58$	16	10	$45 \sim 180$	6.0	4.3
$>17 \sim 22$	6	6	$14 \sim 70$	3.5	2.8	$>58 \sim 65$	18	11	$50 \sim 200$	7.0	4.4
$>22 \sim 30$	8	7	$18 \sim 90$	4.0	3.3	$>65 \sim 75$	20	12	$56 \sim 220$	7.5	4.9
$>30 \sim 38$	10	8	$22 \sim 110$	5.0	3.3	$>75 \sim 85$	22	14	$63 \sim 250$	9.0	5.4

L 系列　6、8、10、12、14、16、18、20、22、25、28、32、36、40、45、50、56、63、70、80、90、100、110、125、140、160、180、200、250、…

2. 平键连接的强度计算

平键连接的失效形式主要有静连接面受压溃和动连接面过度磨损失效,还可能出现键被切断的状况。

通常,可根据工作面上动连接所需要的压强进行强度校核,也就是挤压应力(图 7.7)。如果载荷在键长和键高之间均匀分布,那么挤压强度要求如下。

平键连接时,有

$$\sigma_P = \frac{2T}{dkl} \leqslant [\sigma_P] \tag{7.1}$$

导向平键连接时,有

$$P = \frac{4T}{dkl} \leqslant [P] \tag{7.2}$$

式中　　T —— 传递的扭矩(N·mm);

d —— 轴径(mm);

k —— 键和毂槽之间的接触高度(mm);

l —— 键的工作长度(mm);

$[\sigma_P]$ —— 许用挤压应力(MPa),见表 7.2;

$[P]$ —— 许用压强(MPa),见表 7.2。

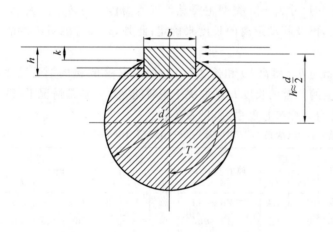

(a) 平键连接的受力情况

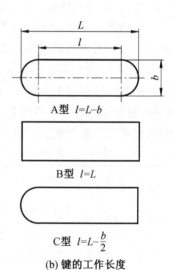

(b) 键的工作长度

图 7.7　平键连接计算图

表 7.2　连接件的许用挤压应力和压强　　　　　　　　　　　　　　MPa

许用值	轮毂材料	载荷性质		
		静载荷	轻微冲击	冲击
$[\sigma_P]$	钢	125~150	100~120	60~90
	铸铁	70~80	50~60	30~45
$[P]$	钢	50	40	30

当挤压强度不够时,可采取以下措施。

(1) 在相同的连接位置,可以错开 $180°$ 设置两个平键来弥补单一平键无法满足转矩传递需求。因载荷分布不均匀,连接强度可按 1.5 个键进行计算。

(2) 可以适当提高轴毂的宽度 B,从而增加键的长度。

由于半圆键的键槽比较深,因此使用(1)的方法可能会过度削弱轴的强度。

7.1.3　花键连接的类型与强度计算

尽管普通平键连接结构简单、容易制造,但也存在诸如受力分布不均、对轴的强度过度削弱及承载能力有限等问题。为克服这些问题,设计人员开始思考是否能在轴的周围设计多组平键,从而产生了花键轴与花键孔之间的花键连接方式。花键也已经标准化,如图 7.8 所示。

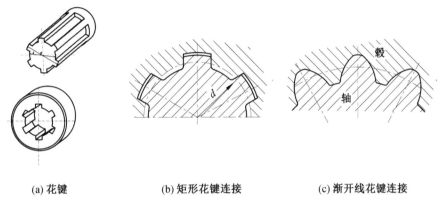

(a) 花键　　　　　　　(b) 矩形花键连接　　　　　　(c) 渐开线花键连接

图 7.8　花键连接

花键连接是基于多组键齿和键槽均匀分布到轴或轮毂孔四周。这些齿的侧面都是工作区域。花键连接既可以用于静连接,也可以用于动连接。花键连接具有以下特点:齿数较多且受力均衡,齿槽较浅及齿根有应力集中,具有较高的承载能力和对轴与轮毂强度的影响较小,导向性能较好。

1. 花键的类型

根据剖面齿形不同,花键可分为矩形花键和渐开线花键,如图 7.8(b)、(c) 所示。

(1) 矩形花键。

矩形花键齿廓为矩形,易加工,制造精度高,应用广泛。有两个系列的矩形花键:一是轻系列,适用于低载荷、静连接;二是中系列,主要应用于较大载荷下的静连接或者只在无载荷状态的动连接。

在连接中,矩形花键采用了小径定心。轴和轮毂的定心表面经过热处理后需要磨削,从而提高定心准确度。

(2) 渐开线花键。

渐开线花键的齿廓为渐开线,连接强度较高,使用寿命长;渐开线花键可以利用加工齿轮的各种加工方法加工,所以工艺性较好;但是花键孔尺寸小时,会导致加工花键孔的拉刀制造成本较高,所以使用受到了限制。因为渐开线花键采用齿侧定心,所以具有自动定心的作用。适用于载荷较大、定心精度要求较高和尺寸较大的连接。

2. 花键连接的强度计算

首先,依据花键的结构特性、使用需求和工作环境来选择合适的花键类型和规格,接着进行强度校核和计算。如图 7.9 所示为花键连接的受力情况。

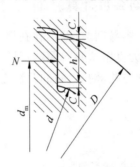

图 7.9　花键连接的受力情况

花键的失效形式主要是静连接部分被压溃和动连接部位过度磨损。所以,当采用挤压应力强度计算时,静连接一般会根据工作面上的挤压应力来计算,而对于动连接则是基于工作面上的压力来完成条件性强度计算。

计算时,假设载荷在工作面上均匀分布,并且所有齿面的压力的合力 N 会施加到其平均直径 d_m 的位置,因此传输的转矩 T 等于 $ZN \cdot d_m/2$,同时考虑到实际情况中各个花键齿上载荷分布不均匀,引入系数 Ψ。因此,花键连接的强度条件如下。

静连接时,有

$$\sigma_P = \frac{2T}{\Psi z h l d_m} \leqslant [\sigma_P] \tag{7.3}$$

动连接时,有

$$P = \frac{2T}{\Psi z h l d_m} \leqslant [P] \tag{7.4}$$

式中　T——转矩(N·mm);

Ψ——各齿载荷不均匀系数,一般取值为 $0.7 \sim 0.8$;

z——花键的齿数;

h——花键的工作高度(mm),对于矩形花键,$h = (D-d)/2 - 2c$,对于渐开线花键,$h = 0.8m$;

m——模数;

d_m——花键的平键直径(mm),对于矩形花键,$d_m = \dfrac{D+d}{2}$,D 为矩形花键的大径,对于渐开线花键 $d_m = D$,D 为渐开线花键的大径;

$[\sigma_P]$——花键连接的许用挤压力(MPa),见表 7.3;

$[P]$——花键连接的许用压力(MPa),见表 7.3。

表 7.3　花键连接的许用挤压应力、许用压力　　　　　　　　　MPa

许用值	连接工作方式	使用和制造情况	齿面未经热处理	齿面经热处理
$[\sigma_P]$	静连接	不良	$35\sim 50$	$40\sim 70$
		中等	$60\sim 100$	$100\sim 140$
		良好	$80\sim 120$	$120\sim 200$
$[P]$	空载下移动的动载荷	不良	$15\sim 20$	$20\sim 35$
		中等	$20\sim 30$	$30\sim 60$
		良好	$25\sim 40$	$40\sim 70$
	载荷作用下移动的动载荷	不良	—	$3\sim 10$
		中等	—	$5\sim 15$
		良好	—	$10\sim 20$

任务实施

任务描述中,减速器中的齿轮和轴的平键连接强度校核计算过程如下。

解析:根据题意,已知键宽、键高和键长,所需传递的转矩,材料的许用应力,要求校核平键的强度。

解　(1)校核剪切强度。

将任务描述中已知条件和 $T = Q \cdot \dfrac{d}{2}$ 代入 $\tau = \dfrac{Q}{bl}$,可得

$$\tau = \frac{2T}{bld} = \frac{2 \times 3 \times 10^6}{24 \times 120 \times 80} = 26.04(\text{MPa}) < [\tau]$$

由此可知,平键的剪切强度满足使用要求。

(2)校核挤压强度。

将任务描述中已知条件代入式(7.1),可得

$$\sigma_P = \frac{2T}{dkl} = \frac{2 \times 3 \times 10^6}{80 \times 7 \times 96} = 111.6 \leqslant [\sigma_P]$$

由此可知,平键的挤压强度满足使用要求。

因平键同时满足剪切强度和挤压强度,故满足强度要求。

231

任务 7.2 轴间连接件的认识与选用

任务描述

某带式运输机中,减速器低速轴与卷筒轴采用联轴器连接,已知传递功率 P 为 10 kW,转速 n 为 200 r/min,试确定联轴器的类型与型号。

课前预习

1. 下列四种工作情况下,适于选用弹性联轴器的是( )。

A. 工作平稳,两轴线严格对中

B. 工作中有冲击、振动,两轴线不能严格对中

C. 工作平稳,两轴线对中较差

D. 单向工作,两轴线严格对中

2. 安装凸缘联轴器时,对两轴的要求是( )。

A. 严格对中

B. 可有径向偏移

C. 可相对倾斜一角度

D. 可有综合偏移

3. 下列四种联轴器中,可允许两轴线有较大夹角的是( )。

A. 弹性套柱销联轴器

B. 弹性柱销联轴器

C. 齿式联轴器

D. 万向联轴器

4. 某机器的两轴,要求在任何转速下都能接合,应选择的离合器为( )。

A. 摩擦离合器

B. 牙嵌离合器

C. 安全离合器

D. 离心式离合器

5. 牙嵌离合器适用于( )的情况。

A. 单向转动时

B. 高速转动时

C. 正反转工作时

D. 两轴转速差很小或停机时

任务 7.2 课前预习参考答案

知识链接

图 7.10 为联轴器与离合器的使用。联轴器和离合器均用于连接两轴或轴与回转件,并传递转矩。当采用联轴器来连接两轴时,需要在机器停止之后才可实现两轴的分离;而

在使用离合器连接两个轴时,可以在机器运行时实现两轴合并或分离,以控制机器驱动系统的状态变化,例如换速或换向等。

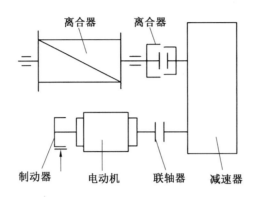

图 7.10　联轴器和离合器的使用

许多种类的联轴器与离合器已经标准化,可以依据实际需求选择适当的类型,然后参考相关的手册来确定其型号。如果有需要的话,还需要做一些额外的验证计算。在本任务中,将介绍一些常用的联轴器和离合器。

7.2.1 联轴器的类型与特点

根据联轴器是有无弹性元件,联轴器可划分为刚性联轴器和弹性联轴器。其中,刚性联轴器又分为固定式与移动式两种,前者需要确保两轴中心线的精确对中连接;后者则允许存在一定的安装偏差,并能有效地补偿两轴的位移变化。

联轴器的类型与特点

1. 刚性固定式联轴器

刚性固定式联轴器的优势在于结构简单,成本较低。但是它并不具备补偿两轴间相对位移的能力,因而对两轴对中性要求非常严格。这种类型的联轴器主要有套筒式和凸缘式两种。

（1）套筒联轴器。

如图 7.11 所示,套筒联轴器是结构最简单的一种联轴器。其主要元件是圆柱形的套筒,将其通过圆锥销或螺钉固定在轴上以传递扭矩。套筒联轴器没有统一标准,因此需自主设计此种联轴器。

（2）凸缘联轴器。

如图 7.12 所示,凸缘联轴器是刚性联轴器最常见的类型之一,已经标准化。主要由两个具有凸缘的半联轴器通过螺栓固定在一起。凸缘联轴器的结构简单,成本较低,工作可靠,装拆方便,可传递较大转矩,对轴的对中性要求高。

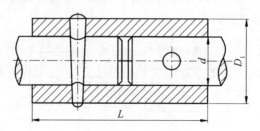

$$D_1=(1.5-2)d_1 \quad L=(2.8-4)d$$

图 7.11　套筒联轴器

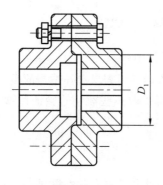

(a) 带对中榫凸缘联轴器　　　　　　(b) 普通凸缘联轴器

图 7.12　凸缘联轴器

2. 刚性可移式联轴器

（1）滑块联轴器。

如图 7.13 所示，滑块联轴器的两半联轴器 1、3 上有很宽的沟槽。中间部分装配着不带凸牙的方形滑块 2，一般由夹布胶木构成。由于这些中间滑块质量轻且弹性大，因此可以达到较高的极限转速。

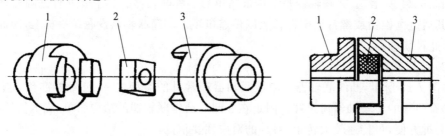

图 7.13　滑块式联轴器

1,3— 半联轴器；2— 方形滑块

（2）万向联轴器。

万向联轴器如图 7.14 所示，主要用于具有较大的角位移的两轴之间，最常用的是十字轴式。在汽车、机床和轧钢等各种机械设备上得到了广泛应用。

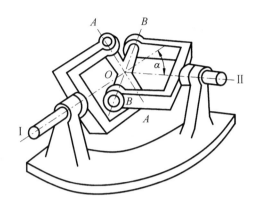

图 7.14　万向联轴器

3.弹性可移式联轴器

由于其联轴器内部含有的弹性部件,所以弹性联轴器能够补偿两轴之间的位移,同时具备缓冲和吸振的功能。因此常用于变载荷及高速场合。弹性联轴器的弹性元件有金属和非金属这两种材料。其中,非金属材料的主要优点在于其质量轻、成本便宜、减振性能优越,然而,部分此类材料所制的弹性元件使用寿命可能较短,比如橡胶制品。由金属材料制成的弹性元件,尤其是各类弹簧,则因其较高的强度、小尺寸和使用寿命长的特性,一般应用于大功率的机械设备。下面介绍已标准化的非金属弹性元件联轴器。

(1) 弹性套柱销联轴器。

弹性套柱销联轴器的内部结构与凸缘联轴器类似。主要区别在于采用了具有弹性套的柱销来替代螺栓连接,如图 7.15 所示。弹性套能够对径向位移和角位移进行补偿,并可以缓冲和吸振。

这种联轴器的结构简单,成本低廉,易制造和安装,但是弹性套容易磨损并且使用寿命不长。因此适合在经常正反转动和载荷稳定的高速运动的场合使用。例如,电动机和减速器之间就常常采用这类联轴器。

(2) 弹性柱销联轴器。

弹性柱销联轴器是采用多根弹性柱销连接两个半联轴器,如图 7.16 所示。其两侧被挡环封闭,以便阻止柱销滑动出去。因为其两个半联轴器可相互替换,这种简单的结构使得其易于制造与维护。该联轴器适用于需正反转,并且能承受较大的扭矩和载荷,特别是在中低速场合。

(3) 梅花形弹性联轴器。

梅花形弹性联轴器将两个半联轴器与轴的配合孔设计为圆柱形状或者圆锥形状,如图 7.17 所示。装配时,两个半联轴器的端面凸齿利用梅花形弹性元件的花瓣部位夹紧,并相互交错插进齿槽中,从而确保在运行中能减少振动。

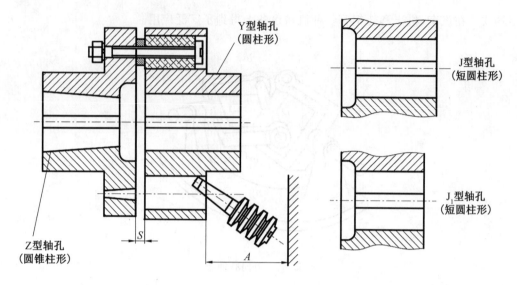

（a）Z型轴孔

（b）J型、J_1型轴孔

图 7.15　弹性套柱销联轴器

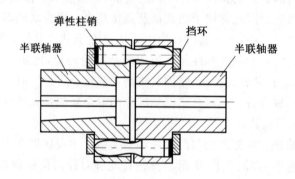

图 7.16　弹性柱销联轴器

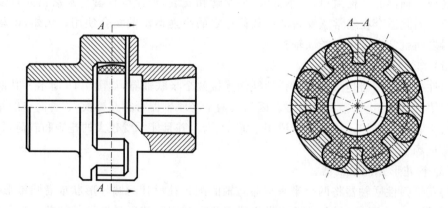

图 7.17　梅花形弹性联轴器

7.2.2　联轴器的选择与计算

多数联轴器已标准化,基于以下步骤进行选用。

1. 联轴器的类型选择

联轴器类型主要是根据机器的工作特点、性能要求(如缓冲减振、补偿轴线位移、安全保护等),结合联轴器的性能选择合适的类型。

① 对载荷平稳、同轴度好、无相对位移的可选用刚性联轴器。

② 难以保持两轴严格对中、有相对位移的应选用挠性联轴器。

③ 对传递转矩较大的重型机械(如起重机),可选用齿式联轴器。

④ 对需有一定补偿量,单向转动而冲击载荷不大的中低速传动的水平轴的连接,可选用滚子链联轴器。

⑤ 对高速轴,应选用挠性联轴器。

⑥ 对轴线相交的两轴,则宜选择万向联轴器。

2. 计算联轴器的计算转矩

在机器运行时,其动载荷可能会出现超载情况。因此,应该以轴的最大转矩来计算 T_{ca},并且按照以下公式进行计算,即

$$T_{ca} = K_A T \tag{7.5}$$

式中　　T—— 公称转矩(N·m);

　　　　K_A—— 工况系数。

3. 确定联轴器的型号

依据转矩 T_{ca} 和所选联轴器种类,从联轴器标准中选择联轴器的具体型号。

4. 校核最大转速

连接轴的转速 n 不应大于选定的联轴器所容许的最大转速 n_{max},也就是说,$n \leqslant n_{max}$。

5. 协调轴孔直径

通常,各种类型的联轴器所适合的轴直径都有一种界限。在标准中提供了轴直径的最小值和最大值,或者给出对应的直径尺寸系列,被连接两轴的直径必须处于此范围内。

6. 进行必要的校核

设计完成后,应该对联轴器的主要传动部件进行强度校核。

7.2.3　离合器的类型与特点

离合器的作用在于能够实时地分离和接合两轴。这要求离合器具备以下特性:接合

237

离合器的类型与特点

平稳、分离迅速且彻底、操作简单、质量和外廓尺寸小、便于维护和调节,以及具有良好的耐磨性等。常用离合器分类见表7.4。

表 7.4　常用离合器分类

操纵离合器		自动离合器		
啮合式	摩擦式	定向离合器	离心离合器	安全离合器
牙嵌离合器、齿轮离合器等	圆盘离合器、圆锥离合器等	啮合式、摩擦式	摩擦式	啮合式、摩擦式

1. 牙嵌离合器

牙嵌离合器是由两个端面带牙的半离合器所组成的离合器,如图 7.18 所示。其中半离合器 Ⅰ 固连在主动轴上,半离合器 Ⅱ 用导键与从动轴连接。操纵机构可使离合器 Ⅱ 沿导键做轴向运动,两轴靠两个半离合器端面上的牙嵌合连接。为了使两轴对中,半离合器 Ⅰ 的固定采用对中环,而从动轴可以在对中环中转动。

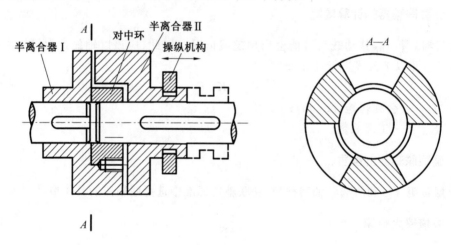

图 7.18　牙嵌离合器

三角形、矩形、梯形与锯齿形是牙嵌离合器常用的牙型,如图 7.19 所示。

牙嵌离合器的结构简单,外形尺寸小,两轴之间不会产生相对转动,因此常用于需要主动和从动轴同步的轴间连接。牙嵌离合器已标准化,通常是根据轴的直径和传递的扭矩来确定型号,并且还要校核其弯曲强度和接触面上的压强。

2. 摩擦离合器

(1) 单盘摩擦离合器。

如图 7.20 所示,摩擦离合器通过主动半离合器与从动半离合器相接触表面上的摩擦力来传输转矩。这种机械式离合器在高速下能够实现自动离合。

主动盘被安装于主动轴之上,而从动盘采用导向键安装在从动轴上,并能轴向滑动。

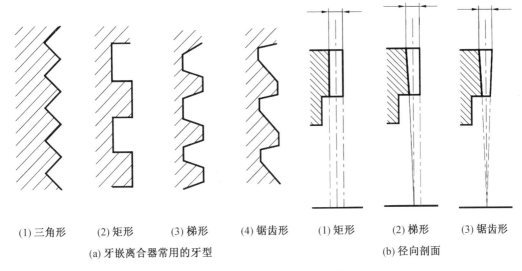

(1) 三角形　　(2) 矩形　　(3) 梯形　　(4) 锯齿形　　(1) 矩形　　(2) 梯形　　(3) 锯齿形

(a) 牙嵌离合器常用的牙型　　　　　　　　　　　(b) 径向剖面

图 7.19　牙嵌离合器常用牙型及其剖面

盘表层有摩擦垫片,以增大摩擦系数。当机器启动后,会在可移动的从动盘上施加轴向压力 F_A,从而使得两个盘压紧,形成摩擦力以实现转矩的传递。如果只有一对接合面的话,就称为单盘摩擦离合器,它能传递最大的转矩为

$$T_{max} = \frac{F_{A \cdot f} \cdot r_f}{1\,000} \tag{7.6}$$

式中　　F_A——轴向压力(N);

　　　　f——摩擦系数;

　　　　r_f——摩擦半径(mm),通常可取 $r_f = \dfrac{D_1 + D_2}{4}$。

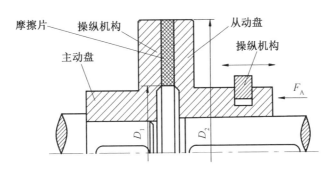

图 7.20　摩擦离合器

在传递大转矩时,由于摩擦盘尺寸有限,不适宜使用单个摩擦离合器。因此,可以通过提高结合面对数,以提高传动效率,这时就需要采用多个摩擦离合器。

（2）多盘摩擦离合器。

多盘摩擦离合器如图 7.21(a) 所示,外壳通过一组外摩擦片(图 7.21(b))与花键连接;而套筒则同样使用花键与内部的另一组摩擦片(图7.21(c))相连接。当滑动环朝着左侧移动时,它会借助杠杆和压棒的力量使得两组摩擦片压紧,从而让离合器进入结合状

态。然而,如果滑动环朝着相反方向移动,那么这些摩擦片就会被松开,这样就实现了离合器的分离功能。

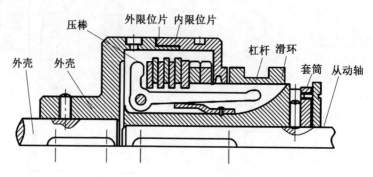

(a) 多盘摩擦离合器

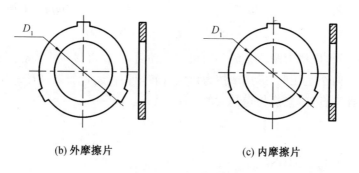

(b) 外摩擦片　　　　　　　　　　(c) 内摩擦片

图 7.21　多盘摩擦离合器

多盘摩擦离合器在摩擦接合面上产生的压强和所能传递的最大转矩分别为

$$p = \frac{4F_A}{D_2^2 - D_1^2} \leqslant [p] \tag{7.7}$$

$$T_{max} = \frac{zF_A \cdot r_f}{1\ 000} \geqslant K_A T \tag{7.8}$$

式中　　F_A——轴向压力(MPa);

D_1、D_2——外摩擦片的内径、内摩擦片的外径(mm);

$[p]$——许用压强(MPa);

z——摩擦接合面的数量;

f——摩擦系数;

r_f——摩擦半径(mm)。

在设计摩擦离合器时,对油式摩擦离合器进行了如下设定:$D_1 = (1.5 \sim 2)d$,$D_2 = (1.5 \sim 2)D_1$。干式摩擦离合器设定 $D_1 = (2 \sim 3)d$,$D_2 = (1.5 \sim 2.5)D_1$。并利用公式计算轴向力,随后求出接触面的数量 z。若 z 值被取得太大,则传输的转矩不会相应地增加,反而会降低离合器的工作灵敏度。因此,针对油式,通常取 z 为 5 至 15;而干式选择 1 到 6 比较合适。此外,一般情况下,内、外盘的总盘数应控制在 25 至 30 之间。

摩擦离合器同牙嵌离合器相比,具有以下优点。

① 两轴能在不同速度下接合。

② 结合与分离的过程相对稳定,冲击振动也较小。

③ 从动轴的加速时间及所产生的最大转矩都能够进行调节。

④ 当载荷过重时,会导致滑动,防止其他部件遭受损害。

但其结构复杂且成本高;在滑动发生的时候,无法确保两轴之间精准同步转动;摩擦过程中会导致热量的产生,如果温度超标,可能会改变摩擦系数,严重时甚至可能引发摩擦盘胶合和塑性变形。

任务实施

任务描述中,某带式运输机的减速器低速轴与卷筒轴的联轴器选用过程如下。

解析:根据题意,已知轴需要传递的功率及转速,选用弹性柱销联轴器。需先计算出转矩、最小轴径,然后再根据轴的转速,查取机械标准设计手册选择联轴器的型号。

解　(1)计算轴传递的转矩。

$$T_1 = 9.55 \times 10^6 \frac{P}{n} = 9.55 \times 10^6 \times \frac{10}{200} = 477\ 500 (\text{N} \cdot \text{mm})$$

(2)计算轴的最小直径。

$$d_{\min} = C \times \sqrt[3]{\frac{P}{n}} = 110 \sqrt[3]{\frac{10}{200}} = 40.5 (\text{mm})$$

联轴器处轴的直径为轴的最小直径,需开键槽。因此,最小轴径增加 5%,为 42.525 mm。从《机械设计手册》中查询,轴径取标准值为 45 mm。

(3)选择合适的联轴器。

载荷系数取值 1.3,那么联轴器的计算转矩为

$$T_{ca} = K_A T = 1.3 \times 477\ 500 = 620\ 750 (\text{N} \cdot \text{mm})$$

通过计算转矩、最小轴径和轴的转速,可以在相关标准手册中查找,选择其适合的弹性柱销联轴器的型号为 $HL4 \dfrac{JC45 \times 84}{JC45 \times 84} GB/T\ 5014—2017$。

任务 7.3　螺纹连接件的认识与选用

任务描述

一钢结构托架由两块边板和一块承重板焊成的,两块边板各用四个螺栓与立柱相连接,其结构尺寸如图 7.22 所示。托架所受的最大载荷为 20 kN,载荷有较大的变动。请选取此螺栓连接的类型。

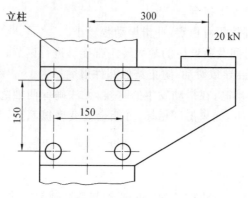

图 7.22　托架结构图

1. 普通螺纹的牙型角为（　　）。

A. 30°

B. 45°

C. 55°

D. 60°

2. 用于薄壁零件连接的螺纹，应采用（　　）。

A. 三角形细牙螺纹

B. 三角形粗牙螺纹

C. 梯形螺纹

D. 锯齿形螺纹

3. 管接头螺纹应选用（　　）。

A. 米制粗牙螺纹

B. 米制细牙螺纹

C. 米制梯形螺纹

D. 英寸制三角形螺纹

4. 铸造铝合金 ZL104 的箱体与箱盖用螺纹连接，箱体被连接处厚度较大，要求连接结构紧凑，且需经常拆卸箱盖进行修理，一般宜采用（　　）。

A. 螺钉连接

B. 螺栓连接

C. 双头螺柱连接

D. 紧定螺钉连接

5. 在通用机械中，同一螺栓组的螺栓即使受力不同，一般也应采用相同的材料和尺寸，其主要理由是（　　）。

A. 为了外形美观

B. 便于降低成本和购买零件

C. 便于装配

D. 使结合面受力均匀

　　机器是由若干个零部件组装起来的，零件和零件的连接通常采用螺纹连接。螺纹连接结构简单、使用可靠、种类繁多、易于安装和拆卸、成本低，因此广泛应用于各种机器设备中。大部分的螺纹和连接件都已标准化，由专门的工厂制造。

7.3.1　螺纹

1. 螺纹的类型及应用

　　螺纹有内螺纹与外螺纹之分，二者共同组成螺旋副。又可分为连接螺纹和传动螺纹；螺纹有牙型角 $\alpha=60°$ 的米制（公制）和牙型角 $\alpha=55°$ 的英制两种；根据母体的形状不同可分为圆柱螺纹与圆锥螺纹；根据牙的形状可分出为三角形螺纹、矩形螺纹、梯形螺纹和锯齿形螺纹等；根据螺纹螺旋线绕行方向可分为左旋和右旋两种螺纹。另外，螺纹也有单线和多线的区别。

　　三角形螺纹通常用来连接，而矩形、梯形及锯齿形螺纹则更适合传动，除了矩形之外都已经标准化。

　　（1）连接螺纹，如图 7.23 所示。螺纹的牙形为三角形。这种形状的螺纹具有较大的摩擦角、良好的自锁性和足够的强度，常见的连接螺纹包括普通螺纹和管螺纹等。

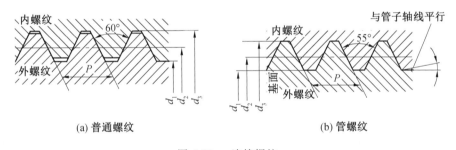

(a) 普通螺纹　　　　　　　　　(b) 管螺纹

图 7.23　连接螺纹

　　（2）传动螺纹，如图 7.24 所示。相较于连接螺纹，传动螺纹的牙型角 α 更小，因而其传递效率也更高。根据牙形的差异，传动螺纹有矩形、梯形和锯齿形之分。

243

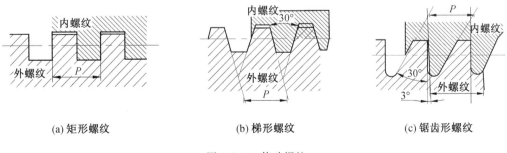

(a) 矩形螺纹　　　　　(b) 梯形螺纹　　　　　(c) 锯齿形螺纹

图 7.24　传动螺纹

图7.24(a)中的矩形螺纹的牙齿形状为方形,其牙型角 α 为 $0°$。虽然它在传动效率上优于其他类型的螺纹,但由于牙根强度较弱、损坏后的缝隙不易修补等原因,降低传动效率。目前,矩形螺纹已经逐步被梯形螺纹所代替。矩形螺纹也还未实现标准化。

图7.24(b)中的梯形螺纹的牙齿形状为等腰梯形,牙型角 α 为 $30°$。相较于矩形螺纹,梯形螺纹在传动效率上稍显不足,但其制造工艺好、牙根强度高且对中性好,剖分面螺母能够在损坏后进行间隙调整,常用于传力或传导螺旋。

图7.24(c)中的锯齿形螺纹,其工作面的牙型斜角 $\beta=3°$,而非工作面的是 $30°$。为了降低应力集中的影响,外部螺纹的根部拥有较大的圆角。当内外螺纹旋合时,在大径处设有空隙,这有助于对中。此种螺纹同时具备了矩形螺纹的传动效率高及梯形螺纹牙根强度高的特点,但仅能用于单向受力的传力螺旋。

2. 螺纹的主要参数

本任务主要以普通圆柱螺纹为例子,详细参数如图7.25所示。

(1)大径 $d(D)$。

与外螺纹牙顶或内螺纹牙底相重合的假想圆柱体的直径,是螺纹的最大直径,在有关螺纹的标准中称为公称直径(管螺纹除外)。

(2)小径 $d_1(D_1)$。

与外螺纹牙底或内螺纹牙顶相重合的假想圆柱体的直径,是螺纹的最小直径,作为危险剖面的计算直径常用作强度计算的直径。

(3)中径 $d_2(D_2)$。

在螺纹的轴向剖面内,牙厚与牙槽宽相等位置的假想圆柱直径,近似等于螺纹的平均直径,$d_2=(d+d_1)/2$,中径是确定螺纹几何参数和配合特性的直径。

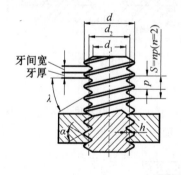 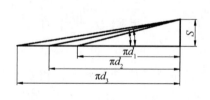

(a)普通圆柱螺纹的主要参数　　　　　　(b)展开图

图 7.25　螺纹的主要参数

(4)螺纹的线数 n。

为了便于生产,常取 $n \leqslant 4$。单线具有自锁功能,适用于连接。多线传动效率较高,可用于传动。

(5)螺距 P。

相邻两牙在中径线上对应两点之间的轴向距离。

（6）导程 S。

同一根螺旋线上相邻两牙在中径线上对应两点的轴向距离，有 $S = nP$。

（7）螺旋升角 λ。

在中径圆柱平面上螺旋线的切线与垂直于螺纹轴线的平面间的夹角，即

$$\lambda = \arctan \frac{nP}{\pi d_2} \tag{7.9}$$

（8）牙型角 α。

在螺纹轴向截面上，螺纹牙的两侧之间的夹角。螺纹牙型的侧边与螺纹轴线的垂线间的夹角称为牙型斜角 β，三角形、梯形等对称性牙型的牙型斜角 $\beta = \frac{1}{2}\alpha$。

7.3.2　螺纹连接的类型

螺纹连接的
类型

1. 螺栓连接

螺栓连接是通过使用螺栓和螺母，将被连接的部件进行连接。这种方式通常适用于那些较薄的零件且两侧有充足的装配空间的场合。由于其结构简单，易于装卸，所以得到了广泛的应用。

普通螺栓连接的结构特点在于被连接部件上的通孔与螺栓杆之间存在空隙，因此只能承受轴向载荷，通孔的制造精度较低。

铰制孔用螺栓连接方式采用基孔制过渡配合（H7/m6，H7/n6）。这种连接方法常用于需承受横向载荷的情况，有时兼有定位作用，但需要孔的加工精度高。

2. 螺钉连接

螺钉连接是指通过把螺栓或者螺钉直接插入其中一端的螺纹孔中来完成连接的过程，并不需要使用螺母。如果频繁地进行装卸，可能会造成螺纹的磨损并最终影响到其功能。故适合于那些无法应用螺栓连接的情况，以及承受力较小且不需要经常拆除的场合。

3. 双头螺柱连接

双头螺柱连接的被连接件之一较厚不易制成通孔，只能将其制成螺纹盲孔，而另一薄件制成通孔。这种设计适用于无法通过螺栓进行连接并且需要频繁拆卸的场合。

4. 紧定螺钉连接

紧定螺钉连接是通过将一个零部件的螺纹孔中的紧定螺钉末端紧固在另一个零部件的表面上或者顶入对应的凹槽，以实现对这两个零部件位置的稳固并传递较小的转矩。

5. 其他螺纹连接

除了上述四种主要的螺纹连接方式之外，也有其他的独特结构连接方法。比如把机

座或者机架牢固安装到地基上的地脚螺栓连接;为了方便大型机器起吊而装在机器或大型零部件表面的吊环螺栓连接;应用在工业设备里的 T 型槽螺栓连接等。

螺纹连接的
预紧和防松

7.3.3　螺纹连接的预紧与防松

1. 螺纹连接的预紧

实际应用中,大部分螺纹连接在安装过程中都需要进行紧固,此时螺纹连接件受到轴向拉伸。连接在承受工作载荷之前所用到的力称为预紧力 Q_P。螺纹连接预紧目的如下。

（1）防止接合面在受载后产生裂痕、松动或相对滑动。

（2）确保接合面的紧密性和防松能力,提升连接的稳定性和紧密性。

（3）提高螺栓连接的疲劳强度。

选择合适的预紧力可以提升螺纹连接的稳定性和连接件的使用寿命,尤其是在如气缸盖、管道凸缘和齿轮箱轴承盖等需要高紧密性的螺纹连接中,对预紧力的影响尤为显著。如果预紧力过大,可能会导致整体连接尺寸变大,并且可能在安装过程中或者意外载荷下导致零部件破裂。所以,为了确保所需的预紧力,同时需要避免过度载荷,所以螺纹连接在装配时,需要控制预紧力。

通常来说,螺纹连接件在拧紧之后的预紧力不能超过其材质的屈服极限 σ_s 的 80%。对于普遍用于连接的钢制螺栓连接所需要的预压力 Q_P,可按照下式确定。

对于碳素钢螺栓,有

$$Q_P \leqslant (0.6 \sim 0.7)\sigma_s A_1 \tag{7.10}$$

对于合金钢螺栓,有

$$Q_P \leqslant (0.5 \sim 0.6)\sigma_s A_1 \tag{7.11}$$

式中　σ_s——螺钉材料的屈服极限（MPa）;

　　A_1——螺栓危险截面的面积,$A_1 \approx d_1^2/4$。

2. 预紧力的计算

具体的预紧力数值需要依据载荷特性、连接刚度等多种实际工作情况来确定。对具有特定需求的螺栓连接来说,其预紧力的大小应该在技术要求中明确标明,这样可以确保在装配过程中得到满足。承受载荷的螺栓连接所需要的预紧力应当大于静载荷的连接。

有许多方式可以调节预紧力的大小,主要包括试验法和经验法两种。一般情况下使用测力矩扳手或定力矩扳手,通过调整拧紧力矩大小来调控预紧力。测力矩扳手是根据扳手上的弹性元件 1,在拧紧力的作用下所产生的弹性变形来指示拧紧力矩的大小。为了方便计量,可将指示刻度 2 直接以力矩值标出,如图 7.26 所示。定力矩扳手的工作原理是当拧紧力矩超过规定值时,弹簧 3 被压缩,扳手卡盘 1 与圆柱销 2 之间打滑,如果继续转动手柄,卡盘即不再转动。拧紧力矩的大小可利用螺钉 4 调整弹簧压紧力来加以控制,如图 7.27 所示。

预紧力的大小是由拧紧力矩来调控的。以螺母为研究对象,受到的拧紧力矩

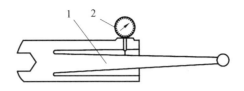

图 7.26　测力矩扳手

1— 弹性元件；2— 指示刻度

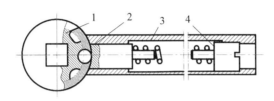

图 7.27　定力矩扳手

1— 扳手卡盘；2— 圆柱销；3— 弹簧；4— 螺钉

$T = T(FL)$ 的影响，这导致了螺栓与连接部件之间的预紧力 Q_P 的形成。拧紧力矩 T 等同于螺旋副中的摩擦阻力和螺母环形末端表面及垫圈支撑面之间的摩擦阻力 T_2 的总和，即

$$T = T_1 + T_2 \tag{7.12}$$

螺旋副间的摩擦力矩为

$$T_1 = Q_P \frac{d_2}{2} \tan(\varphi + \varphi_v) \tag{7.13}$$

螺母与支承面间的摩擦力矩为

$$T_2 = \frac{1}{3} f_c Q_P \frac{D_0^3 - d_0^3}{D_0^2 - d_0^2} \tag{7.14}$$

即

$$T = \frac{1}{2} Q_P \left[d_2 \tan(\varphi + \varphi_v) + \frac{2}{3} f_c \frac{D_0^3 - d_0^3}{D_0^2 - d_0^2} \right] \tag{7.15}$$

对于 M10 ～ M64 粗牙普通螺纹的钢制螺栓，螺纹升角 $\lambda = 1°42' \sim 3°2'$；螺纹中径 $d_2 \approx 0.9d$；螺旋副的当量摩擦角 $\varphi_v \approx \arctan 1.55f$（$f$ 为摩擦系数，无润滑时 $f = 0.1 \sim 0.2$）；螺栓孔直径 $d_0 \approx 1.1d$；螺母环形支承面的外径 $D_0 \approx 1.5d$；螺母与支承面间的摩擦系数 $f_c \approx 0.15$，将上述各参数代入式（7.15）整理后可得

$$T \approx 0.2 Q_P d \tag{7.16}$$

对于特定公称直径 d 的螺栓，一旦确定了所需的预紧力 Q_P，就可根据式（7.16）来计算扳手的拧紧力矩 T。通常情况下，标准的扳手长度大约是 $15d$，假设预紧力等于 F，那么 T 就等于 FL_2，通过式（7.16）可以得到 Q_P 约等于 $75F$。设想一下，假如 F 值为 200 N，

那么 Q_P 就是 15 000 N。如果以这样的预紧力去拧紧 M12 以下的钢制螺，则很可能会造成损坏。所以,对主要连接件而言,最好避免选择太细(比如比 M12 还小)的螺栓。如需应用此类螺栓,务必控制好拧紧力矩。

3.螺纹连接的防松

螺纹连接件通常使用的是单线的普通螺纹。其螺纹升角($1°42'$ 至 $3°2'$)低于螺旋副的当量摩擦角($6.5°$ 到 $10.5°$),这使得所有的螺纹连接都能够实现自锁条件(即 $\lambda < \Phi_v$)。所以在静载荷和工作温度变化不大时,螺纹连接不会自动松脱。然而,如果遭遇了强烈的撞击、振动或是频繁的变动载荷,则会造成螺纹表面正压力的丧失,也就是摩擦力的骤然下降,从而破坏了自锁功能并引发松动,这种情况反复发生之后,将会导致连接的松脱。同时,在高热环境或者是温差变化较大的环境中,因为螺纹连接件及被连接件的材质发生了蠕变和应力松弛的现象,也可能导致连接的预紧力和摩擦力逐步降低,最后致使连接失去作用。

如果螺纹连接发生松动,轻微的情况可能会影响设备的正常运行,严重的话可能导致重大事故。因此,为了避免连接脱落并确保其安全稳定,在设计阶段必须采取有效的防松措施。

避免螺旋副间的相对转动是防松的核心问题。防松方法可根据其原理分成摩擦防松、机械防松及破坏螺旋副的永久性防松三种类型。

(1)摩擦防松。

确保螺纹副摩擦面之间维持一种不受外载荷干扰的正压力,从而产生摩擦以实现防松效果。常见的类型包括弹簧垫圈、双螺母和自锁螺母等,如图 7.28 所示。

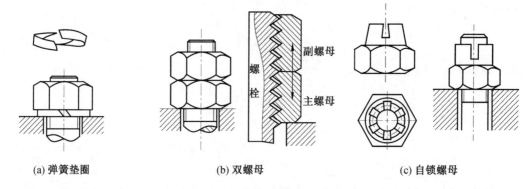

(a) 弹簧垫圈　　　　　　(b) 双螺母　　　　　　(c) 自锁螺母

图 7.28　摩擦防松

① 弹簧垫圈。通过扭紧螺母,垫圈压平后会产生弹性反力,可使螺纹副纵向压紧。此外,垫圈切口处的锐边抵挡住螺母和支承面,从而起到防松的作用。此种方式结构简单、易于使用,但会导致载荷集中在一侧,因此在受到强烈震荡时可能不够稳定,通常用于不太重要的连接部位。

② 双螺母。两螺母对顶拧紧后,由于两个螺母之间形成作用力,因此旋合部分的螺纹表面增加了摩擦力。这种摩擦力不会因外部载荷的改变而逐渐消失,即便是在外部载荷消退后,也依然存在。双螺母防松措施适合于稳定、低速和重载场合。

③ 自锁螺母。其一端在开缝后进行径向收口。当螺母被紧固之后，收口会膨胀以使螺纹副横向压紧。这种方式结构简单、操作稳定，可以多次拆装而不影响防松性能，特别适合用于重要的连接部位。

（2）机械防松。

机械防松是利用特定的防松元件来限制螺纹副的相对移动，以实现防松。常见的类型如图 7.29 所示。

① 开口销与槽形螺母。用六角槽形螺母将螺栓固定住，然后将开口销插进螺母槽与螺栓尾端的孔内，以避免螺母和螺栓之间的旋转。因为只有较少的槽数，所以螺栓杆销孔很难达到螺母最佳锁紧状态下的槽口匹配度，安装起来较为复杂。因此，这种方式只适用于承受较大冲击力和载荷变化大的场合。

② 止动垫圈。用止动垫圈的一端上弯贴在螺母的侧面，另一端下弯紧贴在被连接件的侧面。这种防松方式简单可靠，但仅适用于连接部分有耳的场合。

③ 圆螺母止动垫圈。止动垫圈的内舌部分插入轴槽，然后紧固螺母，再将外舌折进螺母的槽里，以确保螺母与轴不会发生相对转动。这种方法能够有效防止松动，特别适用于轴上螺纹的防松。

④ 串联钢丝。将低碳钢丝穿进每个螺钉头上的孔里，彼此之间相互约束。但需要注意钢丝的穿绕方向，并且确保螺钉能够被旋紧。这种方法防止松动可靠，但装卸不太方便，只适用于螺钉组合的连接。

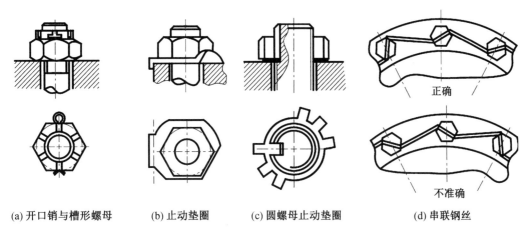

(a) 开口销与槽形螺母　　(b) 止动垫圈　　(c) 圆螺母止动垫圈　　(d) 串联钢丝

图 7.29　机械防松

（3）破坏螺纹副的永久性防松。

可通过把螺母焊在螺栓上、冲点或在螺纹副间涂金属黏结剂，把螺纹副转变为非运动副，从而排除相对转动的可能。

7.3.4　螺栓组连接的结构设计及失效形式、基本假定

大部分机械设备的螺纹连接件是成组使用的，其中以螺栓组连接最为典型。因此，以螺栓组连接为研究对象，探讨其设计和强度计算问题。得出的结论也适用于双头螺柱组、螺钉组连接。

设计螺栓组连接时,首先要选择合适的螺栓数量和布局形式;接着要明确螺栓连接的具体结构尺寸。在决定螺栓尺寸的问题上,如果不是关键性的连接,则可以参照已存在的机器设备,通过类似的方法来设定,无须校核强度。然而,如果是重要连接的话,则需依据其工作载荷情况,对每个螺栓的受力进行分析,并选择受力最大的螺栓进行强度校核。

1. 螺栓组连接的结构设计

(1)结构设计的任务。

① 主要的目标是设计螺栓组连接结构,并且需要合理地确定其连接接合面的几何形状。

② 确定合适的螺栓数量和布局方式,以保证各个螺栓与连接接合面之间的受力分布均匀,这样可以更好地进行加工和装配。

(2)结构设计的基本原则。

① 连接接合面的几何形态一般设计为轴对称的简单几何形状,例如圆形、环形、矩形、框形、三角形等。这不仅易于生产制造,同时也有利于对称地布置螺栓,使得螺栓组的对称中心与连接结合面的形心重合,以确保连接结合面的受力较为均衡。

② 螺栓的布置应使各螺栓的受力均匀而且尽量小。对于铰制孔用螺栓连接,不要在平行于工作载荷的方向上成排地布置8个以上的螺栓,以免载荷分布不均。当螺栓连接承受弯矩或转矩时,应使螺栓的位置适当靠近连接接合面的边缘,以减小螺栓的受力,如果同时承受轴向载荷和较大的横向载荷时,应采用销、套筒、键等抗剪零件来承受横向载荷,以减小螺栓的预紧力及其结构尺寸。

③ 合理安排的螺栓间距与边距。确定螺栓位置的时候,需要考虑每个螺栓轴线及机体壁之间的最近距离,这取决于使用工具所需要的操作空间大小,这个数据可以从相关手册中查取。对那些紧密性要求高的重要连接件,如压力容器等,螺栓的最短间隔 t_0 不能超过建议的标准值。

④ 同一个圆周内,螺栓的数量应被设置为4、6、8等偶数,钻孔时以便于分度和画线。

⑤ 使用同一种规格、材料和尺寸的螺栓组合,以便于加工和装配。

2. 螺栓组连接的失效形式和基本假定

螺栓可能会出现拉断、剪断和钉杆表面压溃的情况,而接合面的失效则可能是相对滑移、压溃或者松脱。

为了简化计算,假定如下条件。

a.所有的螺栓直径、长度、材质和预紧力都是一样的。

b.接合面的形心与螺栓组的对称中心完全吻合。

c.连接件是刚体,在承载后其连接面仍然保持平面。

d.外载荷加在螺栓组的对称中心或者外力矩施加在对称轴线上。

e.螺栓的应变在弹性范围内。

任务实施

任务描述中的钢结构托架应该选取铰制孔用螺栓连接较为合宜。因为如用普通螺栓连接,为了防止边板下滑,就需在拧紧螺母时施加相当大的预紧力,以保证接合面间有足够大的摩擦力。这样就要增大连接的结构尺寸。

思考与实践

1. 常见的普通平键类型有哪些? 它们在什么情况下使用呢?
2. 键的强度校核时,许用应力根据什么确定?
3. 平键连接有哪些失效形式?
4. 探讨平键连接与楔键连接的工作机制和特性。
5. 联轴器连接两轴时,有哪些形式可以发生轴偏移?
6. 制动器需要满足哪些基本标准呢?
7. 主要的牙嵌离合器的失效方式是什么?
8. 螺纹连接预紧的作用是什么?
9. 请描述螺栓连接的适用条件和特性。
10. 探讨双头螺柱连接的适用条件与特性。

参 考 文 献

[1]杨可桢,程光蕴,李仲生,等.机械设计基础[M].7 版.北京:高等教育出版社,2020.

[2]陈立德,罗卫平.机械设计基础[M].5 版.北京:高等教育出版社,2019.

[3]王志伟,孟玲琴.机械设计基础[M].2 版.北京:北京理工大学出版社,2009.

[4]柴鹏飞,万丽雯.机械设计基础[M].4 版.北京:机械工业出版社,2021.

[5]杨红.机械设计基础[M].北京:高等教育出版社,2022.

[6]胡家秀.机械设计基础[M].4 版.北京:机械工业出版社,2021.

[7]李敏.机械设计基础[M].2 版.北京:机械工业出版社,2022.

[8]张南,高启明,宿强.机械设计基础[M].哈尔滨:哈尔滨工业大学出版社,2020.

[9]陈慧玲,李琴,向红娟.机械设计[M].哈尔滨:哈尔滨工业大学出版社,2023.

[10]阎勤劳,李全民.机械设计基础:汽车类专业适用[M].北京:机械工业出版社,2020.

[11]何新林.机械设计基础[M].北京:高等教育出版社,2020.

[12]邵刚.机械设计基础[M].4 版.北京:电子工业出版社,2019.

[13]郭润兰.机械设计基础[M].北京:清华大学出版社,2018.

[14]潘国萍.机械基础[M].北京:人民交通出版社,2016.

[15]王凤平,金长虹.机械设计基础[M].北京:机械工业出版社,2016.

[16]韩泽光,赵峻彦.机械设计基础[M].长春:吉林大学出版社,2012.

[17]郑春禄,耿玉香.机械技术基础[M].成都:电子科技大学出版社,2016.

[18]傅志纲,王伟才,刘春燕.机械基础[M].徐州:中国矿业大学出版社,2007.

[19]银金光,江湘颜.机械设计基础[M].北京:冶金工业出版社,2018.

[20]王雪艳.机械技术应用基础[M].北京:北京航空航天大学出版社,2013.

[21]李琳,李杞仪.机械原理[M].北京:中国轻工业出版社,2009.

[22]陈完成,续永刚,赵晓平.机械设计基础[M].北京:兵器工业出版社,2008.

[23]刘会英,杨春强,张明勤.机械原理[M].6 版.北京:机械工业出版社,2007.